동쪽 빙하의
부엉이

Owls of the Eastern Ice

동쪽 빙하의
부엉이

지구에서 가장 거대한 부엉이를 구하기 위한
열정과 좌절, 유머와 눈물의 탐사기

(책읽는수요일)

조너선 C. 슬래트

김아림 옮김

캐런에게

우리 주변에서 일어나는 일이 도저히 믿기지 않았다. 바람이 거세게 불면서 나뭇가지가 부러져 공중에 날아다녔고… 크고 나이 든 소나무들이 마치 가느다란 묘목처럼 앞뒤로 흔들렸다. 그리고 우리 눈앞에는 아무것도 보이지 않았다. 산도, 하늘도, 땅도 모든 것이 눈보라로 뒤덮였다. … 우리는 텐트 안에서 쭈그리고 있다가 이내 말없이 조용해졌다.

__ 블라디미르 아르세니예프, 『우수리 크레이를 가로질러』(1921년)

아르세니예프(Vladimir Arsenyev, 1872~1930)는 러시아 연해주 출신의 탐험가이자 자연주의자로 연해주의 야생동물과 사람 들을 묘사한 여러 편의 글을 남겼다. 아르세니예프는 이 책에 묘사된 숲으로 처음 모험을 떠났던 러시아인들 가운데 한 명이기도 하다.

차 례

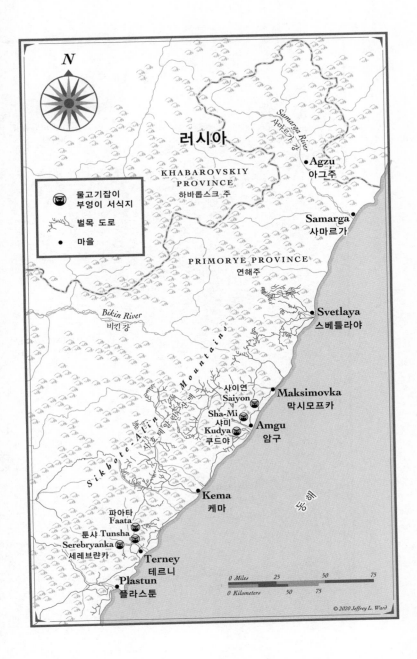

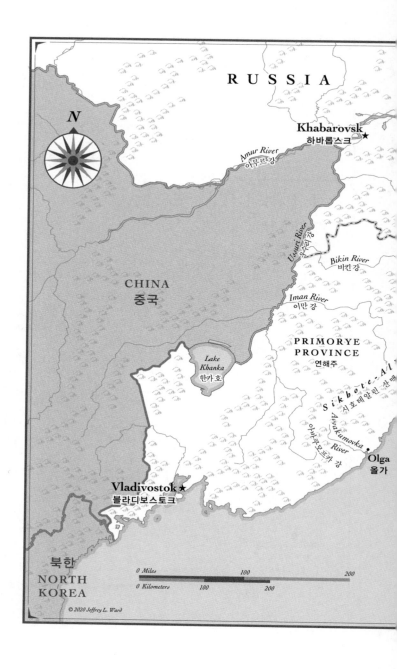

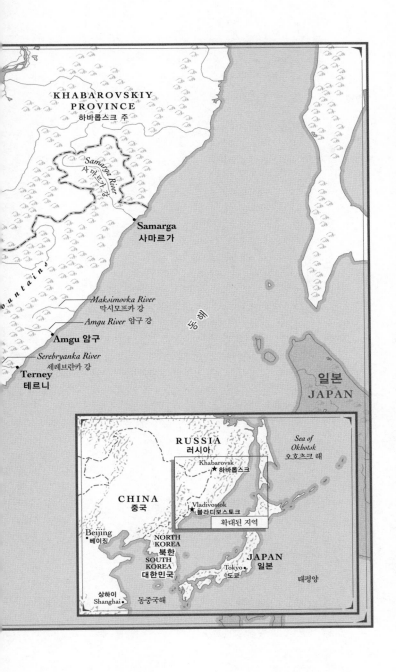

서문

　내가 난생처음으로 블래키스톤물고기잡이부엉이(Blakiston's Fish Owl)를 본 장소는 러시아 연해주였다. 이곳은 동북아시아의 한가운데를 향해 남쪽으로 발톱을 들이민 것처럼 생긴 해안 지역이다. 또한 러시아와 중국, 북한이 산과 철조망으로 뒤엉켜 서로 만나는 구역에서 그렇게 멀지 않은 외진 구석이다. 2000년 연해주의 한 숲에서 동료 한 명과 하이킹을 하던 중[1] 예상치 못하게 겁에 질려 날아오르는 아주 큰 새를 목격했다. 공중으로 푸드덕 날아간 그 새는 불만 어린 듯한 소리를 내더니 우리 머리 위로 십여 미터쯤 되는 나무에 잠시 앉았다. 이 갈색 털이 부스스한 새는 강렬한 노란 눈으로 우리를 주의 깊게 살폈다. 처음에는 우리가 마주친 이 새가 어떤 종류인지 몰랐다. 부엉이는 분명했는데 내가 그동안 봤던 어떤 부엉이보다도 덩치가 컸다. 독수리만 한 크기였지만 털이 좀 더 보송보송하고 더 통통했으며 귀깃이 몹시 컸다. 흐린 회색빛의 겨울 하늘을 배경으로 역광으로 마주한 이 부엉이는 진짜 새라기에는 너무 크고 우스꽝스러워 보였다. 마치 누군가가 곰에게 깃털을 한 주먹 급히 여기저기 붙인 다음 정신 못 차리는 멍한 야수를 나무 위에 올려놓은 듯했다. 우리를 위협적인 존재로 판단한 이 새는 도망치려고 몸을 틀어서, 길이가 2미터는 되는 날개로 이리저리 얽힌 나뭇가지를 치면서 나무들 사이를 날았다. 새가 자취를 감추자 흩어진 나무껍질 조각들이 소용돌이치며 아래로 떨어졌다.

당시 나는 연해주에 온 지 5년이 되던 차였다. 어린 시절의 대부분을 도시에서 보냈고, 세상에 대한 개념과 시각이라고는 전부 인공적인 풍경뿐이었던 나는 열아홉 살 여름, 출장 간 아버지를 따라 모스크바에 갔다가[2] 녹색의 산들이 바다처럼 출렁이며 햇볕으로 반짝이는 모습을 보았다. 식물로 무성하고 빽빽한 채로 이어지는 산의 능선은 극적으로 높이 솟기도 했고 계곡으로 낮게 가라앉기도 했는데, 내가 꼼짝하지 않고 지켜보던 수 킬로미터 내내 그 흐름이 계속되었다. 마을도, 도로도, 사람도 보이지 않았다. 이곳이 연해주였고 나는 사랑에 빠졌다.

그 짧은 방문 뒤에 나는 6개월간 학부 공부를 하고자 연해주로 돌아왔고, 이후 현지 평화봉사단에서 3년을 보냈다. 처음에는 그저 무심코 새들을 관찰했을 뿐이었다. 새 관찰하기는 내가 대학교에서 익힌 취미였다. 하지만 러시아의 극동 지역으로 여행을 떠날 때마다 나는 연해주의 야생이 주는 매력에 푹 빠졌다. 그래서 이 지역의 새에 대해 더 많은 관심을 기울였다. 평화봉사단에서 나는 지역 조류학자들과 친분을 쌓고 러시아어 실력을 키웠으며, 자유 시간에는 학자들을 따라다니면서 새들의 노래를 배우고 여러 연구 프로젝트를 도왔다. 이때 나는 처음으로 물고기잡이부엉이를 보았고, 내 취미가 직업이 될 수도 있음을 깨달았다.

　　나는 연해주에 대해 알아가는 만큼 이 부엉이에 대해서도 알아갔다. 나에게 이 부엉이는 내가 말로 잘 표현하지 못하는 아름다운 생각과도 같았다. 언제나 방문해보고 싶지만 아는 바는 별로 없는 머나먼 곳을 향한 엄청난 열망과도 같은 감정을 불러일으켰다. 나는 부엉이에 대해 곰곰이 생각했고 그 새들이 숨어 있는 나무 그늘에서 시원하게 머무르며 강가의 이끼가 낀 돌멩이를 코에 대고 킁킁거렸다.

　　부엉이가 겁먹고 날아간 직후, 나는 책장 모서리가 잔뜩 접힌 휴대용 도감을 훑어보았지만 그 새는 어떤 종에도 들어맞지 않았다. 도감에 그려진 물고기잡이부엉이는 방금 우리가 본 교만하고 푸드덕거리는 고블린이라기보다 우중충한 쓰레기통 같았고, 둘 다 내가 상상하던 물고기잡이부엉이의 모습과는 아주 달랐다. 하지만 내가 막 마주친 새가 무슨 종인지 너무 오래 고민할 필요는 없었다. 사진을 찍어두었기 때문이다. 내가 찍은 투박한 사진은 블라디보스토크에서 연구하는 조류학자 세르게이 수르마흐(Sergey Surmach)에게 보내졌다. 수르마흐는 이 지역에서 물고기잡이부엉이를 연구하는 유일한 조류학자였다. 그동안 발표된 바에 따르면 지난 100년 동안 어떤 과학자도 물고기잡이부엉이를 이 남쪽 지역에서 관찰한 적이 없었다.[3] 그리고 내 사진은 이렇게 은둔자처럼 숨어 다니는 희귀한 종이 아직 존재한다는 증거가 되었다.

들어가며

　　2005년, 벌목이 연해주의 명금류에게 미치는 영향을 연구해 미국 미네소타 대학교에서 석사 학위를 받은[1] 나는 이 지역에서 연구를 이어갈 박사 학위 주제를 고민하고 있었다. 나는 자연 보호의 광범위한 영향에 관해 관심이 있었는데, 연구할 종을 흑두루미 아니면 물고기잡이부엉이로 재빨리 좁혔다. 이 두 가지 종은 연해주에서 연구된 경우는 가장 적었던 한편 가장 존재감이 있는 새들이었다. 처음에는 부엉이에게 더 끌렸지만 워낙 이 종에 대한 정보가 부족했기 때문에 연구하기 힘들지 않을까 걱정스러웠다. 이렇게 연구할 종을 심사숙고할 즈음, 나는 백산차 관목 향기가 카펫처럼 두텁게 깔린 위에 나무들이 고르게 쭉쭉 뻗은 탁 트인 낙엽송 습지로 며칠 동안 하이킹을 갔다. 도착한 직후에는 아름다운 풍경이라 생각했지만 얼마 지나지 않아 따가운 햇볕을 피할 곳이 없고 백산차 관목의 강렬한 향이 두통을 일으키는 데다, 구름처럼 뿌옇게 내려오는 날벌레들이 쏘아대는 바람에 진저리가 났다. 그때 나는 결심이 섰다. 이곳은 흑두루미 서식지였다. 물고기잡이부엉이는 희귀한 종이라서 연구하는 데 시간과 에너지를 쏟아부어야 하는 도박일지 모르지만, 적어도 이런 곳에서 5년 동안 수풀을 헤치며 버티지는 않아도 될 것이다. 나는 부엉이를 연구하기로 했다.

아무도 살지 못하는 환경에 서식하는 원기 왕성한 종이라는 명성으로 보면 물고기잡이부엉이는 시베리아호랑이(아무르호랑이라고도 불린다.) 못지않게 연해주의 야생성을 상징한다. 숲을 공유하며 사는 이 두 종 모두 멸종 위기에 처해 있는데, 연어를 잡아먹는 날개 달린 생명체 쪽이 어떻게 살아가는지에 대해서 알려진 바가 훨씬 더 적다. 1971년까지는 러시아에서 이 부엉이의 둥지가 발견되지 않다가[2] 1980년대 들어 전국적으로 300~400쌍이 서식한다는 사실이[3] 알려졌다. 이 종의 미래가 심각하게 걱정스러웠지만, 사는 데 둥지를 틀 커다란 나무와 물고기가 많이 사는 강이 필요하다는 사실 말고는 별로 알려진 바도 없었다.

동쪽으로 불과 수백 킬로미터 떨어진 동해 쪽에는[4] 1980년대 초까지 물고기잡이부엉이가 100마리 이하로 줄어들었다. 19세기 말까지 500여 쌍이 서식하다가 이렇게 된 것이다. 이 고립된 개체군은 벌목과 강 하류의 댐 건설 때문에 연어가 강을 거슬러 오르지 못하게 되면서 보금자리였던 서식지를 잃었다. 연해주의 부엉이들 역시 당시 소련의 무기력한 관리와 열악한 기반시설, 낮은 개체군 밀도 때문에 비슷한 운명에 처해 있었다. 그러다 1990년대에 자유주의 시장 경제가 등장하면서, 연해주 북부에 부와 부패, 탐욕 어린 시선이 쏟아졌다. 이곳이 물고기잡이부엉이의 전 세계적인 거점이라고 여겨진 것이다.

하지만 러시아에 서식하던 물고기잡이부엉이는 취약했다. 자연적으로 밀도가 낮고 번식 속도가 느린 이 종에게 필요한 천연자원을 대규모로, 또는 지속적으로 차단시키다 보면 동해 쪽에서 그랬던 것처럼 개체수가 뚝 떨어질 수도 있었다. 그러면 러시아에서 가장 신비롭고 상징적인 조류 종 하나가 사라질지도 몰랐다. 물론 이 부엉이를 포함한 멸종 위기에 처한 생물 종들은 러시아 법에 의해 보호되었다.[5] 이 종을 죽이거나 서식지를 파괴하는 것은 불법이다. 그러나 이 생물 종에게 필요한 자원이 무엇인지에 대한 구체적인 지식이 없으면 실행 가능한 보전 계획을 세우기란 불가능했다. 물고기잡이부엉이를 위한 그러한 접근 방식은 아직 존재하지 않은 상태였고,[6] 예전이라면 접근하기 힘들었던 연해주의 숲은 1990년대 후반까지 자원을 채취하는 현장이 되어갔다. 물고기잡이부엉이에 대한 진지한 보전 계획이 필요한 시점이었다.

보전과 보호는 다르다. 만약 물고기잡이부엉이를 보호하고 싶었다면 종에 대한 연구는 필요 없었을 것이다. 그저 연해주에서 이뤄지는 벌목과 낚시를 전면 금지하기 위해 정부에 로비를 하면 될 일이다. 이렇게 광범위한 조치를 취하면 부엉이에 대한 위협을 전부 제거하고 보호할 수 있다. 하지만 이런 방식은 비현실적임은 물론이고 그 지역에 거주하는 200만 명의 주민들을 무시하는 처사다. 이들 주민 가운데는 생계를 위해 벌목과 어업에 의존하는 사람들도 있으니까. 연해주에서 물고기잡이부엉이와 인간의 삶은 떼려야 뗄 수 없는 관계다. 둘 다 수백 년 동안 같은 자원에 의존했다. 러시아인들이 강에 그물을 담가 물고기를 잡고 나무를 베어 이윤을 추구하기 이전부터 만주족과 토착 주민들 역시 같은 활동을 했다. 우데게족과 나나이족은[7] 연어의 껍질로 아름답게 수놓은 옷을 지었고, 움푹 파인 거대한 나무로 배를 만들었다. 이러한 자원에 대한 어부들의 의존도는 시간이 흐르는 동안 보통 수준을 유지했다. 높아진 것은 인간의 욕구와 필요였다. 이런 관계에서 균형을 되찾고 필요한 천연자원을 보존하는 것이 내 연구의 의도였다. 그리고 과학적인 연구만이 내가 필요로 하는 답을 얻을 수 있는 유일한 방법이었다.

2005년 말, 나는 블라디보스토크에 있는 세르게이 수르마흐의 사무실에서 그와 만났다. 친절한 눈빛에 제멋대로 털이 자란 작고 탄탄한 체격의 그를 보자마자 마음에 들었다. 연구 협력자로서 명성이 높았던 수르마흐였던 만큼 나는 그가 내 파트너십 제안을 받아주기를 바랐다. 부엉이를 연구해 미네소타 대학에서 박사 학위를 받으려는 내 관심사에 대해 설명했고, 수르마흐는 그것에 대해 자신이 알고 있는 바를 알려줬다. 우리 둘은 아이디어를 나누면서 서로 흥분하기 시작했고 빠른 속도로 의기투합했다. 우리는 부엉이의 비밀스러운 생활에 대해 가능한 한 많이 연구한 뒤 그 정보를 활용해 이 종을 보호하기 위한 현실적인 보전 계획을 세울 예정이었다. 우리가 이 연구를 위해 던진 질문은 믿을 수 없을 만큼 단순했다. '물고기잡이부엉이가 살아남기 위해 필요한 경관의 특징은 무엇인가?'였다. 물론 일반적으로 커다란 나무나 먹이가 될 물고기가 그 답이겠지만[8] 보다 세부적인 사항을 이해하기 위해서는 여러 해를 투자해야 했다. 예전 자연주의자들의 단편적인 관찰에 그치지 않고 맨땅에서 처음부터 시작해야 했던 것이다.

수르마흐는 노련한 현장 생물학자였다. 우선 외딴 연해주 지역에서의 장기간의 탐험에 필요한 장비를 갖췄다. 예컨대 어떤 지형에서도 굴러가는 거대한 GAZ-66 트럭과 그 뒤에 연결할 나무를 때서 난방을 하는 생활이 가능한 캐러밴, 스노모빌 몇 대, 그리고 부엉이를 찾는 훈련을 받은 소규모 현장 조수들이 있었다. 첫 프로젝트에서는 수르마흐와 그의 팀이 물자와 인력을 부담하기로 했다. 대신 나는 현대적인 수단과 방법을 도입하고 연구 보조금을 모아 자금을 확보했다. 우리는 이 연구를 세 단계로 나눴다. 첫 번째는 2~3주 정도 걸리는 훈련이었고, 두 번째는 약 2개월에 걸쳐 연구 대상인 부엉이의 개체수를 알아내는 단계였다. 그리고 마지막은 부엉이를 포획하고 데이터를 수집하는 4년에 걸친 과정이었다.

나는 열의가 있었다.[9] 이것은 위기를 맞아 과거로 돌아가려는 보전 작업이 아니었다. 스트레스를 잔뜩 받고 자금도 부족한 연구원들이 이미 생태학적인 피해를 입은 환경에서 멸종을 막기 위해 싸우는 과정과는 달랐다. 연해주는 아직 대부분 청정 구역이었다. 상업적인 이윤과 관심에 휘둘리지 않았다. 우리는 지금 물고기잡이부엉이라는 위험에 처한 종 하나에 초점을 맞추고 있지만, 이곳 환경을 더 잘 관리하기 위한 우리의 권고 사항은 전체 생태계를 보호하는 데 도움이 될 것이다.

물고기잡이부엉이들을 발견하기에 가장 좋은 시기는 겨울이었다. 부엉이들의 울음소리는 2월에 가장 컸고 이 시기에 강둑을 따라 눈 위에 발자국을 남겼다. 이때가 수르마흐에게는 1년 중 가장 바

쁜 시기이기도 했다. 수르마흐가 이끄는 민간 단체는 여러 해에 걸
쳐 사할린 섬의 조류 개체수를 감시하고 확인할 수 있는 계약을 따
냈고, 이 일에 필요한 물류 관련 협상을 하는 데 겨울철 몇 달을 흘려
보내야 했다. 결국 내가 수르마흐에게 주기적으로 상담을 하는 동안
현장에서는 한 번도 함께 일하지 못했다. 대신 그는 자신의 오랜 친
구이자 경험 많은 나무꾼인 세르게이 압데육(Sergey Avdeyuk)을 대리
인으로 보냈다. 1990년대 중반부터 이 부엉이 관련 연구에서 수르마
흐와 긴밀히 협력했던 친구였다.

　　　연해주 최북단 사마르가 강 유역으로 떠난 원정이 우리 탐험
의 첫 단계였다. 여기서 나는 부엉이들을 찾는 법을 배울 작정이었
다. 사마르가 강 유역은 이 지방에서 유일하게 아예 도로가 뚫리지
않은 배수지였지만, 점차 벌목 사업이 이 근방으로 세를 뻗치는 중
이었다.[10] 2000년에는 7,280제곱킬로미터에 이르는 사마르가 강 유
역의 두 마을 중 하나인 아그주에서 우데게 토착민 협의회가 열려 우
데게 토지를 벌목 사업에 개방할 수 있다고 결정했다.[11] 그러면 도로
가 건설되고 일자리를 창출하겠지만, 이 지역의 접근성이 높아져 밀
렵이나 산불로 경관이 훼손될 가능성도 커질 것이다. 이 일로 고통
받을 생물 종은 물고기잡이부엉이와 호랑이에 그치지 않는다. 2005
년에는 벌목 회사가 이 결정에 따른 논란을 인식하고 지역 사회와 과
학자들에게 몇 번에 걸친 전례 없는 양보를 했다. 이들의 벌목 작업
이 불러올 결과에 대해서는 과학자들이 밝힐 것이다. 또 주요 도로
는 연해주에서 대부분의 도로가 그렇듯이 생태에 민감한 영향을 끼
치는 강 주변이 아니라 계곡 위로 높이 건설될 예정이며 보존 가치가

높은 특정 지역에서는 벌목이 금지된다. 수르마흐는 도로가 건설되기 전에 이곳 배수지에 대한 환경 평가를 담당하는 과학자 집단의 일원이었다. 압데육이 이끄는 그의 현장 팀은 벌목을 금지해야 할 사마르가 강변의 물고기잡이부엉이 서식지를 확인하는 임무를 맡았다.

이 탐험에 참여하는 과정에서 나는 사마르가 강변의 물고기잡이부엉이 보호를 돕는 한편, 그들을 탐색하는 기술에 대한 소중한 경험을 쌓을 예정이었다. 부엉이의 개체수를 확인하는 이 프로젝트의 두 번째 단계에 적용될 기술이다. 수르마흐와 압데육은 연해주 숲에서 물고기잡이부엉이의 울음소리를 들은 장소들의 목록을 작성하는 중이었는데, 심지어 이 새가 둥지를 튼 나무 몇 그루도 알고 있었다. 이 자료를 토대로 우리는 예비 연구에 집중할 수 있었다. 압데육과 나는 2만 제곱킬로미터에 이르는 연해주 연안 지역에서 몇 달에 걸쳐 이 장소들을 하나하나 방문했다. 물고기잡이부엉이들을 찾고 나면, 이듬해에 다시 돌아와 이 프로젝트의 가장 긴 세 번째 작업에 돌입할 것이다. 바로 부엉이들을 포획하는 것이다. 우리는 가능한 한 많은 부엉이에게 배낭 모양의 송신기를 몰래 장착했고, 4년 동안 그들의 움직임을 관찰하고 어디로 오고 가는지 기록했다. 이 자료는 부엉이들이 살아가는 데 가장 중요한 환경 요인이 무엇인지 정확히 알려줄 것이다. 그러면 우리는 새들을 보호하기 위한 보전 계획을 세울 수 있다.

하지만 과연 이 작업이 얼마나 어려울까?

1

얼음으로 세례받다

Owls of the Eastern Ice

지옥이라는 이름의 마을

헬리콥터가 늦어지는 중이었다. 2006년 3월, 나는 해안 마을인 테르니에 있었다. 내가 물고기잡이부엉이를 처음으로 관찰한 지점에서 북쪽으로 300킬로미터 떨어진 마을이었다. 나는 헬리콥터가 뜨지 못하게 가로막는 눈보라를 저주했고 어서 사마르가 강 유역의 아그주에 가고 싶었다. 인구가 약 3,000명인 테르니는 이 지역에서 어느 정도 규모의 인구가 거주하는 마을 가운데 가장 북쪽에 자리했다. 더 멀리 떨어진 아그주 같은 마을도 있지만 그곳은 인구가 수백 명 또는 심지어 수십 명밖에 되지 않았다.

나는 땔나무로 난방을 하는 천장이 낮은 시골집에서 일주일 이상을 기다리고 있었다. 공항에는 소련 시절의 밀 Mi-8 헬리콥터가 하나밖에 없는 터미널 밖에 발이 묶여 움직이지 못하고 있었는데, 눈보라가 맹위를 떨치면서 푸른색과 은색의 기체에 서리가 잔뜩 꼈다. 나는 테르니 마을에서 기다리는 게 익숙했다. 이 헬리콥터를 타본 적은 없지만 마을에서 남쪽으로 15시간이 걸리는 블라디보스토크로 가는 버스는 일주일에 고작 두 번 운행할 뿐이었고, 그나마 제시간에 오지도 않았으며 고장이 나도 도로에서 제대로 수리를 하지 못했다. 당시 나는 연해주를 들락거리며 여행하거나 거주한 지 10년도 넘었고, 그런 내게 기다림은 이곳에서 생활의 일부였다.

일주일이 지나서야 조종사들은 마침내 비행 허가를 받았다. 시베리아호랑이 연구자인 데일 미켈(Dale Miquelle)은 현금 500달러가 든 봉투를 내게 건넸다. 비상사태가 닥쳤을 때 쓰라고 빌려주는 돈이었다. 나는 아그주에 가본 적이 없지만 미켈은 갔던 적이 있어 내가 어떤 상황에 휘말릴지 예상하고 있었다. 나는 차를 타고 강가의 오래된 숲에서 조금 떨어진 마을 가장자리 공터 활주로로 갔다. 여기서 세레브랸카 강 계곡은 1.5킬로미터 떨어져 있었으며 시호테알린 산맥의 낮은 산에 둘러싸여 있었다. 불과 몇 킬로미터만 더 가면 강의 하구와 동해에 이르렀다.

매표소에서 표를 챙긴 나는 시골과 도시 지역에서 몰려든 초조해 보이는 노파, 어린아이들, 사냥꾼들로 이뤄진 군중 사이에 끼어들었다. 다들 두터운 펠트 코트를 입은 채 여행 가방을 움켜쥐고 밖에서 탑승을 기다리고 있었다. 이렇게 눈보라가 길게 지속되는 경우는 드물어서 상당수의 사람들이 병목 현상으로 발이 묶인 상태였다.

탑승 대기자는 약 스무 명 정도였는데 짐과 화물이 없으면 헬리콥터에는 24명까지 탑승할 수 있었다. 사람들은 파란색 유니폼을 입은 남자 직원이 헬리콥터 옆에 보급품 상자를 차곡차곡 쌓으면 같은 유니폼의 다른 직원이 그것을 기체에 싣는 모습을 불안한 눈으로 쳐다보았다. 다들 헬리콥터가 운송할 수 있는 무게에 비해서 많은 사람에게 표를 판매한 것은 아닌지 의심하기 시작했다. 보급품 상자들이 귀중한 공간을 차지하고 있었다. 그 순간 모든 사람들이 작은 금속 문을 비집고 들어가기로 결심했다. 나 역시 아그주에서 수르마흐의 연구팀이 이미 8일이나 나를 기다리는 상황이었다. 이 헬리콥터를 타지 않는다면 연구팀은 나를 빼놓고 탐사를 떠날지도 몰랐다. 나는 몸집이 큰 나이 든 여성 뒤에 자리를 잡았다. 버스를 탈 때도 이런 여성 뒤에 붙으면 좌석을 잡는 데 유리했던 경험이 있기 때문이다. 앰뷸런스 뒤를 따라가며 교통 체증을 뚫는 것과 비슷한 원리인데 나는 붐비는 헬리콥터를 탈 때도 마찬가지로 통할 거라 생각했다.

　　마침내 거의 들리지도 않는 목소리로 탑승 승인이 떨어졌고 사람들이 한꺼번에 들이닥쳤다. 나는 러시아 생활의 필수품인 감자와 보드카 상자 사이를 오르며 헬리콥터 사다리를 향해 나아가 위로 올라갔다. 내 앰뷸런스는 똑바로 전진했고 나는 그 여성을 뒤쫓았다. 그곳에는 밖을 내다볼 수 있는 둥근 창과 다리를 뻗을 수 있는 약간의 공간이 있었다. 탑승객의 숫자가 안전하지 않을 만큼 불어나면서 나는 여전히 바깥을 볼 수는 있었지만 다리를 놓는 공간은 아마도 밀가루가 들었을 것이라 여겨지는 커다란 자루에 빼앗겼다. 승무원들이 만족할 만큼 제한된 실내 공간이 가득 차자 헬리콥터의 회전 날개가 처음에는 나른한 듯 돌다가 곧 모두가 알아챌 만큼 요란하게 돌아가기 시작했다. Mi-8 헬리콥터는 두두두 소리를 내면서 테르니 상공으로 낮게 떠오르더니 기체를 비스듬히 왼쪽으로 기울여 동해 위로 수백 미터를 이동하다가 유라시아 대륙 동쪽 가장자리의 북쪽을 향해 그림자를 드리우며 날아갔다.

헬리콥터 아래로는 시호테알린 산맥과 동해 사이에 자갈이 깔린 해안이 어색하게 끼워진 듯 자리했다. 시호테알린 산맥은 이곳 산 중턱에서 끝이 났는데 가지가 구부러진 신갈나무가 있는 기슭이 이어지다 갑자기 30층 높이나 되는 수직 절벽이 나타났다. 군데군데 갈색 흙이 달라붙은 회색 절벽에는 약간의 식물도 보였고 흰 얼룩이 있는 것으로 보아 절벽 틈새에 맹금류나 까마귀 둥지가 있으리라는 사실을 짐작하게 했다. 잎사귀가 떨어진 위쪽의 떡갈나무는 보기보다 나이가 많았다. 추위와 강한 바람, 성장 시기 대부분 바닷가 안개에 휩싸인 혹독한 환경은 나무에 옹이를 만들고 성장을 가로막으며 줄기를 가느다랗게 했다. 그 아래로는 겨울 파도가 몰아쳐 바다 안개가 가닿을 수 있는 주변의 바위 위에 두텁고 차가운 얼음을 남겼다.

Mi-8호는 테르니를 출발한 지 3시간 만에 눈보라를 뚫고 착륙해 햇빛을 받아 반짝거렸고, 아그주 공항 주변으로 여기저기 흩어진 스노모빌과 함께 판잣집과 공터가 보였다. 승객들이 내리자 승무원들은 화물을 내리고 다시 이륙하는 데 필요한 탁 트인 공간을 마련하느라 분주했다.

그때 토끼털 모자 밑으로 검은 머리카락이 살짝 보이는 열네 살쯤 먹은 우데게 마을의 소년이 심각한 표정을 지으며 내게 다가왔다. 나는 확실히 이곳과 어울리지 않는 외모를 갖고 있었다. 스물여덟 살에 수염을 기른 나는 누가 봐도 현지인이 아니었다. 내 또래의 러시아 남자들은 당시 유행하는 스타일대로 깔끔하게 면도를 하고 차분한 톤의 검은색과 회색 옷을 입었다. 그들 가운데 부풀어 오른 빨간 내 재킷은 확실히 눈에 띄었다. 소년은 내가 아그주에 왜 관심이 있는지 물었다. "물고기잡이부엉이라고 들어봤니?" 내가 러시아어로 대답했다. 이번 탐험은 물론이고 앞으로 부엉이와 관련한 작업에서 대부분 러시아어를 쓸 작정이었다.

"물고기잡이부엉이? 새인가요?" 소년이 되물었다.

"나는 그 새를 찾아 여기 왔단다."

"새를 찾고 있군요." 소년은 다소 당황해서는 심드렁하게 내 말을 되풀이하며 중얼댔지만, 자기가 제대로 이해했는지 긴가민가해 하는 듯했다.

그리고 소년은 내게 아그주에 지인이 있느냐고 물었고 나는 아니라고 했다. 그러자 그는 눈썹을 치켜올리며 여기서 만날 사람이 있느냐고 물었고 나는 그렇게 되기를 바란다고 답했다. 소년은 표정을 찡그리며 눈썹을 아래로 내리더니 신문지를 찢어 여백에 자기 이름을 휘갈기고서는 내게 건넸다.

"아그주는 편하게 오갈 수 있는 여행지가 아니에요." 소년이 말했다. "잠잘 곳이라든가 도움이 필요하면 마을에서 저를 찾으세요."

해안을 따라 자라는 떡갈나무처럼 소년은 이 혹독한 환경에서 자라난 산물이었다. 어려도 보기보다 경험이 풍부했다. 나는 이 아이의 말처럼 아그주에 대해 잘 몰랐지만 거친 환경이라는 건 알았다. 지난해 겨울 외지에서 와 기상학자로 일하며 머무르던 테르니 출신 내 지인의 아들이 여기서 구타당한 채 눈 속에서 정신을 잃고 얼어 죽었다. 하지만 범인은 밝혀지지 않았다. 아그주는 작은 마을이라 주민들끼리 친했고 아마 범인을 알았을 테지만 다들 경찰관에게 입을 꾹 닫고 한마디도 하지 않았다. 어떤 처벌이었든 내부적으로 처리되었을 것이다.

　　나는 곧 사람들 사이로 움직이는 우리 현장 연구팀의 리더 세르게이 압데육을 발견했다. 나를 데리러 스노모빌을 타고 온다고 했다. 둘 다 화려한 색의 다운재킷 차림이었던 우리는 금방 서로를 알아봤지만 세르게이는 그렇게 외국인 티가 나지 않았다. 짧게 친 머리카락과 줄담배를 피워 누렇게 물든 윗니, 이곳이 익숙한 듯 거만한 걸음걸이 때문이었다. 키는 나와 비슷해서 180센티미터가 조금 넘어 보였으며 검게 그을린 각진 얼굴은 턱수염으로 덮여 있었고, 눈에서 반사되는 햇빛으로부터 눈을 보호하는 선글라스를 끼고 있었다. 사마르가 탐험을 이 프로젝트의 첫 단계로 구상한 건 나와 수르마흐였지만 현장의 리더는 누가 뭐래도 압데육이었다. 압데육은 숲 깊은 곳까지 탐험해 물고기잡이부엉이를 직접 관찰한 경험자였기 때문에 나는 이번 여행 기간 동안 그의 판단에 따르기로 했다. 압데육과 다른 두 명의 팀원은 몇 주 전 남쪽으로 350킬로미터 떨어진 항구 마을 플라스턴에서 벌목선을 타고 사마르가 강 유역으로 이동했다. 이들은 한 쌍의 스노모빌과 장비를 가득 실은 수제 썰매, 몇 배럴의 휘발유를 함께 끌고 왔다. 그리고 해안에서 100킬로미터 넘게 떨어진 강 상류로 빠르게 이동해 식량과 연료를 내려놓은 다음, 계획에 따라 방향을 틀어 다시 해안으로 돌아왔다. 이들은 나를 데리러 오기 위해 아그주에 하루 이틀만 잠시 머물 예정이었지만 눈보라가 걷히기를 기다리는 처지가 되었다.

　　아그주는 연해주에서 사람이 거주하는 가장 북쪽 마을일 뿐 아니라 가장 고립된 장소이기도 하다. 사마르가 강의 지류 가장자리에 자리한 이 마을에는 150명쯤 되는 주민이 살고 있으며 대부분 우데게인이었는데, 그 역사는 오래전으로 거슬러 올라간다. 소련이 통치하던 시대에 이 마을은 사냥으로 잡은 수렵육을 취급하는 중심지였으며 주민들은 국가에서 돈을 받고 고용된 전문 사냥꾼들이었다. 모피와 고기를 운송하기 위해 헬리콥터가 날아왔고 모피는 현금으로 즉각 교환되었다. 하지만 1991년 소련이 붕괴하면서 체계적이었던 수렵육 산업도 금방 무너졌다. 헬리콥터는 더 이상 오지 않았고, 소련의 몰락에 뒤이은 급격한 인플레이션으로 사냥꾼들은 쓸모없는 루블화만 잔뜩 움켜쥐게 되었다. 이들은 마을에서 떠나고 싶어도 그럴 수 없었다. 그럴 자원이 부족했기 때문이었다. 대안이 없었던 이들은 다시 생계형 사냥으로 돌아갔다. 그리고 한동안 아그주 마을의 경제는 물물교환 시스템으로 돌아갔다. 마을 상점에서 신선한 고기를 테르니에서 들여온 각종 상품과 맞바꾸는 식이었다.

사마르가 강 유역의 우데게인들은 비교적 최근까지 강을 따라 여기저기 흩어져 살았지만, 1930년대 소련의 집산화 정책으로 이들의 야영지는 파괴되었다. 결국 우데게인들은 주로 마을 네 곳에 거주하게 됐는데 대다수는 아그주에 정착했다. 당시 집산화 정책을 강요받은 지역 주민들의 무력함과 괴로움이 마을 이름에 반영되었을지도 모른다.[1] 아그주는 '지옥'을 뜻하는 우데게인들의 언어 'Ogzo'에서 유래했을 것이라 추정된다.

세르게이는 스노모빌을 시내로 통하는 좁은 길에서 비켜나 빈 오두막 앞에 세웠다. 오두막 주인이 장기간 사냥을 떠나 숲에 있

는 동안 우리는 이 집에 머물러도 좋다는 허락을 받았다. 이 집은 아
그주의 다른 주택과 마찬가지로 러시아 전통 양식의 지붕이 얹혔으
며, 이중 유리창의 가장자리는 폭이 넓고 화려한 조각으로 둘러져 있
었다. 오두막 앞에서 짐을 내리던 두 남자가 우리를 보고 인사했다.
방한용 멜빵바지와 겨울 부츠의 현대적인 차림으로 보아 우리 연구
팀의 나머지 구성원인 게 분명했다. 세르게이가 담배에 불을 붙인
채 서로를 소개해주었다. 첫 번째 남자의 이름은 톨랴 리조프(Tolya
Ryzhov)로, 땅딸막한 몸집에 얼굴이 거무스름했으며 진한 콧수염과
부드러운 눈매가 돋보였다. 톨랴는 사진작가이자 카메라맨이었다.
러시아에는 물고기잡이부엉이를 촬영한 영상이 거의 없어서 수르마
흐는 톨랴가 부엉이 영상을 증거로 찍었으면 하고 바랐다. 그리고 두
번째 남자는 슈릭 포포프(Shurik Popov)였다. 키가 작고 운동신경이 좋
은 슈릭은 세르게이처럼 갈색 머리를 짧게 잘랐다. 또 길쭉한 얼굴은
현장에서 몇 주 머무르는 동안 그을렸고 풍성하게 자라지 않는 가느
다란 턱수염을 기르고 있었다. 이 연구팀에서 슈릭은 뭐든 다 잘하
는 해결사였다. 필요하기만 하다면 썩어가는 나무에 올라 부엉이의
둥지를 뒤지고 저녁거리로 생선 열 마리의 내장을 제거하고 손질하
는 일도 마다하지 않고 빠르게 해치웠다.

    문이 열릴 만큼 눈을 충분히 치우고 나서 우리는 마당으로 들
어가 이내 집 안에 들어섰다. 나는 좁고 어두운 현관을 지나 첫 번째
방인 부엌으로 들어가는 문을 열었다. 차갑고 퀴퀴한 공기에 나무를
땐 연기와 담배 냄새가 가득했다. 주인이 숲으로 떠난 이후 집은 밀
폐된 채 난방을 하지 않은 상태였고, 차가운 공기는 실내에 배인 냄

새를 조금 억누르고 있을 뿐이었다. 무너진 벽에서 떨어진 회반죽 조각이 바닥에 흩어져 뭉개진 담배꽁초와 뒤섞여 있었고, 장작 난로 위에는 다 쓴 차 티백이 널려 있었다.

나는 부엌에서 나와 두 개의 쪽방을 지나 맨 끝 방으로 들어갔다. 방들은 문틀에 아무렇게나 붙여진 지저분하고 무늬가 있는 시트로 서로 분리되어 있었다. 뒷방 바닥에는 회반죽 조각이 너무 많아 발밑에서 계속 으스러졌고 창문 아래 벽에는 동물의 얼어붙은 고기와 털로 보이는 조각이 붙은 채였다.

세르게이는 헛간에서 장작더미를 가져와 장작 난로에 불을 붙였다. 난로 안쪽은 차갑고 바깥은 상대적으로 따뜻해 굴뚝이 압력으로 밀폐된 상태였기 때문에, 신문지를 이용해 공기를 먼저 통하게 했다. 이 과정 없이 너무 서둘러 불을 지피면 공기가 끌어당겨지지 않아 실내는 연기로 가득 찬다. 러시아 극동 지방의 오두막이 대부분 그렇듯 이 난로는 벽돌로 만들어졌고 그 위에 요리용이나 물을 끓일 냄비를 올릴 두꺼운 철판이 얹혀 있었다. 부엌 한구석에 세워진 난로는 벽면에 매몰되어 있어 데워진 연기가 벽돌 벽의 뱀처럼 구불구불한 연결로를 따라 이동해 굴뚝으로 빠져나갔다. 루스카야 페치카(러시아식 난로)라고 불리는 이 스타일은 불이 꺼진 뒤에도 벽돌 벽이 열을 오래 유지하고 있어 반대쪽 부엌과 방을 따뜻하게 한다. 베일 속에 가려진 집주인의 깔끔하지 못한 성격은 난로에도 그대로 드러났다. 세르게이가 세심하게 애썼는데도 난로의 수많은 틈새로 연기가 새어나와 실내 공기는 잿빛으로 변해버렸다.

모든 소지품과 짐을 복도에 둔 채 세르게이와 나는 사마르가 강 지도를 앞에 두고 앞으로의 전략에 대해 대화를 나눴다. 그는 자신과 팀원들이 물고기잡이부엉이를 찾고자 강의 상류 50킬로미터와 지류 일부를 조사한 내용을 보여주었다. 세르게이에 따르면 그들 일행은 이 구역에 서식하는 부엉이 열 쌍 정도를 발견했는데 이 종치고는 무척 많은 개체수였다.[2] 하지만 우리는 사마르가 마을과 해안, 그리고 아그주 주변의 숲에 이르는 65킬로미터의 구역을 더 조사해야 했다. 작업의 양이 많았지만 시간은 넉넉하지 않았다. 이미 3월 말이었고 그동안 날씨 때문에 그저 흘려보냈던 날이 많아 남은 시간이 한정적이었다. 우리가 아그주를 떠날 때 택할 수 있는 유일한 이동 경로인 강의 얼음이 녹고 있었고, 그렇게 되면 스노모빌은 위험한 상황에 빠진다. 봄이 너무 빨리 오면 아그주와 사마르가 마을 사이에서 강을 따라 오도 가도 못하게 표류하게 될 위험이 있었다. 세르게이는 날씨가 변하는 추세를 예의 주시하면서 적어도 일주일 동안은 아그주에서 계속 작업해야 한다고 권했다. 그는 우리가 매일 하류 쪽으로 10~15킬로미터 정도로 조금씩 내려갔다가 밤에는 다시 스노모빌을 타고 잠을 청하러 아그주로 돌아오면 된다고 생각했다. 이런 외딴 환경에서 밤을 보낼 따뜻한 장소를 놓치는 건 안 될 말이었다. 아그주의 오두막이 아니라면 우리는 텐트에서 자고 있었을 것이다. 그리고 일주일 뒤 우리는 짐을 싸서 보즈네세노프카로 이동할 예정이었다. 그곳은 아그주에서 강 하류 방향으로 40킬로미터, 해안에서 25킬로미터 떨어진 사냥 캠프장이었다.

　　우리가 첫날 밤 저녁 식사로 소고기 통조림과 파스타를 먹는 동안 마을 사람 몇몇이 쳐들어오다시피 들어와 95도의 에탄올이 든

4리터짜리 술병과 사슴의 날고기가 든 통 하나, 노란 양파 몇 개를 식탁에 가져다 놓았다. 그날 밤 마을 사람들은 음식을 갖다주면서 재미있게 놀고 흥미로운 대화를 나누고 싶어 했다. 1990년대까지 외부와 상당 부분 단절된 세계의 변두리인 연해주 지역에서 외국인이었던 나는 주민들에게 신기한 존재로 비춰지는 데 익숙했다. 사람들은 나에게 실제로도 텔레비전 드라마 〈산타 바버라〉에서처럼 생활하는지, 농구팀 시카고 불스를 응원하는지에 대해 물었다. 이 두 가지는 1990년대 러시아에서 가장 대중적인 미국의 상징이었다. 또 사람들은 지구촌 구석의 자기 마을에 대해 내가 칭찬해주기를 바랐다. 어쨌든 아그주에서는 외지인이라면 누구나 준 유명인이었다. 내가 미국에서 왔고 세르게이가 달네고르스크에서 왔다는 건 그들에게 중요치 않았다. 어차피 둘 다 이국적인 장소였기에 우리 둘 다 흥밋거리였고, 술을 함께 마실 새로운 친구였다.

시간이 흐르면서 여러 사람들이 오갔고, 사슴고기 커틀릿을 요리해 먹어치웠으며, 일정한 속도로 술을 마셨다. 우리 방은 이미 체처럼 생긴 난로와 사람들이 피우는 담배로 인한 연기로 자욱했다. 나는 고기와 생양파를 곁들여 술 몇 잔을 마시면서 사냥 이야기라든지 곰이나 호랑이를 가까이서 본 이야기, 강 이야기를 들었다. 어떤 사람은 내게 어째서 물고기잡이부엉이를 미국에서만 연구하지 않고 굳이 사마르가까지 찾아왔느냐고 물었다. 내가 북아메리카에는 이 부엉이가 없다고 답하자 그는 놀라는 눈치였다. 이 사냥꾼들은 이 지역의 황야에 대해서는 잘 알았어도 숲이 얼마나 놀랍고 독특한지에 대해서는 몰랐을 것이다.

마침내 나는 사람들에게 잘 자라고 인사한 뒤 뒷방에 들어가 연기와 떠들썩한 웃음소리를 차단하기 위해 문틈에 시트를 가져다 댔다. 헤드램프를 켜고 러시아 과학 학술지에서 겨우 찾은 물고기잡이부엉이에 대한 논문의 복사본을 훑었다. 내일 부엉이들을 보러 가기 전에 벼락치기 공부를 한 셈이다. 이것 말고는 할 일도 별로 없었다. 1940년대에 유럽인 최초로 이 부엉이를 연구한 사람은 예브게니 스판겐베르크(Yevgeniy Spangenberg)라는 조류학자였는데, 그가 쓴 논문은 이 종을 어디서 찾을 수 있는지에 대한 기본적인 개요를 제공했다.[3] 깨끗하고 차가운 물이 흘러 연어들이 휘젓고 다니는, 지류가 이리저리 뒤엉킨 강이었다. 이후 1970년대에 유리 푸킨스키(Yuriy Pukinskiy)라는 또 다른 조류학자가 연해주 북서부의 비킨 강에서 이 부엉이와 조우했던 경험을 바탕으로, 둥지를 짓는 생태학적인 특성과 발성에 대한 정보를 수집해 몇 편의 논문으로 정리했다.[4] 마지막으로 세르게이 수르마흐가 쓴 논문도 몇 편 있었는데 주로 연해주의 물고기잡이부엉이 분포 패턴에 초점을 맞췄다.[5] 논문을 다 훑은 나는 옷을 벗고 긴팔 속옷만 입은 채 귀마개를 꽂고 침낭으로 기어들어갔다. 내일이 기대되어 마음이 들떴다.

첫 번째 탐사

그날 밤에도 아그주 근처 어딘가에서 물고기잡이부엉이는 연어를 사냥했을 것이다. 이 부엉이에게 청각은 그다지 중요하지 않다. 먹이는 주로 물속에 있기에 지상 세계의 소리에는 무관심한 편이다. 다른 부엉이 종 대부분은 먹잇감인 설치류가 숲 바닥의 부식토를 헤치며 나아가는 소리를 추적할 수 있는데, 예컨대 원숭이올빼미는 칠흑 같은 어둠 속에서도 가능하다.[1] 반면에 물고기잡이부엉이는 수면 아래에서 움직이는 먹잇감을 주로 사냥한다. 사냥 전략의 차이는 신체적으로도 드러난다.[2] 많은 부엉이가 안면 디스크(가장 희미한 소리도 귓구멍으로 전달할 수 있는 부엉이 얼굴의 둥그런 깃털 패턴)가 뚜렷한 편이지만, 물고기잡이부엉이는 그렇지 않다. 안면 디스크가 주는 장점이 필요하지 않았기 때문에 오랜 시간이 지나면서 진화적으로 패턴이 희미해진 것으로 보인다.

물고기잡이부엉이의 주된 먹이인 연어과 물고기들이 사는 강은 겨울철 몇 달 동안 대체로 꽁꽁 얼어 있다. 기온이 영하 30도 이하로 떨어지는 날이 많은 겨울을 나기 위해 그들은 몸에 지방을 두텁게 쌓는다. 이런 특성 때문에 이 부엉이는 한때 우데게 사람들에게 소중한 먹거리였다.[3] 고기를 먹어 치운 뒤에는 커다란 날개와 꽁지깃을 펼쳐 말린 다음, 사슴이나 멧돼지를 사냥할 때 구름처럼 몰려들어 몸을 물어뜯는 날벌레를 쫓는 부채로 만들었다.

아그주의 뿌연 새벽빛이 내가 아직 돌무더기와 사슴 고기 사이에 머물고 있다는 사실을 드러냈다. 이제 더 이상 오두막의 퀴퀴한 냄새가 느껴지지 않았다. 내가 이 집에 익숙해졌고 옷이며 턱수염에 냄새가 달라붙어 있다는 의미였다. 옆방에는 사슴 뼈와 컵, 말라비틀어진 케첩 병이 식탁에 어지러이 놓여 있었다. 우리는 게슴츠레하게 눈을 뜨고서 거의 대화를 나누지 않은 채 소시지와 빵, 차로 아침 식사를 했다. 식사를 마치자 세르게이는 나에게 점심으로 먹을 딱딱한 사탕을 한 주먹 건네며 코트와 긴 장화, 쌍안경을 챙기라고 일렀다. 이제 물고기잡이부엉이를 찾아 떠날 참이었다.

우리가 탄 두 대의 스노모빌 캐러밴이 요란한 소리를 내며 마을을 통과하자 주민과 개떼들이 그 모습을 쳐다보며 깊은 눈 더미로 발을 디뎌 좁은 길을 양보했다. 연해주의 개들은 대부분 경비실에 묶인 채 기가 죽어 있거나 아니면 공격적이었지만 아그주의 개들은 그렇지 않았다. 여기서는 끈질긴 성격의 사냥개인 이스트 시베리언 라이카 품종의 개들이 무리를 지어 마을을 돌아다녔다. 최근 들어 이 개들은 이곳 사슴과 멧돼지 개체군을 황폐화시키는 데 한몫했다. 겨우내 깊이 쌓인 눈은 늦겨울의 반짝이는 얼음 아래 파묻혀 있었는데, 사슴의 발굽은 종잇장처럼 그 위를 뚫고 가지만 갯과의 부드럽고 두툼한 발은 안전하게 돌아다녔다. 운이 나빠 이 라이카 종의 개들에게 쫓기는 유제류 동물들은 다급한 상황에서 허우적거리다가 민첩한 포식자들에게 재빨리 내장까지 뜯어 먹힐 것이다. 우리가 지나쳤던 개들은 다들 가죽에 대학살의 흔적인 핏자국을 묻힌 채였다.

우리는 강 바로 앞에서 더 작은 조로 나뉘어 흩어졌다. 다른 팀원들은 다들 노련해서 이 과정에서 별다른 말이 없었다. 세르게이는 톨랴에게 내가 무슨 일을 해야 할지 알려주라고 일렀다. 세르게이와 슈릭은 사마르가를 향해 남쪽으로 스노모빌을 돌렸고, 톨랴와 나는 헬기 착륙장을 지나 사마르가 북동쪽으로 향하는 강의 지류에 멈춰 섰다.

"여기가 악자 강이에요." 톨랴가 눈부신 햇살에 눈을 가늘게 뜬 채 좁은 계곡을 올려다보면서 말했다. 잎이 다 떨어진 낙엽수와 막 내린 눈에 짓눌린 소나무 몇 그루가 비틀거리듯 계곡에 서 있었다. 콸콸 흐르는 강물 소리와 우리가 도착한 데 놀란 물까마귀의 경고하는 듯한 울음소리가 들렸다.

"여기서 사냥을 하던 한 남자는 어렸을 때 물고기잡이부엉이에게 고환을 잃었고 그래서 나중에 발견하는 대로 부엉이를 잡아 죽였죠. 그 사람은 부엉이에게 덫을 놓거나 독약을 먹이고 쏘아 죽이려고 돌아다녔어요. 어쨌든 여기서 우리가 해야 할 일은 부엉이들의 흔적이나 깃털을 찾아서 강의 상류로 올라가는 겁니다." 톨랴가 말했다.

"잠깐, 부엉이 때문에 고환을 잃었다고요?"

톨랴가 고개를 끄덕였다. "그 사람은 어느 날 밤 볼일을 보러 숲에 나갔다고 합니다. 계절은 봄이었겠죠. 그런데 하필 그가 쪼그리고 앉은 곳 바로 아래에 둥지를 막 떠난 날지 못하는 새끼 부엉이가 있었습니다. 이 부엉이는 위험에 처했을 때 털썩 주저앉아 발톱으로 자기 몸을 방어하죠. 그때 가장 가깝게 매달린 살덩어리를 발톱으로 움켜쥐고 쥐어짰던 겁니다."

톨랴가 설명했듯이 부엉이를 찾으려면 인내심과 세심한 관찰력이 필요하다. 부엉이들은 먼 거리에서 푸드덕 날아오르기 때문에 주변에 있더라도 쉽게 볼 수 없으므로 새들이 떠나고 남긴 흔적에 집중하는 편이 낫다. 기본적인 규칙은 다음 세 가지 핵심적인 요소를 탐색하며 계곡을 천천히 걸어 올라가는 것이다. 첫 번째는 얼지 않은 탁 트인 강물이다. 겨울철 물고기잡이부엉이의 서식지에는 흐르는 강물이 얼마 없기 때문에 부엉이들은 이런 장소에 꼭 들렀을 것이다. 부엉이가 물고기를 쫓아 걸어가거나 날아다니다가 공중에서 내려올 때 깃털을 흔적으로 남기지 않았는지 강 가장자리를 따라 쌓인 눈을 꼼꼼히 살펴야 한다.

두 번째로 찾아야 할 것은 깃털이다. 부엉이들은 항상 여기저기 깃털을 떨어뜨린다. 봄의 털갈이 기간에 깃털이 가장 많이 떨어지는데, 길이가 20센티미터에 달하는 보송보송한 솜털 깃털이 멀리까지 둥둥 떠내려가며 수많은 촉수가 달린 듯 까슬한 가시 때문에 근처의 낚시터나 둥지 근처 나뭇가지에 달라붙는다. 산들바람 속에서 우아하게 일렁이는 이 작은 깃발은 부엉이가 머문다는 조용한 신호였다. 세 번째 표식은 커다란 구멍이 있는 큰 나무다. 물고기잡이부엉이는 덩치가 꽤 커서 둥지를 지으려면 오래된 황철나무나 난티나무처럼 아주 커다란 나무가 필요하다. 우리가 조사하는 계곡에는 이런 큰 나무가 그렇게 많지 않기에 발견하는 족족 가까이 다가가 살펴야 한다. 근처에서 반깃털(겉깃털 아래 숨어 있는 깃털—옮긴이 주)이 붙은 나무를 발견한다면 이 부엉이의 둥지를 찾을 가능성이 크다.

　나는 처음 몇 시간 동안 톨랴와 함께 강바닥을 뒤졌다. 톨랴는 우리가 탐색할 만한 나무와 수확이 있을 법한 물가의 구역을 알아냈다. 그는 신중하게 움직였는데 내가 보기에 세르게이는 즉시 결단을 내리고 그대로 행동하는 편이라 이런 톨랴의 성격을 게으르다고 여긴 듯했다. 하지만 이런 서두르지 않는 느긋한 접근 방식 덕에 톨랴는 좋은 선생님이자 유쾌한 동반자가 되었다. 톨랴는 수르마흐를 도와 연해주 조류의 자연사를 기록하는 작업에 종종 참여하기도 했다.

　이른 오후에 우리는 잠시 여정을 멈추고 차를 한잔했다. 톨랴가 불을 지피고 강물을 떠서 차를 끓였고 우리는 차를 홀짝거리면서 딱딱한 사탕을 부숴 먹었다. 머리 위 나무에서 동고비가 뭔가 캐묻듯이 지저귀었다. 점심 식사를 마친 뒤 톨랴는 내게 자신이 지켜볼 테니 오늘 아침에 익힌 지식과 본능을 이용해 탐사를 이끌어보라고 제안했다. 내 생각에 톨랴는 어떤 곳은 부엉이가 생선을 낚기에는 너무 수심이 깊다고 여기는 듯했고, 어떤 곳은 버드나무가 지나치게 무성하게 우거져 덩치 큰 부엉이들이 날개를 퍼덕이면서 접근하기는 힘들다고 여기는 듯했다. 그러다가 나는 비록 무릎까지 오는 깊이이기는 했지만 후미진 곳에 천천히 떠가는 얼음 위에서 넘어졌다. 고무장화 덕에 물에 젖지는 않았지만 톨랴가 얼음 위를 지날 때 막대기를 사용하는 이유를 알게 되었다. 그는 얼음이 얼마나 단단하게 얼었는지 시험하기 위해 쇠 스파이크가 달린 막대기를 활용했다. 우리는 계곡이 날카로운 V 자로 좁아지고 눈과 얼음, 바위 아래로 계곡물이 사라질 때까지 개울을 따라갔다.

하지만 그날 우리는 부엉이가 서식한다는 흔적을 발견하지 못했다. 혹시라도 해 질 녘 부엉이 울음소리가 들리지 않는지 서성거렸지만 숲은 강가에 쌓인 눈처럼 흔들림 없이 고요했다. 나는 톨랴로부터 이렇게 눈에 띄는 성과를 거두지 못했을 때 어떻게 대응해야 하는지 지시를 받았다. 톨랴는 비록 물고기잡이부엉이가 지금 우리가 서 있는 숲의 어딘가에 살고 있다고 해도, 실제로 부엉이를 발견하기 위해서는 주변 소리를 주의 깊게 들으며 일주일은 탐색해야 한다고 설명했다. 실망스러운 소식이었다. 블라디보스토크에 있는 수르마흐의 연구실에서 편안히 앉아 부엉이를 찾는 작업에 대해 얘기를 나눌 때와는 사정이 많이 달랐다. 추위와 어둠, 침묵을 견뎌야 했다.

우리는 어두워진 지 한참 지났을 무렵 아그주에 돌아왔다. 밤 9시쯤 되었을 것이다. 오두막 바깥에 쌓인 눈 위로 어지러이 창문 불빛이 비치는 것으로 보아 압데윰과 슈릭은 이미 돌아온 게 분명했다. 두 사람은 이웃 주민이 선물한 감자와 사슴 고기로 수프를 만들었는데 레샤라는 이름의 자기 치수보다 큰 파카를 입은 깡마른 러시아 사냥꾼이 일을 거들었다. 레샤는 마흔 살쯤 되어 보였다. 두터운 안경을 껴서 눈이 작아 보였지만 술에 찌든 기색이 역력했다.

"저는 지난 10일, 아니 12일 동안 내내 술을 마셨어요." 레샤가 부엌 식탁에서 일어서지도 않은 채 무덤덤하게 말했다.

내가 세르게이와 오늘 있었던 일을 각자 이야기하는데, 슈릭은 국자로 수프를 덜었고 톨랴는 현관에서 보드카 한 병을 들고 와 격식을 차리며 몇 개의 잔과 함께 식탁 중앙에 올렸다. 그러자 세르게이가 언짢은 표정으로 노려보았다. 러시아의 관습에 따르면 손님 대접을 위해 보드카 한 병을 식탁 위에 놓으면 다 비우고 나서야 치운다. 몇몇 보드카 증류 공장에서는 병뚜껑을 씌우는 대신 얇은 알루미늄박을 씌워 여기에 구멍을 뚫어 마시게 한다. 굳이 뚜껑이 필요하지 않다고 여긴 것이다. 보드카 병이 가득 차 있든 아니든 간에 전부 금방 비워질 테니 말이다. 하지만 그날 밤은 세르게이와 슈릭이 술을 마시지 않으려던 날이었는데 톨랴가 그들 앞에 보드카 한 병을 내놓았다. 게다가 우리는 다섯 명이었는데 식탁 위에 잔을 네 개만 꺼냈다. 나는 의아한 눈으로 톨랴를 바라보았다.

"나는 안 마실 거예요." 톨랴가 내 무언의 질문에 답했다. 이렇게 톨랴는 과음으로 인한 숙취의 고통에서 벗어났는데 나는 이것이 그의 습관이라는 사실을 눈치챘다. 톨랴는 일행과 미리 상의하지도 않고 부적절한 시간에 보드카를 내놓고는 했다.

어쨌든 우리는 수프를 곁들여 보드카를 마시며 사마르가 강에 대해 이야기를 나눴다. 세르게이는 이 강이 유별나게 깊지는 않지만 강물의 흐름에 유의해야 한다고 설명했다. 운이 나빠 강에 빠져 얼음 사이를 헤쳐 나가야 한다면 빠른 유속 때문에 체온이 떨어져 삽시간에 죽음에 이를지도 몰랐다. 그러자 레샤는 그해 겨울 그런 사건이 이미 벌어졌다고 덧붙였다. 실종된 한 마을 주민의 흔적을 쫓아가 보니 사마르가 강에서 빠르게 흘러가는 얼음의 작고 어두운 틈새로 이어졌다. 이 강 하류에서는 때때로 사람의 유골이 발견되는데 주로 통나무와 바위, 모래톱 사이에 시신이 뒤엉켜 있었다.

그때 레샤가 나를 쳐다보는 게 느껴졌다.

"어디 사세요?" 레샤가 혀가 꼬여 불분명한 발음으로 물었다.

"테르니요." 내가 대답했다.

"거기 출신이에요?"

"아뇨, 뉴욕에서 왔어요." 내가 대답했다. 북아메리카의 지리에 대해 모르는 사람에게 미네소타와 중서부에 대해 설명하기란 힘들겠지만 뉴욕이라고 하면 다 안다.

"뉴욕이라…" 레샤가 내 대답을 되풀이해 중얼거리더니 담배에 불을 붙이고 세르게이를 힐끗 쳐다보았다. 마치 끊이지 않고 섭취한 알코올이 피워낸 짙은 안개를 뚫고 중요한 뭔가를 깨달은 듯했다. "왜 뉴욕에 살아요?"

"미국 사람이니까요."

"미국 사람이라고요?" 레샤가 눈이 왕방울만 해져서 다시 세르게이를 쳐다보았다. "이 사람 미국인이에요?"

세르게이가 고개를 끄덕였다.

레샤는 믿을 수 없다는 듯이 나를 쳐다보면서 미국인이라는 단어를 여러 번 되풀이했다. 외국인을 만난 적도 없었고 그 외국인이 러시아어를 유창하게 할 것이라고 기대하지도 않았던 게 분명했다. 고향 아그주에서 냉전 시대의 적 미국인과 식탁을 앞에 두고 앉아 있는 상황도 퍽 어색했다. 그러다 밖에서 나는 소음이 우리의 주의를 끌었다. 남자들 몇 명이 오두막에 들어왔는데 상당수가 전날 밤에 만났던 사람이었다. 하지만 나는 그 틈을 타서 다음 날 아침 상쾌한 기분으로 일어나기 위해 뒷방으로 들어갔고 톨랴는 길 건너편에 사는 이 지역 출신의 은퇴한 노인 앰플레프와 체스를 두려고 자리를 떴다. 나는 방 헤드램프 옆에서 몇 가지 메모할 사항을 녹음한 다음 어제처럼 구석의 침낭에 들어가 붉게 반짝이며 방치된 고기와 모피 더미 옆에 움츠리고 누웠다. 아까 우리가 발을 디뎠던 강가 얼음처럼 이 더미도 녹아 부드러워지는 듯했다.

아그주에서 겨울나기

다음 날 희끄무레하게 동이 텄는데 세르게이가 담배를 손에 든 채 연기가 피어오르는 난로 옆에 웅크리고 있는 모습이 보였다. 세르게이는 담배 연기가 난로의 외풍을 만나 안으로 사라지기 전에 구름같이 내뿜었다. 그리고 식탁 옆에 놓인 텅 빈 커다란 술병을 향해 욕설을 퍼부으며 하루빨리 아그주에서 떠나고 싶다고 중얼거렸다. 세르게이는 술을 연일 마시느라 고역이었다. 아그주에서 계속 머물다가는 마을 사람들의 비위를 맞추기 위해 어쩔 수 없이 매일 마셔야 할 것이다.

현장 답사를 준비하고 있는데, 세르게이는 우리가 부엉이를 가까이서 관찰하기도 전에 새가 날아가 버릴 수 있으니 유의하라고 말했다. 그나마 유리한 점이 있다면 블래키스톤물고기잡이부엉이는 날아다닐 때 큰 소리를 낸다는 것인데, 이것은 친척뻘 되는 다른 부엉이 종들과 구별되는 특성이었다. 대부분의 새들은 날 때 소리를 내며 몇몇 종들은 날갯짓 소리만으로도 식별할 수 있지만, 부엉이들은 대체로 소리를 거의 내지 않고 조용한 편이다.[1] 날개깃 가장자리에 빗살 모양의 작은 돌기가 달려 있기 때문에 소리가 잘 나지 않는데, 이런 특성은 부엉이가 육상의 먹잇감을 몰래 쫓을 때 유리하다. 그러다 보니 주된 먹잇감이 물속에 사는 물고기잡이부엉이들의 경우에는 날개에 돌기가 없이 매끄러운 것이 당연하다. 사방이 조용한 밤에는 물고기잡이부엉이가 무거운 날개를 퍼덕이며 일으키는 공기의 진동 소리를 자주 들을 수 있었다.

우리의 일과는 대체로 전날과 같았다. 현장에서 물고기잡이부엉이를 탐사하는 일은 반복적이었다. 부엉이를 찾고 또 찾는 일이니 말이다. 그리고 우리는 종일 현장에 나가 해가 질 때까지 돌아다녀야 했기 때문에 옷을 여러 벌 겹쳐 입어야 했다. 오후의 햇살을 받으며 하이킹을 할 때 입곤 하는 플리스 재킷으로는 날이 어두워지고 나면 충분하지 않을 것이다. 기온이 떨어지는 동안 부엉이 울음소리를 기다리며 앉아 있을 때 말이다. 길게 올라오는 장화도 필요했다. 하지만 그 밖에 이 작업을 위한 특수한 장비는 필요하지 않았다. 물론 톨랴가 카메라 장비를 갖고 있었지만 숙소에 보관하고 있다가 우리가 촬영할 가치가 있는 무언가를 발견해야만 들고 나올 것이다.

나는 한 번 더 톨랴와 짝을 이뤘다. 그는 체스 상대였던 앰플레프가 낚시를 하도록 강까지 태워주기로 약속했다. 우리는 텅 빈 썰매 하나를 톨랴의 초록색 스노모빌에 연결해 집 몇 채를 지나 앰플레프의 오두막 앞까지 옮겼다. 그러자 곧 앰플레프가 커다란 모피 코트를 입은 채 얼음을 딛는 데 사용할 막대기와 얼음 위에 앉을 때 쓸 낚시용 나무 상자를 가지고 나타났다. 그는 침대에 눕듯이 썰매에 몸을 뻗었고 늙은 개 라이카는 반대편에서 몸을 웅크린 채 나를 바라봤다. 사람과 개 둘 다 사냥하기에는 나이가 너무 많았지만 낚시는 할 수 있었다.

"부엉이 잡으러 가자!" 앰플레프가 씩 웃으며 영어로 내게 외쳤고 우리는 출발했다.

톨랴는 노인이 이끄는 대로 썰매를 몰아 나사송곳으로 뚫은 얼음 구멍이 곳곳에 있는 아그주 남쪽 강가에 자리를 잡았다. 인기 있는 낚시터가 분명했다.

앰플레프와 개가 썰매에서 내리자 톨랴는 우리가 가져온 나사송곳으로 얼음에 구멍을 뚫었다. 갑작스럽게 깊은 구멍이 생기자 잘게 부서진 얼음과 물이 차올라 얼음 바닥 위로 쏟아져 나왔다. 4월 초가 되자 봄의 기운이 우리 주변의 얼어붙은 세계에도 미쳤다. 여기저기 얼음이 녹았고 보다 격렬한 변화의 징조도 곧 찾아올 것이다. 사마르가 강 주변을 제대로 체험한 것은 처음이어서 나는 일종의 경외감을 느꼈다. 그동안 이 강에 대해 거의 전설에서나 나올 법한 이야기를 들었다. 사마르가 강은 아그주 지역에 생명을 가져다주며 그곳을 지키는 힘의 원천이기도 했지만, 이 강의 영향권 안에서 한눈을 팔 만큼 무신경한 사람이 있다면 그들을 후려치고, 불구로 만들고, 심지어는 자비 없이 죽였다.

톨랴는 썰매 고리를 풀고 부엉이를 찾으러 강 상류로 거슬러 올라갈 것이라고 말하다가 문득 내게 할 일이 없다는 사실을 깨달은 듯했다.

"그럼 당신은 이 강가를 샅샅이 살피며 부엉이의 흔적을 찾아보는 게 어떨까요?" 톨랴가 얼음 막대기로 대충 크게 호를 그리며 말했다. "한 시간쯤 뒤에 돌아올게요."

그리고 톨랴는 나에게 막대기를 건네며 마음껏 쓰라고 일렀다.

"막대기로 얼음 위를 후려치다가 속이 빈 소리가 들리거나 막대기가 푹 들어가면 절대 거기로 들어가지 마세요."

톨랴가 탄 스노모빌이 굉음 같은 엔진 소리를 내고 배기가스를 뿜으며 떠났다.

앰플레프는 의자로 사용하기 위해 닫아둔 낚시 상자에서 짤막한 낚싯대와 기름때가 묻은 더러운 항아리를 꺼냈다. 항아리 안에는 얼린 연어 알이 들어 있었다. 노인은 얼음 구멍에 손을 넣어 탁한 오렌지색의 연어 알을 물속에서 주물러 부드럽게 했다. 그리고 낚싯바늘에 연어 알을 미끼로 꿴 뒤 강물 속 보이지 않는 곳에 낚싯대를 드리웠다. 나는 톨랴가 살펴보라고 얘기한 강 유역을 가리키며 저곳의 얼음이 다가가기에 안전한지 물었다. 그는 어깨를 으쓱했다.

"이 계절이면 아주 안전한 얼음은 없지."

그리고는 다시 얼음 구멍으로 시선을 돌리고 손목을 살며시 튕겨 갈고리와 미끼가 아래쪽 어슴푸레한 빛 속에서 춤추듯 돌아다니게 했다. 라이카는 관절염으로 고생하면서 이리저리 서성댔다.

나는 숨겨진 지뢰를 피하기라도 하듯 두려워하며 얼음판을 조금씩 가로질러 이동했다. 넓게 트인 얼음판 한가운데로 가지 않으려고 애쓰면서 대신 쌍안경으로 부엉이의 흔적을 조사했다. 하지만 아무것도 발견할 수 없었다. 나는 약 90분이 지나 스노모빌이 돌아오는 소리가 들려오기 전까지 강 하류 방향으로 1킬로미터 정도 천천히 걸었다. 다시 낚시터에 도착했을 때 슈릭을 스노모빌에 태우고 도착한 톨랴와 만났다. 두 사람은 얼음판 위에서 낚시를 하던 앰플레프에게 합류해 낚싯대를 잡아당겨대며 숭어와 살기속 물고기를 이들이 숨은 물속에서 끌어냈다.

낚시를 하면서 슈릭은 자신이 연해주 서부의 칸카 호숫가에서 몇 킬로미터 떨어진 곳에 자리한 가이보론이라는 작은 농업 도시 출신이며 수르마흐와 고향이 같다고 말했다. 가이보론 같은 소도시는 일자리가 적고 빈곤한 사람이 많아 경제적으로 침체되어 있었으며, 그에 따라 알코올 중독과 건강 악화, 조기 사망이 발생할 확률이 높았다. 이 운명에서 슈릭을 구해준 사람이 수르마흐였다. 그는 같은 지역 출신인 슈릭에게 그물로 새를 잡고 다시 풀어주는(아니면 박물관에 소장할 박제를 만들기 위해 새의 가죽을 처리하거나) 법을 알려주었고 조직과 혈액 표본을 제대로 채취하는 방법을 가르쳤다. 비록 슈릭은 정규 교육을 받지 못했지만 새 가죽을 세심하게 처리했고 현장 노트를 꼼꼼하게 작성했으며, 부엉이를 발견하는 데도 전문가가 되었다. 썩어가는 오래되고 높은 나무를 기어올라 물고기잡이부엉이의 둥지가 자리할 만한 빈 공간을 찾는 데도 능숙했는데, 이런 기술은 연구팀에 큰 자산이 되었다.

우리는 어떻게든 부엉이의 울음소리를 듣고자 해 질 녘까지 낚시터에서 서성거렸다. 나는 나뭇가지 사이에서 부엉이의 움직임을 포착하려고 나무에서 눈길을 떼지 않았다. 그리고 멀리서 들려오는 모든 소리에 귀를 쫑긋 세웠다. 하지만 사실 나는 올빼미 소리가 어떤지도 몰랐다. 물론 1970년대 푸킨스키의 논문에 등장하는 소노

그램(음원 신호의 시간 변화에 따른 주파수 성분 분석을 위한 그래프—옮긴이 주)을 연구했고 수르마흐와 압데육이 부엉이가 자기 영역에서 내는 울음소리를 흉내 내는 걸 들어도 봤지만, 실제로 어떤 울음소리가 날지에 대해서는 알 길이 없었다.[2]

　　물고기잡이부엉이는 짝을 지어 이중창으로 울음소리를 낸다.[3] 이것은 전 세계 조류의 4퍼센트도 안 되는 종들이 가진 드문 특성인데, 이들 종은 대부분 열대 지역에 서식한다.[4] 보통 수컷이 이중창을 시작하는데 마치 깃털 달린 거대한 황소개구리처럼 목구멍의 공기 주머니를 채워 부풀어 오르게 한다. 목구멍 근처의 흰 부분이 둥그런 구 형태를 띠면서 갈색 몸통과 뚜렷이 구분되고, 그 주변이 회색빛으로 점점 어두워지면서 이 부엉이의 짝은 울음소리를 낼 때가 임박했음을 알아차린다. 잠시 후 수컷이 쌕쌕거리며 숨이 빠져나가는 소리를 짧게 내면 암컷이 원래 지닌 목소리보다 좀 더 낮은 톤으로 즉석에서 받아친다. 다른 부엉이 종들은 암컷이 보통 더 높은 울음소리를 내기 때문에 물고기잡이부엉이의 이런 특성은 흔하지 않다. 암컷의 소리를 들으면 수컷은 조금 더 길고 높게 울고 암컷도 여기에 반응한다. 이 네 번에 걸친 부름과 응답은 3초 정도면 끝나며, 부엉이들은 이 이중창을 짧게는 1분에서 길게는 2시간 동안 일정한 간격으로 반복한다. 두 울음소리가 거의 동시에 나기 때문에 많은 사람들은 부엉이 한 쌍이 우는 소리를 듣고 한 마리일 거라고 추측하곤 했다.

　　하지만 그날 밤에는 그런 소리를 듣지 못했다. 춥고 어둑어둑한 저녁이 되자 우리는 실망한 채 아그주로 돌아왔다. 그런 다음 숙소에서 손질한 사냥감을 기름에 튀겨 들르는 사람들과 나눠 먹었다.

동료들은 그날 하루의 좌절감을 떨쳐버리고 먹을 것과 마실 것에 집중했다. 이제 보니 세르게이, 슈릭, 톨랴에게 이런 일은 일상다반사였다. 어떤 사람들은 직업으로 건물을 짓고 어떤 사람들은 소프트웨어를 개발하는 것처럼, 이들은 수르마흐가 연구해 돈이 될 만한 종을 찾으면 그 종을 쫓아다니는 전문 현장 보조대원들이었다. 이들에게 물고기잡이부엉이는 또 다른 종류의 새일 뿐이었다. 물론 그런 마음가짐이라고 해서 그들을 탓하는 것은 아니지만 적어도 내게는 이 부엉이는 더 큰 의미가 있었다. 우리가 무엇을 발견하고 그 정보를 어떻게 적용하는지에 따라, 내 학문적 경력과 이 멸종 위기종의 운명이 달려 있었다. 수집한 데이터를 분석하고 그것을 파악하는 작업은 나와 수르마흐의 몫이었다. 그런데 내 관점에서는 시작이 썩 좋지는 않았다. 나는 일에 차질이 빚어지는 상황과 서서히 녹아가는 강의 얼음을 걱정하며 잠자리에 들었다.

다음 날 나는 세르게이와 짝을 이뤄 숲으로 조사를 나갔다. 우리는 전날 내가 머물렀던 곳보다 조금 더 남쪽으로 나아가 부엉이를 찾기로 했고, 세르게이는 이른 오후부터 마을을 떠나 사진을 찍으러 나갈 예정이었다. 이런 일정이라면 울음소리가 집중적으로 들릴 해질 녘이 오기 전까지 몇 시간 동안 부엉이의 흔적을 찾을 수 있었다. 떠나기 전에 세르게이는 곧 있을 강 하류 탐사에 대한 계획을 검토하고 아그주 숙소에 머무는 동안 필요한 장작이 충분한지 확인했다.

늦은 아침, 나는 홍차 한잔을 들고 부엌에 혼자 있었고 세르게이는 밖에서 장작을 패며 지도를 검토했다. 그런데 갑자기 곰처럼 덩치 큰 남자 하나가 오두막 문을 부수듯 들어와 식탁으로 성큼 다가왔다. 덩치가 큰 데다 몸에 털도 많았고 두터운 황갈색 가죽 코트에 방한용 펠트를 덧댄 차림이었다. 직접 만든 옷으로 보였는데 왼쪽 소매는 텅 비어 있었다. 마을에서 유일한 외팔이 사냥꾼이라던 볼로디아 로보다가 틀림없었다. 그는 사냥을 하다가 불구가 되었지만 아그주에서 총을 제일 잘 쏘는 사수로 지역 주민들에게 찬사를 받았다.

이 덩치 큰 남자는 자리에 앉아 코트 주머니에서 반 리터짜리 맥주 캔 두 개를 무심하게 꺼내 식탁에 내려놓았다. 캔은 미지근해 보였다.

"그래서, 당신들 사냥을 한다면서요." 로보다가 처음으로 나와 눈을 맞추며 말했다.

질문이라기보다는 사실을 확인하려는 듯했다. 로보다는 마치 한 사냥꾼이 다른 사냥꾼을 대하듯 나를 바라보았다. 내가 어떤 동물을 사냥하는 걸 좋아하는지, 어느 장소를 선호하고 어떤 라이플총을 사용하는지 묻는 듯했다. 내 추측일지도 모르지만 말이다. 그래서 나는 사냥꾼이 아니라고 볼로디아에게 말했다. 그는 의자에서 자세를 바꾸며 식탁 위에 남은 팔을 얹은 채 나를 똑바로 쳐다보았다. 팔꿈치 아래로는 팔이 없었다.

"그럼 낚시를 하는 거군요."

이번에는 확신이 덜 담긴 말투였다. 나는 변명하듯 그렇지 않다고 대답했다. 그러자 로보다는 마주보던 눈길을 거두며 벌떡 일어섰다.

"그럼 대체 뭘 하러 아그주에 온 거요?" 그가 으르렁대듯이 말했다.

질문이었지만 분명 나를 책망하는 표현이기도 했다. 그는 아직 따지 않은 맥주 캔 두 개를 다시 코트 주머니에 넣고 말없이 떠났다.

로보다의 말은 허를 찔렀다. 어떤 의미에서는 그가 옳았다. 사마르가는 무척 험한 지역이었다. 야생의 자연과 그의 잃어버린 팔이 증거였다. 하지만 아그주에서 내가 달성하려는 목표는 부엉이에 대한 지식을 얻고 이곳을 최대한 오염되지 않게 유지하는 것이었다. 로보다 같은 사람들이 계속 사슴을 사냥하고 물고기를 낚을 수 있도록 말이다.

점심을 먹은 뒤 세르게이와 나는 딱딱한 사탕과 소시지를 싸 들고 이른 오후 무렵 강으로 떠났다. 그때 세르게이가 아그주 가장자리의 한 낯선 오두막 앞에서 스노모빌의 속도를 늦췄다. 한 남자가 문 앞에 서서 작은 유리창 너머로 미친 듯이 손을 흔들고 있었다. 겁에 질린 듯 눈을 크게 뜬 채 우리더러 가까이 와보라고 손짓하는 듯했다.

"잠깐 여기 있어요." 세르게이가 말했다.

세르게이는 스노모빌에서 내려 대문을 통과해 마당으로 들어가 나무 널빤지가 깔린 길을 따라 현관으로 갔다. 안에 있던 남자는 무언가를 가리키며 소리를 지르고 있었는데, 자물쇠가 걸려 있어서 안에서는 문이 열리지 않았다. 갇힌 남자는 계속 애원하며 손짓했고 세르게이는 가만히 서서 그 모습을 응시했다. 남자의 말이 마음에 걸렸는지 세르게이는 잠깐 망설이다가 결국 자물쇠를 풀었다.

그러자 남자는 우리에 갇혔던 짐승처럼 뛰쳐나갔다. 세르게이를 지나 마당을 거쳐 길거리로 돌진한 그 남자는 도저히 마음을 제어할 수 없는 듯했다.

아직 조금 열려 있는 현관문을 들여다보니 어두운 실내에 어린 남자아이가 서 있었다. 여섯 살쯤 되어 보였다. 내가 세르게이에게 아이를 보라고 가리키자 세르게이는 홱 돌아서더니 욕을 퍼부었다.

"저 남자의 어머니가 술을 마시러 나가지 못하게 가둔 거예요. 그런데 어린 자식이 있는지는 몰랐네요." 세르게이가 말했다.

남자아이는 아버지가 뛰쳐나간 추운 바깥을 뚫어지게 바라보다가 손을 뻗어 조용히 현관문을 닫았다.

고요한 폭력성

우리는 마을을 벗어나 경사가 완만한 둑을 따라 얼어붙은 강의 지류로 내려갔다. 마치 붐비는 샛길이 모여 큰길로 이어지듯이 그 지류는 키가 커 휘청대는 버드나무들을 지나 우리를 강으로 이끌 것이다. 몇 주만 지나면 얼음이 녹아 이곳의 모습은 완전히 바뀔 것이다. 아그주와 사마르가를 잇는 유일한 통로가 사마르가 강이었기 때문에 얼음이 녹아 강이 위험해지면 아그주 사람들은 마을을 떠나지 못했다. 봄에 비가 많이 와서 강의 마지막 얼음을 타르타리 해협으로 내보낼 때까지 매년 이런 비자발적인 유배가 계속되었다. 마을의 사냥꾼과 낚시꾼들은 얼음이 녹는 이 기간 동안 스노모빌을 창고에 넣고 얼음송곳을 싸서 보관한 다음, 보트가 제대로 작동하는지 점검했다.

세르게이는 다른 사람들이 우리보다 먼저 이동한 곳이라면 아직 얼음이 녹아 깨지지는 않을 것이라고 생각해 얼어붙은 강 한가운데의 스노모빌이 지나는 좁은 길을 따라 내려갔다. 우리는 어제 앰플레프 노인이 낚시를 했던 지점을 지나 산봉우리를 중심으로 급커브를 돌았다. 헬리콥터를 타고 이곳에 처음 왔을 때 이 손가락처럼 튀어나온 바위투성이의 긴 산등성이를 보았던 기억이 났다. 그곳을 지나자 강의 폭이 꽤 넓어졌다. 소크하트카('작은 사슴'이라는 뜻) 강이 사마르가 강과 합류하는 이 지점에는 침엽수와 활엽수 숲이 자리했고 이 가운데 일부는 두 강이 합쳐지는 곳을 가로지르며 넓게 이어졌다. 아직 경험이 부족해 당시에는 알아보지 못했지만 이곳은 완벽한 물고기잡이부엉이의 서식지였다.

　　물고기잡이부엉이는 자기 영역을 세심하게 골라야 한다. 여름철 물고기를 잡기에 최적의 하천이 겨울에는 단단한 얼음덩어리가 되기 때문에, 그들은 봄철에 따뜻한 물이 상승하거나 천연 온천이 있어 수온이 높게 유지되는 곳을 찾아야 한다. 그래야 일 년 내내 얼음이 얼지 않는 구역이 확보되기 때문이다. 이런 구역은 물고기잡이부엉이 쌍이 다른 부엉이 쌍과 싸워가며 지키고자 하는 일종의 귀중한 자원이다.

　　세르게이와 슈릭은 전날 이곳에 왔었는데, 세르게이는 비록 어제는 부엉이의 흔적을 찾지 못했지만 충분히 추가 조사를 할 만한 가치가 있는 곳이라고 생각했다. 소크하트카 강을 조금 더 탐험하다가 해 질 녘에는 부엉이 울음소리를 들을 요량이었다. 우리는 스노모빌을 세우고 그것에 스키를 묶었다. 러시아 사냥꾼들이 사용하는 스키로 길이가 1미터 50센티미터, 폭이 20센티미터 되는 짧은 스키였는데 기능적으로는 스노슈즈와 비슷했다.[1] 속도를 내는 것보다 얼음이나 눈 표면에서 느릿느릿 잘 걷는 게 중요했다. 발을 넣는 직물 고리로 단순하게 마감된 이 스키로는 제한적인 동작만이 가능했다. 전통적으로 사냥꾼들은 마찰력을 높이기 위해 붉은사슴의 가죽을 스키 밑면에 붙였다고들 하는데, 우리 스키에는 내가 미네소타에서 가져온 가벼운 인조가죽이 달려 있을 뿐이었다.

나는 깊이가 수 미터인 눈밭에서 이 사냥꾼 스키를 타는 게 힘든 데다 부엉이를 찾는 데도 익숙하지 않아서 나무 사이를 날렵하게 이동하는 세르게이 뒤를 쩔쩔매며 쫓아갔다. 우리는 넓고 구불거리는 호를 그리며 숲을 이리저리 헤매다가 다시 사마르가 쪽으로 향했다. 멋진 오후였지만 부엉이의 흔적을 찾을 수 없어 기세가 꺾인 상태였다. 하지만 세르게이는 우리가 여기서 뭐라도 찾을 것이라 확신한 듯했다. 우리는 소트하트카 강이 사마르가 강과 합류하는 곳으로 돌아가 고도가 낮은 얼어붙은 강의 수로를 따라 이동했다. 그때 나는 우연히 이전 계절부터 있었을 작은 명금류 새 둥지의 잔해를 발견했고, 더 자세히 조사하려고 벌거벗은 관목의 가지 속으로 몸을 숙였다. 움푹한 잔해의 안쪽에는 부드러운 깃털과 함께 풀과 진흙이 조심스레 발라져 있었는데 아마도 새가 둥지를 따뜻하게 하려고 어디선가 가져왔을 것이다. 나는 오랜 시간 험한 날씨에 노출되어 변형된 가슴 깃털 하나를 들어 올렸다. 큼직한 깃털이라 맹금류의 것이 분명했고 어쩌면 부엉이 깃털일지도 몰랐다. 내가 세르게이에게 깃털을 보여주자 그는 환한 미소를 지었다.

"물고기잡이부엉이 깃털이에요!" 세르게이는 이 전리품을 오후의 햇살 속에 높이 들어 올렸다. "여기 있을 줄 알았다니까요!" 그의 손바닥 길이의 절반 정도인 깃털은 더러운 찌꺼기가 달라붙고 대가 꺾인 채로 낡게 헤졌고 더러웠다. 하지만 중요한 증거였다.

우리는 둥지를 조금 더 자세히 탐색했다. 물고기잡이부엉이는 주로 둥지 근처에서 재료를 모으기 때문에 주변에서 깃털이 여러 개 발견되었다. 힘이 나게 하는 성과를 뒤로 한 채 우리 둘은 서로 흩어져 부엉이의 울음소리를 듣기로 했다. 해가 진 지 한 시간 정도 지났고, 세르게이는 조사 범위를 최대한 넓히기 위해 강 건너편 하류까지 가고 싶어 했다. 그래서 그는 강을 따라 남쪽으로 2~3킬로미터 더 내려갔다가 돌아오는 길에 내게 합류하기로 했다. 맑은 겨울 공기 속으로 그가 탄 스노모빌 소리가 멀리 들려왔고 시야에서 벗어난 지 한참 뒤에도 높은 엔진음이 들렸다.

나무 위쪽으로 가벼운 바람이 불어와 사시나무, 자작나무, 느릅나무, 포플러의 수관이 덜컹이듯 흔들렸고 바람은 때때로 힘을 모으듯 강해져 얼어붙은 강물 바로 위로 돌풍처럼 내려왔다. 나는 바람 소리에 귀를 기울이다가 물고기잡이부엉이의 독특한 울음을 들었다. 이 부엉이는 큰회색올빼미와 비슷하게 200헤르츠 이하의 낮은 음역에서 우는데 이 음역은 미국수리부엉이보다 두 배는 더 낮다.[2] 이렇듯 주파수가 너무 낮아서 일반 마이크로는 소리가 잘 잡히지 않을 수도 있다. 나중에 제작한 영상을 보면 부엉이들은 나름 가까이 다가왔다 해도 멀리 떨어진 것처럼 먹먹하고 뚜렷하지 않은 소리를 냈다. 이렇게 울음소리의 주파수가 낮은 이유는 빽빽한 숲을 완전히 통과해 몇 킬로미터 떨어진 곳까지 소리가 전해지도록 하기 위함이었다. 나무가 대부분 벌거벗었고 공기가 상쾌한 겨울과 초봄에는 음파의 전달이 특히 유리했다.

물고기잡이부엉이는 쌍을 이뤄 자기 영역에서 울음소리를 내며 결속을 단단히 한다. 매년 주기를 따라 두 마리가 쌍을 이루며, 번식기인 2월에 그 울음소리가 가장 활발히 들린다.[3] 이 시기에는 부엉이들의 이중창이 몇 시간 동안 길게 지속되며 밤새 이어진다. 하지만 3월에 암컷이 알을 품게 되면 둥지의 위치를 알리고 싶지 않아서인지 해 질 무렵에만 울음소리가 들려온다. 새끼가 알에서 깨어나고 성장하면서 그들의 이중창은 다시 잦아지지만 여름이 찾아오면 다음 번식기까지 빈도가 줄어든다.

나는 가만히 기다리는 동안 강풍이 내 외투를 뚫고 들어올지도 모른다는 걱정에 휩싸였다. 그러다가 100미터 정도 떨어진 곳에서 폭풍에 뿌리째 뽑혀 빗물에 옮겨졌다가 지금은 반쯤 눈에 파묻힌 통나무를 발견했다. 나는 나무 밑쪽의 얕게 팬 곳을 발로 파헤친 다음 그 속에 웅크리고 앉아 나무뿌리와 그림자에 몸을 숨긴 채 바람을 피했다.

30분쯤 지났을 무렵 나는 마지막 남은 사탕을 와그작 씹어 먹다가 노루가 다가오는 소리를 듣지 못했다. 노루는 50미터도 채 떨어지지 않은 곳에서 내 시야에 들어왔는데, 사냥개에게 쫓겨 단단하게 언 강을 건너 상류로 나아가는 중이었다. 사슴은 숨을 헐떡이다가 폭이 3미터, 길이가 15미터쯤 되는 깊고 탁 트인 강의 한구석으로 다가가 주저하지 않고 물속에 뛰어들었다. 원래는 강을 건너뛸 생각이었겠지만 그럴 힘이 부족하다는 것을 뒤늦게 깨달은 듯했다. 사냥개 라이카는 얼른 멈춰 서서 이빨을 드러내며 으르렁댔다. 나무뿌리 옆 낮은 초소에 있던 내게는 사슴의 머리만 보였다. 사슴은 주둥이를 높이 든 채 콧구멍을 벌름거렸고 수면에서 머리가 아래위로 흔들 렸다. 사슴은 잠시 물살을 거스르려고 하다가 곧 흐름에 굴복해 통제 불가능한 보트처럼 표류하다가 얼음이 시작되는 하류 초입에서 사라져버렸다. 나는 시야를 확보하려고 일어섰지만 얼음 틈새로 조용하게 흐르는 강물만 보일 뿐이었다. 사슴은 얼음 아래 깊은 어둠에 잠겼고 강물이 그 폐를 채웠을 것이다. 결국 또 다른 희생양이 되어 사마르가 강에서 고요히 바다 쪽으로 떠갈 테고 겨울의 추위와 마을 개들은 상관도 하지 않을 것이다. 라이카는 내 움직임을 알아차리고는 귀를 세우고 입을 벌린 채 나를 향해 몸을 돌렸다. 하지만 잘 모르는 사람이라는 사실을 깨달았는지 흐르는 강물에 다시 주의를 집중하며 킁킁대다가 하류 방향으로 내려갔다.

나는 이곳에서 고요히 드러난 폭력성에 놀라서는 나무 구멍으로 돌아왔다. 사마르가에는 여전히 원시적인 이분법이 생물들의 존재를 좌지우지했다. 굶주린 자와 배부른 자, 얼어붙은 것과 흐르는 것, 살아 있는 자와 죽은 자가 그것이다. 이 상황에서 조금만 엇나가도 하나의 상태에서 다른 상태로 떨어진다. 예컨대 마을 사람은 낚시를 하다가 헛디뎌서 익사할 수 있다. 비록 사슴은 포식자에게 붙잡히지는 않았지만 대응을 잘못한 탓에 결국 죽음에 이르렀다. 여기서 삶과 죽음의 경계선은 강 얼음 두께만큼 얄팍했다.

공기 중의 작은 떨림이 곰곰이 생각에 잠긴 나를 깨웠다. 나는 귀를 드러내기 위해 일어나 앉아 모자를 벗었다. 오랜 침묵이 흐른 뒤 나는 다시 그 울음소리를 들었다. 멀리서 가늘게 떨리는 소리였다. 하지만 정말 물고기잡이부엉이일까? 소리는 소크하트카 강을 따라 꽤 멀리 올라간 지점에서 들리는 듯했다. 게다가 내가 아는 네 개의 음이 아니라 한두 음밖에 들리지 않았다. 그동안에는 세르게이와 수르마흐의 흉내로만 물고기잡이부엉이의 소리를 익혔고, 비교할 진짜 울음소리는 들어본 적이 없어 지금 들리는 소리를 판단하기가 어려웠다. 지금 귀에 들려오는 소리는 전혀 조화롭지 않았다. 어쩌면 한 쌍이 아니라 한 마리일지도 몰랐다. 아니면 수리부엉이일지도 모른다. 하지만 수리부엉이는 지금 들리는 울음소리보다 더 높았고 이중창을 하지 않았다.[4] 울음소리는 몇 분에 한 번씩 반복되었고, 거의 느낄 수 없을 만큼 천천히 날이 저물 때까지 지속되었다. 어둠이 찾아오자 울음소리는 멎었다.

그때 하류에서 요란한 높은 엔진음이 들렸고 세르게이가 돌아왔다는 사실을 알 수 있었다. 곧 스노모빌의 헤드라이트 하나가 눈밭에 창백한 빛을 드리웠다.

"어때요, 좀 들었어요?" 내가 그를 맞으러 가자 세르게이가 의기양양한 목소리로 물었다.

나는 그런 것 같지만 아마 내가 들은 건 새 한 마리의 울음인 듯하다고 대답했다. 그러자 세르게이는 고개를 저었다. "아니에요, 두 마리가 이중창을 해야 한다고요! 어쩌면 암컷의 울음소리가 수컷보다 훨씬 낮아 잘 들리지 않아서 놓쳤을 수도 있어요."

세르게이는 청각이 무척 예민했다. 내가 고작 수컷의 숨소리 정도를 들었을 때도 자신 있게 멀리서 들리는 이중창을 감지했다. 나는 부엉이가 한 마리뿐이라고 확신했지만 나중에 우리가 몰래 다가간 결과 암컷도 있음을 확인했다. 물고기잡이부엉이는 철새가 아니라 한곳에서 여름의 더위와 겨울의 서리를 견디는 텃새이기 때문에, 이중창이 들린다면 그 둘은 숲 어딘가에 계속 서식한다는 의미였다.[5] 그리고 이 부엉이는 야생에서 25살 넘는 개체에 대한 기록이 있을 정도로 수명이 길기 때문에 매년 같은 장소에서 머물고 있을 가능성이 높았다.[6] 하지만 울음소리가 한 번만 난다면 그것은 독신인 부엉이가 자기 영역이나 짝을 찾는다는 뜻일 수도 있다. 그러니 오늘 들은 울음소리가 한 마리의 것이었다면 내일, 심지어 이후 몇 년 동안 그 자리에 있을 것이라는 보장은 없었다. 물고기잡이부엉이를 연구하기 위해서는 한곳에 머물면서 우리가 흔적을 추적할 수 있는, 쌍을 이룬 새들이 필요했다.

나는 세르게이에게 사슴과 라이카에 대해 말했다.

그러자 세르게이는 침을 퉤 뱉고 믿을 수 없다는 듯이 고개를 저었다. "아까 그 개를 지나쳤어요! 강에서 낚시하는 주인도 만났고요. 주인은 자기가 사냥개와 함께 오늘 하루만 노루 다섯 마리와 붉은사슴 세 마리를 잡았다고 하더군요. 부유한 도시 사람들이 겨우내 아그주로 날아와 사슴을 사냥하는 바람에 숲이 텅 비었다고 어찌나 불평하던지! 또 개에게 주의를 기울이지 않다가 한 마리가 물에 빠져 죽었다고 하더라고요!"

우리는 조용히 아그주로 돌아왔다.

그날 저녁, 손님이 몇 명 찾아왔지만 전날 밤만큼은 아니었다. 그 가운데는 레샤도 있었는데 안경을 낀 그는 내가 미국인이라는 사실을 알고 이틀 전에 그랬듯 놀라서 몸을 떨었다. 그는 우리가 이미 대화를 나눈 사이라는 사실을 잊은 모양이었다. 그리고 자기가 10~12일 동안 술에 취해 있었다고 털어놓았다.

"저분은 이틀 전에도 저렇게 말했다고요!" 나는 피곤해 보이는 러시아인 마을 이장에게 속삭였다.

그러자 그는 웃음을 터뜨렸다. "저 사람은 일주일 내내 '10일에서 12일' 술을 마셨다고 말하고 있어요. 실제로 얼마나 오래 마셔 댔는지는 아무도 모르죠."

나는 맑은 공기를 마시러 밖으로 나갔다. 면도를 하지 않은 마을 이장이 따라 나와 담배에 불을 붙였다. 그는 밖으로 나가는 좁은 오솔길을 따라 내 옆에 어깨를 나란히 한 채 섰는데, 보드카의 취기와 발아래 고르지 않게 깔린 눈 때문에 살짝 몸이 흔들렸다. 이장은 나에게 아그주에서 보낸 세월에 대해 이야기했다. 나는 어떤 사연으로 그가 젊었을 때 이 야생의 터전에 찾아와 이후로 떠나지 않게 되었는지, 다른 곳에서의 삶을 왜 상상할 수 없었는지 들었다. 맑은 하늘에 별들이 흩어져 있었고, 인근에서 디젤 발전기가 끊임없이 우르릉 돌아가는 소리 위로 마을 개들의 울음소리가 파도처럼 밀려왔다.

이장이 말하는 동안 작게 부스럭대는 수상쩍은 소리가 들렸고, 나는 그가 바지 지퍼를 내린 채 나와 한두 걸음도 떨어지지 않은 거리에서 소변을 보면서 한 손은 엉덩이에 대고 다른 한 손에는 담배를 끼우고 목을 긁적대며 계속해서 사마르가에 대한 애정을 털어놓는 믿기 힘든 모습을 지켜봤다.

강의 하류로

거의 2주 동안 아그주로부터 헬기가 도착하기만을 기다렸다가 우리 일행과 함께 일하게 된 팀이 있었다. 이곳에서 우리가 할 수 있는 일들은 많았지만 잘 모르는 지역이기도 했고 강 얼음이 녹는 중이며 술 때문에 간이 무리를 하고 있다는 이유로 세르게이는 그 팀을 받아들였다. 내가 합류하기 전에 세르게이 팀은 옥신각신하는 협의 끝에 숲을 이룬 상류에 사는 체펠레프라는 사냥꾼과 손을 잡았다. 그리고 그 사냥꾼은 아그주에서 남쪽으로 40킬로미터 떨어진 보스네세노프카라는 마을의 오두막에서 같이 일하자고 우리를 초대했다. 세르게이는 분명 그곳이 보다 평화로운 분위기일 것이라고 생각했다. 나는 아그주에 온 지 겨우 5일밖에 지나지 않았고, 소크하트카 강에서 부엉이들이 둥지를 튼 나무를 찾아다니며 더 많은 시간을 보내면 내게 도움이 될 것 같아 아쉬웠다. 하지만 이 부엉이들이 특정 영역에 거주한다고 해서 그곳에서 반드시 둥지를 트는 것은 아니다. 대부분의 새들과 달리 러시아의 물고기잡이부엉이는 일반적으로 2년에 한 번만 번식을 시도하고 새끼를 보통은 한 마리만, 드물게는 두 마리 정도만 기르기 때문이다.[1] 반면에 바다 건너 일본의 물고기잡이부엉이들은 매년 새끼를 낳고 두 마리씩 기르는 것이 일반적이다.

이처럼 번식하는 빈도와 새끼 수에 차이가 나는 이유는 아직 밝혀지지 않았지만, 아마 부엉이가 강에서 잡을 수 있는 물고기의 수와 관계가 있다고 여겨진다. 정부의 협조와 상당한 재정 투자로 물고기잡이부엉이의 멸종을 가까스로 모면한 일본에서는 부엉이 개체 수의 4분의 1 정도가 물고기가 많은 연못에서 인공적으로 먹이를 제공받는다.[2] 그럴 수 있었던 것은 일본의 부엉이들이 먹이를 더 잘 먹고 번식하기 쉬운 신체 조건을 가졌기 때문일 수 있다. 러시아에서는 암컷과 수컷 한 쌍이 새끼 한 마리를 낳고 부화 후 종종 14개월에서 18개월 동안 함께 지내는데, 이건 어느 조류 종과 비교해도 놀랄 만큼 긴 기간이다.[3] 이와는 대조적으로 북아메리카의 미국수리부엉이 새끼는 성체 부엉이 몸무게의 3분의 1에 불과한 생후 4개월에서 8개월 만에 자기 영역을 찾아 떠난다.[4]

하지만 이 지역에 부엉이 한 쌍이 존재한다는 사실을 확인한 것만으로도 이번 조사는 충분한 성과였다. 이번 조사는 애초에 사마르가 강변에서 부엉이들이 서식하는 주요 장소를 파악하고 그곳의 벌목을 막기 위해 이뤄졌다. 세르게이가 조급해 하는 것을 충분히 이해할 수 있었다. 나는 아그주에 온 지 며칠 채 되지 않았지만, 나머지 팀원들은 2주 가까이 현지인들과 술을 마셔댔다. 우리는 썰매가 준비되는 대로 남쪽으로 향하기로 했다.

몇 시간에 걸쳐 숙소를 옮길 준비를 마쳤다. 톨랴는 식량 전체를 물이 새지 않는 커다란 통에 조심스레 포장했고, 슈릭은 스노모빌 탱크에 연료를 가득 채웠다. 세르게이는 경로를 두고 지역 주민들과 상의했다. 이윽고 우리는 세르게이가 달네고르스크의 차고에서 노란색 페인트를 칠해 완성한 나무 썰매에 짐의 대부분을 싣고 검은색 야마하 캐러밴에 연결했다. 검은색 야마하 캐러밴은 우리가 자유롭게 쓸 수 있는 차 두 대 가운데 좀 더 큰 차였다. 작은 초록색 야마하 승용차는 디자인 자체가 속도를 내는 레크리에이션용이어서 여기에는 가벼운 장비를 싣고 알루미늄 썰매를 끌게 했다. 우리는 짐을 상자에 넣고 파란색 방수포로 여러 겹 둘둘 감은 뒤 밧줄로 썰매에 단단히 고정시켜 이동하는 동안 젖거나 어딘가로 날아가지 않게 했다.

톨랴는 속도가 빠른 초록색 스노모빌에 혼자 탔고, 나는 검은 야마하 캐러밴을 타고서 세르게이 뒤편 긴 의자에 걸터앉았다. 슈릭은 마치 개를 돌보는 사람처럼 우리가 끄는 노란 썰매의 뒤쪽 난간에 탔다. 이런 자리 배치는 다분히 전략적이었다. 만약 우리가 눈 더미 속에서 허우적거리기 시작한다면 슈릭과 나는 밖으로 뛰쳐나가 차를 밀어 추진력을 유지할 수 있을 것이다. 우리가 앞에서 이끌었고 톨랴는 뒤따랐다.

우리는 별다른 요란한 작별 인사 없이 아그주를 떠났다. 그래도 면도하지 않은 이장과 외팔이 사냥꾼 로보다를 포함한 몇몇 주민들이 잘 가라고 환송했다. 하지만 앰플레프를 비롯해 전날 밤 술판에서 본 대부분의 사람들은 오지 않았다.

캐러밴이 남쪽을 향해 속도를 높이자 며칠 전에 탐사했던 숲이 보였다. 앰플레프가 낚시를 했던 지점을 지나 폭풍을 피해 나무 구멍에 들어가 있는 동안 사슴이 물에 빠져 죽었던 곳을 지나갔다. 좀 더 남쪽으로 가자 세르게이는 스노모빌의 속도를 늦추고 몸을 뒤로 기댔다. 스키 고글로 눈을 보호하고 머리에는 두건을 꽉 맨 채였다. 얼음 표면이 울퉁불퉁 거칠었고 얼음이 녹았다가 다시 어는 과정에서 작은 원반 무늬가 생겼다.

"여기가 그 사람이 말한 장소예요!" 세르게이가 뒤쪽의 슈릭까지 들리도록 크게 소리쳤다. "아그주에서 우리와 이야기했던 남자 있잖아요, 여기가 그 지점이에요."

우리는 계속 나아갔다.

가끔은 우리 가운데 누군가가 장갑 낀 손으로 사슴을 가리켰다. 붉은사슴도 있지만 대부분 노루였다. 노루는 얼음이 녹은 남쪽 강둑에서 쉬거나 새로 돋은 초목을 씹어 먹고 있었다. 그러다가 사슴과 노루가 너무 자주 나타나자 굳이 손가락으로 가리키지 않고 그냥 지나쳤다. 그들은 둥그런 아치 모양 갈비뼈 위에 털가죽이 팽팽하게 당겨진 깡마른 몸을 하고 있었다. 겨울의 혹독한 기후에 지친 사슴들은 도망치지도 않고 심지어는 똑바로 서지도 않은 채, 시끄러운 소리를 내는 우리 일행의 신기한 모습을 대충 쳐다보고 말았다. 사슴들은 겨울이 서서히 힘을 잃어가는 끝자락에 있었고 낮이 따뜻하고 밤이 짧아질수록 그들의 인내는 해빙과 봄이라는 보상을 받을 것이었다. 나는 라이카 사냥개들이 이 먼 남쪽까지 오지 않기를 빌었다. 분명 대학살이 일어날 테니.

그때 세르게이가 갑자기 속도를 늦추고 서서 주의 깊게 앞을 바라보았다. 뒤쪽에서 톨랴도 스노모빌을 세웠다. 50미터쯤 올라간 곳에 탁 트인 강물이 보였다. 주변의 하얀 얼음과 뚜렷한 대조를 이뤘고 꼭 담청색의 구불구불한 뱀 같았다. 강둑 주변으로 눈이 녹은 진창이 강을 서서히 뒤덮을 기세로 구불구불 좁게 퍼져나가고 있었는데 500미터 정도는 이어졌다. 그 너머로 다시 단단한 얼음이 보였다.

"날레드군." 세르게이가 그 광경을 보며 이렇게 말하자 슈릭과 톨랴는 동의하는 듯 고개를 끄덕였다. 나는 날레드가 무엇인지 몰랐지만 지금처럼 쭉 앞으로 나아가는 데 문제가 생겼다는 뜻이라고 짐작했다. 톨랴는 우리 뒤에서 미적대며 기다렸다.

'얼음 위'라는 뜻을 지닌 날레드(Naled)는 늦겨울에서 초봄이면 이 지역의 강가에서 흔히 볼 수 있는 현상이다. 3월과 4월이라는 어정쩡한 환절기에 낮에는 따뜻하고 밤에는 영하의 기온으로 떨어지기를 반복하면 지표수가 '깨지기 쉬운 얼음' 상태인 슬러시 덩어리로 바뀐다.[5] 이 밀도가 높은 얼음은 가라앉아 하류에서 강의 흐름을 막는다. 이런 정체 현상으로 물의 압력이 높아지면서 얼음 표면의 틈새로 슬러시와 깨진 얼음이 뒤섞여 나와 상류로 흘러간다. 문제는 면밀하게 조사하지 않으면 이 걸쭉한 수프 층이 얼마나 깊은지알 수 없다는 것이다. 그 밑에는 단단한 얼음이 아니라 물이 마음껏흐르고 있을지도 모른다. 그럴 경우 우리는 탐험을 얼른 끝내야 한다. 날레드 밑에 깊은 강물이 자리하고 있다면 스노모빌을 계속 몰고 다닐 수 없다.

하지만 나는 그 당시에는 아무것도 몰랐다. 그저 우리가 흐린

물처럼 보이는 곳을 향해 닻처럼 무거운 썰매를 끌며 질주하는 중이라는 사실 말고는. 아마 세르게이와 팀원들은 이 날레드의 깊이가 몇 센티미터에 지나지 않을 것이라 판단해 가던 길을 계속 가려 했던 것 같다. 하지만 우리는 곧 강물을 만났고 더 이상 앞으로 나아갈 수 없었다. 이곳의 날레드는 사실 수 미터 깊이의 슬러시 상태였다. 스노모빌은 검은 배기가스를 내뿜으며 물에 떠올랐고 썰매는 얼음 수렁에 빠져 반쯤 가라앉아 꼼짝도 하지 못했다. 우리는 썰매를 떼기 위해 재빨리 움직였다. 나는 슈릭을 거들었는데 그가 두터운 날레드의 수프 층으로 잠겨들었고 나 역시 마찬가지였다. 그래도 나는 발 밑으로 얼음층이 밟혔다. 하지만 슬러시가 긴 장화 위까지 차올랐고 물이 바지를 적시며 양말 사이로 빠르게 스며들었다. 우리는 세르게이 뒤쪽으로 짐을 던졌고 불과 몇 미터 떨어진 단단한 얼음 쪽으로 스노모빌을 밀었다. 그런 다음 꼼짝 못하고 빠져 있는 썰매를 돌려 스노모빌에 다시 연결했다. 아래에 단단한 얼음층이 자리하자 스노모빌이 썰매를 끌 만큼의 마찰이 생겼다.

갑작스런 소동으로 정신을 빼앗긴 나머지 나는 그때껏 추위를 전혀 의식하지 못했다. 하지만 나는 허리 아래까지 흠뻑 젖은 채였고, 이 일이 벌어지는 동안 몸이 젖지 않았던 톨랴는 슈릭과 내가 새 옷을 갈아입고 젖은 바지와 부츠를 말리도록 강둑에 불을 지폈다. 나는 우리가 처한 상황을 되짚어보았다. 불과 며칠 전까지만 해도 강의 표면 전체가 단단한 얼음이었지만 4월 초의 따뜻한 날씨 때문에 얼음이 녹으면서 강을 통해서는 더 이상 나아갈 수 없었고, 최소한 이 부근에서는 절대 불가능했다. 시험 삼아 살짝 나아갔을 뿐인데 이런 일이 벌어졌고, 우리 앞으로 500미터는 족히 되는 날레드가 펼쳐져 있었다.

강둑을 따라 하류로 정찰을 나간 슈릭은 하류에는 날레드가 없다고 보고했다. 이제 유일한 현실적인 방법은 숲을 가로지르는 오솔길을 따라 우회하는 것이었다. 이 지대는 숲이 그다지 울창하지 않았고 대부분 버드나무였기 때문에 그 작전은 어느 정도 낙관적이었다. 슈릭이 쇠사슬 톱을 꺼내자 나는 슈릭과 나아갈 길을 치우러 갔다. 그리고 세르게이와 톨랴는 스노모빌을 타고 따라왔다. 우리는 천천히 필요한 길목에서 나무를 잘라낸 뒤 하류의 단단한 얼음 지대로 돌아왔다.

얼음 지대로 돌아온 후 15킬로미터쯤 갔을 때 사마르가 강이 계곡을 중심으로 둘로 나뉘었고 우리는 지류를 따라 동쪽으로 잠시 가다가 절벽 기슭에 도달했다. 이제 강은 다시 남쪽으로 꺾여 나아갔다. 꺾인 곳을 지나자 시호테알린 산맥의 우뚝 솟은 산비탈 맞은편 탁 트인 공터인 사마르가 강의 서쪽 강둑에 목조 건물 두 채가 보였다. 보스네세노프카에 도착한 게 분명했다.

오두막의 수상한 주인 체펠레프

보스네세노프카에 가까워지면서 나는 그곳의 광경에 깜짝 놀랐다. 가장 가까운 건물은 러시아식 사우나인 바냐였을 테고 강둑에서 50미터쯤 떨어진 두 번째 건물도 눈길을 끌었다. 아직 공사 중이던 오두막은 2층 높이로 솟아 있었고, 이곳 황무지에서는 무척 보기 힘든 구조물이었다. 오두막은 세심한 솜씨로 편평하게 다듬은 통나무 벽으로 이뤄졌는데, 밑동은 각이 졌고 박공지붕이 그 위를 덮었다. 건물 북쪽과 남쪽 옆으로 초록색으로 칠한 지붕이 설치돼 있어 비나 눈을 피할 수 있었는데, 북쪽에는 오두막과 벽을 공유하는 창고가 있고 남쪽에는 오두막 입구가 자리했다. 내가 러시아에서 본 사냥꾼들의 오두막은 보통 1층짜리 방 하나에 여러 공간이 아무렇게나 합쳐진 구조물이었다. 하지만 이곳은 누군가 상당한 시간과 돈, 아이디어를 쏟아부은 게 분명했다.

거센 강물에 깎여나간 오두막 바로 앞의 강둑은 스노모빌로 오르기에는 너무 높고 경사가 가팔랐다. 우리는 차를 얼어붙은 강 위에 세워두고 몇 주 전에 세르게이와 슈릭이 아그주 북쪽 오두막에서 이미 만난 적 있던 주인 체펠레프와 인사를 나눈 뒤 다시 짐을 가지러 갔다. 강 가장자리를 따라 얼음이 녹으면서 강물이 마구 흘렀지만 중앙의 얼음층은 여전히 두터워서 그곳에 스노모빌을 주차해도 걱정이 없었다.

우리는 땅과 사마르가 강을 마치 도개교처럼 잇는, 다져진 눈 사이로 혓바닥이 축 처진 것처럼 보이는 경사를 올라갔다. 이 얼음 다리는 일찍이 눈이 내린 후 체펠레프가 겨우내 같은 길을 밟고 다니면서 생긴 것으로 보였다. 단단히 다져진 좁은 눈길이라 끄트머리의 부드러운 눈은 봄을 맞이해 녹아내리고 얼음인 부분만 위태롭게 남아 있었다. 가파르고 좁은 데다 위태로워 보여 우리는 잠시 망설이다가 한 사람씩 올라갔다. 얼음 다리 밑에 흐르는 강은 허리 깊이에 불과했고 조약돌이 깔린 바닥이 보였지만 강물이 꽤 거세게 흘렀다. 한쪽은 높은 둑이고 다른 한쪽은 두꺼운 얼음벽이었기 때문에 이 다리를 못 쓰거나 우리 중 한 명이 중심을 잃으면 강 밖으로 빠져나오기 어려울 것이었다.

육지로 올라온 나는 50미터 남짓한 거리를 걸어 오두막에 도착했고, 가지런히 쌓인 보급품 상자 더미를 지나 현관으로 갔다. 오두막 내부는 아직 수리 중이었다. 현관 바로 옆에는 문이 달리지 않은 작은 욕실과 보호용 포장으로 싸인 변기가 있었다. 이 오두막의 모든 것이 놀라웠고 여전히 놀랄 거리가 남아 있었지만 그중에서도 제일은 아마 이 화장실일 것이다. 주 수도인 테르니의 가정에도 화장실이 없었기 때문이다. 다들 밖에서 어떻게든 해결했다. 실제로 이 오두막의 화장실은 반경 수백 킬로미터 안에서 유일한 화장실일 게 분명했다. 사마르가 강 가장자리에 은둔하는 사람의 오두막에 이런 화장실이 갖춰졌다니 기대도 못한 일이었다. 복도는 화장실을 지나 수수하고 깔끔한 부엌으로 이어졌다. 항아리, 머그잔, 고기 분쇄기가 납작한 통나무 벽의 못에 걸려 있었고 양말과 부츠는 장작 난로 옆 공간에 몰아서 말리는 중이었다. 동쪽 벽에는 커다란 창문이 자리했고 창 너머로 강과 우리가 가져온 스노모빌, 그 너머의 산이 보였다. 부엌에서 거실로 이어지는 넓은 아치형 통로에는 가구는 없었지만 벽에 러시아 정교회 성인들의 성화가 여러 개 붙어 있었고, 구석에는 열효율을 중시하는 지역에서는 보기 드물게 벽난로가 있었다. 그리고 2층으로 가는 가파른 계단이 보였다.

빅토르 체펠레프는 부엌 난로 옆 낮은 의자에 등을 기대고 앉아 있었다. 사냥용 칼로 감자 껍질을 벗기고 4등분하는 중이었다. 긴 내복 바지만 입고 슬리퍼를 신은 그는 땅딸막하고 마른 체구에 피부는 거칠었으며 그 아래 근육은 부실하고 어깨까지 오는 머리칼은 부스스했다. 체펠레프의 나이를 가늠하기는 힘들었다. 아마 50대 후반쯤 되었으리라. 체펠레프가 돌아서자 나는 그가 가수 닐 영과 놀라울 만큼 닮았다는 사실을 알아차렸다.

"당신은 미국에서 왔군요." 체펠레프가 감자 더미에서 눈을 들어 이렇게 말하자 나는 고개를 끄덕였다.

목소리에서 나를 마지못해 받아들이는 기색이 느껴졌다. 체펠레프는 나를 신뢰하지 않았는데 그 이유를 알아내려면 족히 며칠은 걸릴 듯했다.

우리는 스키나 체인톱, 나사송곳, 석유처럼 당장 필요하지 않은 물품들을 남겨둔 채 잘 상하는 식품과 개인 물건을 얼음 다리로 실어 날랐다. 그러는 동안 체펠레프는 감자를 손질하고 끓는 물이 담긴 냄비에 감자를 넣었다. 그런 다음 그는 내복 차림으로 밖에 나와 우리가 배낭을 메고서 먼 길을 오느라 약해져서 찢어지기 직전인 골판지 상자를 움켜쥔 채 위태롭게 얼음 다리를 건너는 모습을 지켜보았다.

일단 오두막 안으로 들어가서 우리는 식량이 담긴 포장을 풀고 아그주에서 급히 나오는 동안 아무 데나 박아두었다가 그제야 발견된 물건을 정리하느라 바빴다. 나는 체펠레프에게 위층을 둘러봐도 되냐고 물었고 그는 고개를 끄덕였다. 위층에서는 역시 예상치 못한 흥미로운 광경이 펼쳐졌다. 2층은 하나의 공간으로 이루어져 있고 아래층처럼 가구가 드문드문 있었는데 중앙에는 4면으로 된 큼직한 합판 피라미드가 자리했다. 한쪽에 경첩이 달린 문이 나 있어서 나는 그 안을 들여다보기 위해 다가갔다. 침구가 있었다. 체펠레프는 오두막 2층의 이 피라미드 안에서 잠을 잤다. 베개 옆에는 액체가 든 금속 머그잔이 있었는데 나는 망설이다가 집어 들어 냄새를 맡고 물이라는 사실을 확인했다. 왠지 소변이 들어 있을 것만 같았다. 구경을 마치고서 아래층으로 걸어 내려갔다.

주방은 저녁 준비의 막바지였고 모두가 일을 도왔다. 체펠레프는 감자와 멧돼지 고기를 넣은 스튜를 저었고 난로 옆에서 담배를 피우는 세르게이에게서 아그주의 소식을 귀 기울여 들었다. 톨랴는 우리가 가져온 상자에서 접시와 숟가락을 힘들여 꺼냈고 슈릭은 아그주에서 가져온 갓 구운 빵을 잘랐다. 나는 체펠레프에게 왜 피라미드 안에서 자는지 물었다.

"음, 에너지를 얻기 위해서?" 그는 내가 정신이 이상한 사람이라는 듯 다른 일행을 쳐다보며 멍한 표정으로 대답했다. 피라미드가 음식 맛부터 육체적인 행복까지 향상시킨다는 사이비과학은 러시아 서부에서 인기를 누리다가 이제 동쪽 끄트머리의 숲속까지 전해진 것으로 보였다.[1]

체펠레프가 간절히 음식을 바라는 우리에게 스튜를 나눠주는 동안 톨랴가 현관으로 들어와 보드카 두 병을 식탁 위에 놓았다. 그러자 세르게이는 이를 악물었고 슈릭은 입술을 핥았다. 저녁 식사 후 체펠레프, 세르게이, 슈릭은 보드카를 마시며 팔씨름을 했고 톨랴와 나는 거실에 길게 침낭을 깔았다.

수수죽과 인스턴트커피로 아침을 해결한 뒤 나는 서둘러 장화를 신고 모자를 쓴 다음 바냐에 가는 길 바로 앞의 옥외 화장실로 향했다. 그때 눈밭을 배경으로 멧돼지의 어두운 형상이 눈에 띄었다. 멧돼지는 강 건너 언덕에서 나무 사이를 느린 걸음으로 지나다가 내 움직임을 보고 잠시 멈춰 선 상태였다. 짧은 다리로 육중한 몸통을 지탱해 나르는 멧돼지들은 사슴처럼 눈 속에 구멍을 내려 하지는 않는다. 대신 이 짐승은 얼어붙은 바다를 가로지르는 쇄빙선처럼 눈 속을 헤집고 다닌다.

오두막으로 돌아오는 길 뒤편에 작은 헛간 하나가 눈에 띄었다. 이곳에서 그동안 예상치 못한 즐거움을 누렸던 기억에 나는 들어가 보지 않고는 못 배겼다. 이번에도 역시 실망스럽지 않았다. 안에는 알 수 없는 무언가가 줄지어 늘어서 있었다. 각각 길이가 약 20 센티미터쯤 되는 갈색빛이 도는 수십 개의 물체들은 쪼글쪼글해진 손가락처럼 가늘었는데, 짧은 끈처럼 걸려서 조심스레 건조되는 중이었다. 이 물체의 정체가 뭔지, 왜 이렇게 많은 걸 필요로 하는지 전혀 알 수 없었다.

　그날 아침 늦게, 우리는 전과 같이 출발했다. 얼음 다리를 통해 내려와 썰매를 풀고, 이제 무거운 게 매달리지 않아 자유로워진 스노모빌을 타고 이동했다. 우리가 다소 이른 시점에 아그주를 떠났다는 점을 감안해 세르게이와 나는 북쪽으로 오던 길을 되짚어 가 보스네세노프카에서 5킬로미터 떨어진, 자미 강이 사마르가 강과 합류하는 그물 같은 지류의 망을 조사하기로 했다. 톨랴와 슈릭은 우리 기지인 오두막 가까운 곳에 머물렀다. 숲속을 걸으면서 나는 세르게이에게 체펠레프가 어떤 사람이었으며 어떻게 저런 오두막을 지을 돈이 있는지 슬쩍 물었다. 세르게이의 짧은 대답에 모든 사정이 명확하게 드러났다.

　"라티미르랑 관계있죠."

　라티미르는 이 지역에서 가장 큰 육류 유통 업체였다. 세르게이의 설명에 따르면 체펠레프가 살던 사마르가의 토지가 라티미르의 창립자이자 소시지 업계의 거물인 알렉산드르 트루시에게 임대되었고, 체펠레프는 사냥용 부지의 관리인이 되었다. 소시지 업계의 거물인 트루시는 헬리콥터도 한 대 소유하고 있었는데, 이 헬리콥터는 체펠레프가 화장실이나 가스레인지 같은 사치품을 어떻게 외딴 곳까지 운반할 수 있었는지를 설명해주었다.[2] 그러고 2년 뒤에 헬리콥터 사고로 트루시는 사망했지만 말이다. 세르게이도 본 적이 있는 헛간의 미스터리한 막대기도 라티미르와의 연관성으로 설명됐다.

"그건 붉은사슴의 음경이에요." 세르게이가 말했다. "하지만 그건 수컷을 잡았다는 사실을 증명할 뿐이죠. 암컷까지 합하면 얼마나 많은 사슴을 사냥했을지 알 수 없어요."

"그걸 말려서 어디다 쓰나요?"

"전에 체펠레프에게 물어본 적이 있죠." 세르게이가 답했다. "그걸 알코올에 담근 다음 그 혼합물을 마신대요. 정력을 높이기 위해서요."

우리는 수확을 얻지 못해 실망한 채 늦은 오후에 보스네세노프카로 돌아왔다. 부엉이의 흔적을 전혀 찾지 못했다. 나는 과연 이번 조사를 통해 유용한 지식을 얻고는 있는 걸까? 팀원들이 억지로 술을 마시는 동안 지원금만 허공으로 날리고 있는 게 아닐까? 지금 경험이 내 연구에 적합한 부엉이 개체군을 찾는 데 도움이 될까? 이번 여행에서 물고기잡이부엉이를 한 마리도 못 본 걸 보면 현시점에서는 박사 논문을 작성하려던 내 계획이 비현실적으로 보였다. 이 와중에 부엉이 종을 보존할 방법을 수립하자는 제안은 거만하기까지 했다. 하지만 톨랴와 슈릭이 보스네세노프카 북쪽 지류를 따라 탐험하다 부엉이가 오래 머문 흔적을 찾았다는 소식을 갖고 돌아오자 나는 다시금 용기를 얻었다. 부엉이가 사냥했던 장소의 특성을 더 잘 알기 위해 내일은 톨랴와 함께 그 지역을 더 자세히 조사할 것이다.

그때 체펠레프가 우리에게 바냐가 따뜻하게 데워졌다고 말했다. 비록 톨랴는 사양했지만 나를 포함한 나머지 팀원들은 목욕하고 사우나를 할 기회를 십분 활용했다. 러시아인이 당신을 존경하게 만드는 방법은 두 가지다. 첫째는 보드카를 잔뜩 마시고 취기가 올라 솔직한 모습으로 유대감을 쌓는 것이고, 둘째는 바냐에서 서로 마주하는 것이다. 나는 러시아인들만큼 술을 마시는 건 진작에 포기했기 때문에 사우나를 하는 게 최선이었다.

우리는 옷을 벗고 몸을 수그려 천장이 낮고 좁은 사우나실의 벤치로 모여들었다. 난로 문 가장자리에서 빠져나오는 이곳의 유일한 빛이 내 동료들의 찡그린 입속에서 반사되어 금색으로 보였다. 체펠레프는 잠시 적응하는 시간을 가진 뒤 몸을 숙여 젖은 참나무 잎으로 풍성한 색조를 띤 물을 퍼 올린 다음 난로를 덮은 바위 위에 뿌렸다. 그러자 쉬쉬거리는 소리가 나면서 곧 파도처럼 밀려올 강렬한 열기를 예고했다. 열기는 사우나 안을 휘몰아치다가 무겁고 고요하며 진한 참나무 향기와 함께 자리를 잡았다. 하지만 슈릭에게는 맨 처음의 열기도 무리였는지 욕을 하더니 문을 열고 사라져버렸다. 우리는 물을 조금씩 퍼서 부은 다음 숨을 내쉬고, 긴장을 풀고 열기를 참으며 앉아 있었다.

체펠레프는 사우나를 하는 동안 나를 주의 깊게 관찰했다. 마치 내가 극심한 열기에 못 이겨 나가려 하거나 어떻게든 실수를 저지르기를 바라는 듯했다. 내가 벌거벗고 바냐의 얼음장같이 차가운 현관에 발을 디뎠을 때도 그는 여전히 나를 지켜보고 있었다. 아마도 내가 불평하거나 포기하지 않고 여기까지 왔다는 데 놀랐을 것이다. 만약 내가 혼자였다면 지금쯤 나는 밤의 고요함과 깊은 추위를 일시적으로 느끼지 못하는 상황을 즐기며 조용히 서 있었을 것이다. 대신 나는 눈을 한 움큼 떠서 얼굴과 목, 가슴에 힘차게 문질렀다. 그러고 나자 체펠레프는 고개를 끄덕이더니 이렇게 말했다. "당신은 별난 미국인이군요. 바냐를 즐길 줄 아네요."

　우리는 한 시간 넘게 사우나를 즐기다가 짧게 휴식하기를 반복한 끝에 마침내 씻고 오두막으로 돌아가 저녁을 먹고 잠자리에 들었다. 내일이면 첫 물고기잡이부엉이의 흔적을 발견할 수 있을 것이다.

차오르는 강물

다음 날 아침 일찍, 나는 해가 떠올라 시호테알린 산맥이 금빛으로 물드는 광경을 보았다. 톨랴는 부엉이의 흔적을 더 많이 찾고 싶어 했고 나는 부엉이의 흔적을 직접 보고 싶어 안달이 났다. 내가 아는 것은 그 흔적이 K 자 모양이라는 것뿐이었다. 세르게이와 슈릭이 검은 야마하를 타고 버려진 마을인 운티로 가는 동안 나는 톨랴와 동행할 것이다. 얼음 다리는 어제에 비해 두툼하게 언 곳이 조금 홀쭉하게 녹았지만 여전히 우리의 무게를 견뎌냈다. 통근 시간은 그렇게 오래 걸리지 않았다. 톨랴와 함께 겨우 1.5킬로미터쯤 지류를 따라 상류 방향으로 이동했을 뿐이었다. 우리는 스노모빌을 큰 지류의 얼음판 위에 주차한 뒤 스키를 타고 흐르는 강물의 눈 쌓인 가장자리를 이리저리 돌아다녔다. 강물은 대부분 자유롭게 흐르고 있었다. 군데군데 커다란 바위가 있는 매끄러운 자갈 바닥 위로 맑은 물이 거품을 일으키며 흐르는 얕은 개울이었다. 강둑이 그렇듯 바위들은 눈으로 두텁게 덮인 채라 실제보다 커 보였다.

그때 갑자기 톨랴가 멈췄다. 아직 출발 지점에서 200미터 남짓 걸었을 뿐이었다.

"얼마 안 된 흔적이에요!" 흥분한 톨랴가 상류 쪽으로 막대기를 내밀며 거친 숨소리를 냈다.

그것은 부엉이의 발자국이었는데 크기가 내 손바닥만 한 것으로 보아 분명 덩치가 컸을 것이다. 오른쪽 발자국은 K 자 모양이었고 왼쪽 발자국은 그 거울상이었다. 물수리가 그렇듯 이런 모양의 발가락은 부엉이로 하여금 물에서 움직이는 먹이를 더 잘 잡을 수 있도록 돕는다.[1] 밤새 내린 서리 덕분에 깊은 눈 위로 단단하고 얇은 표면이 생겨 부엉이의 무게를 견디면서도 선명하게 움푹 들어간 자국이 남았다. 부엉이는 로데오 경기에서 박차를 착용한 카우보이처럼 발끝을 선명하게 남기고 뒷발가락 두 개로 눈 위에 선을 그리며 으스대듯 걸었을 것이다. 부엉이의 흔적은 반짝이는 다이아몬드 위에 난 상처처럼 햇빛을 받아 눈부시게 빛났다. 그 모습이 무척 아름다워 나는 귀한 것을 몰래 훔쳐보는 기분이 들었다. 부엉이는 여전히 어둠과 비밀 속에 있었지만 이 눈밭에는 부엉이가 걸었던 놀라운 흔적이 남았다.

톨랴는 황홀한 표정으로 미소를 지으며 이 때 묻지 않은 순수한 흔적이 사라지기 전에 사진으로 남기기 위해 분주했다. 이렇게 완벽한 흔적은 그도 처음 본다고 했다. 아마도 한 시간쯤 지나면 햇빛에 눈이 녹아 희미해질 것이었다.

부엉이는 보통 혼자서 사냥을 한다. 가끔은 짝을 지어 서로 가까이에서 사냥을 할 때도 있지만, 사람과 마찬가지로 개체마다 선호하는 바가 다르다. 한 마리는 강이 구부러지는 특정 지점을 좋아하고, 다른 한 마리는 특정한 급류를 더 좋아할 수도 있다. 암컷이 둥지에서 알을 품거나 새끼가 따뜻하도록 껴안고 있으면 수컷은 자신과 짝을 위해 막 잡은 물고기나 개구리를 가능한 한 많이 가져다준다.

우리는 부엉이의 흔적을 따라 강 상류로 올라갔다. 부엉이는 물고기를 찾기 위해 강물 위에서 잠시 머물다가 얕은 물속으로 들어갔을 것이다. 이렇게 일단 물속에 들어가면 모든 흔적이 사라지고 만다. 우리는 약 1킬로미터 정도 상류 방향으로 계속 올라갔지만 흔적은 더 이상 보이지 않았다. 다시 지류를 따라 스노모빌을 주차했던 사마르가 강 상류로 되돌아갔다.

지류에 도달하고 몇 미터 정도 나아갔을 무렵, 우리는 인내심을 갖고 강을 거슬러 오르던 꽤 큰 동물의 발자국을 발견했다. 발자국은 누군가 스키를 타고 지나간 흔적을 가로질러 강둑을 올라 숲속으로 이어졌다. 호랑이 발자국이었다.

톨랴는 이 스키 흔적이 자기가 만든 것이라고 속삭였다. "어제저녁에 내가 여기 왔다 갔어요. 하지만 이 호랑이 발자국은 새로 생긴 거예요."

이곳은 인간과 시베리아호랑이, 물고기잡이부엉이가 불과 몇 시간 간격으로 서로를 스쳐 지나는 정말 매혹적인 현장이었다. 나는 호랑이 서식지에서 여러 해 조사했던 경험이 있어서 그들을 존중해주기만 한다면 이 동물은 인간에게 해를 끼치지 않는다는 사실을 알고 있었고, 그래서 걱정되지는 않았다.[2] 해를 끼친다 해도 다른 육식동물과 비슷한 정도일 것이다. 그리고 '시베리아' 호랑이는 잘못된 명칭이다. 시베리아에는 호랑이가 없으며 이 동물들은 시베리아 동쪽 아무르 강 유역에 서식하는 만큼 '아무르' 호랑이라고 부르는 게 더 정확하다.

그날 오후 느지막이 우리가 보스네세노프카로 돌아왔을 때 체펠레프는 바깥에서 장화와 울 셔츠 차림으로 장작을 패는 중이었다. 그러다가 우리를 발견하자 잠시 멈추고 오늘은 좀 성과를 거뒀는지 물었다. 그러자 톨랴는 자랑스럽게 아까 발견한 부엉이의 발자국이 어떻게 생겼는지, 강을 따라 걸어가는 부엉이의 걸음걸이가 어땠는지를 묘사하면서 손바닥을 내밀고 엄지손가락을 벌린 채 이 흔적을 어떻게 사진으로 남겼는지 설명했다. 체펠레프는 예의 바르게 경청했지만 사실은 그렇게 흥미 있어 하는 것 같지 않았다. 그때 톨랴가 호랑이의 발자국에 대해 얘기했다.

"분명 찍힌 지 얼마 되지 않은 발자국이었어요." 톨랴가 느릿느릿 말했다. "아마 어제도 발견할 수 있었을 텐데."

그러자 체펠레프가 도끼를 내려놓았다.

"빌어먹을 호랑이 같으니." 체펠레프는 이렇게 중얼거리더니 장작이나 톨랴, 부엉이 따위는 신경도 쓰지 않는다는 듯 오두막 안으로 들어갔다.

몇 분 후 체펠레프가 내복 바지에 장화를 신은 채 다시 나타났다. 이번에는 코트를 입고 털모자를 쓴 채 소총도 한 자루 들고 있었다. 체펠레프는 녹이 슨 오래된 트랙터에 올라탄 다음 지긋지긋하다는 듯이 숲을 바라보며 시동을 걸었다. 러시아 극동 지방에서는 호랑이가 식탐이 심해 서식지를 배회하며 사슴과 멧돼지 개체군을 닥치는 대로 잡아먹는다고 믿는다. 게다가 숲에 전적으로 의존해 생존하는 사냥꾼들에게 호랑이는 보이는 대로 총으로 쏴 죽여야 하는 위협적인 존재다. 하지만 최근의 과학적 데이터에 따르면[3] 시베리아호랑이는 보통 사냥감을 일주일에 한 마리만 죽이는 데다 개체수의 밀도가 무척 낮기 때문에(한 마리의 서식지 면적이 400에서 1,400제곱킬로미터에 달한다.) 사슴이나 멧돼지의 개체수에 큰 영향을 끼치지 않는다.[4] 그보다는 인간의 과도한 사냥과 서식지 파괴가 이런 유제류 개체수를 감소시키는 진범이 분명하다.[5] 하지만 호랑이는 사람들이 탓하기 쉬운 희생양이며 통계 자료로 아무리 반박한다 해도 힘들게 살아가는 주민들의 의견을 한 번에 바꾸기는 어려울 수 있다.

체펠레프는 북쪽 숲으로 이어지는 바퀴 자국이 깊이 팬 길로 트랙터를 몰았고, 모피 모자 아래로 눈을 가늘게 뜬 채 내내 수평선을 살폈다. 그는 한 손으로는 획획 돌아가는 트랙터의 핸들을 붙잡고 다른 한 손으로는 소총을 움켜쥔 채 운전을 했다. 마치 인도 제국에서 벌어졌던 호랑이 사냥을 보는 듯했다. 인도 황실 사람들은 코끼리 등 위에 당당하게 올라타 숨어 있는 호랑이의 줄무늬를 찾아다녔다. 지금은 괴짜 러시아인이 내복 차림으로 털털대는 트랙터를 끌고 있지만 말이다. 하지만 체펠레프의 이 강철 코끼리는 생각보다 그렇게 완벽한 이동식 요새는 아니었다. 20세기 러시아에서 호랑이가 사람을 공격했던 몇 안 되는 기록을 보면 트랙터에 탄 농부들을 쉽게 끌어내어 죽였기 때문이다.[6]

한 시간 정도 지나 체펠레프는 여전히 흥분한 채로 보스네세노프카에 돌아왔다. 그는 호랑이의 발자국을 발견했지만 아마도 그날 아침 일찍 북쪽으로 떠나 트랙터로 따라잡기에는 너무 멀리 갔다고 결론지었다. 나는 그가 호랑이를 실제로 발견했다 해도 호랑이의 안위가 그다지 걱정되지는 않았다. 이 동물은 사람을 피하는 방법을 알며 크게 놀랐을 때만 사로잡힌다. 고물 트랙터에서 나는 소리 정도는 쉽게 듣고 도망칠 수 있었을 것이다. 하지만 이 포식자는 사람들은 일단 피한다 해도 강가에 있는 취약한 먹잇감들을 잡아먹으려고 결국 사람에게 가까이 다가갈지도 모른다. 살금살금 걸으며 소리를 잘 내지 않는 사냥꾼이 한 명이라도 있다면 호랑이에게는 치명적일 수도 있다. 실제로 사마르가 지역에서 호랑이들은 대체로 오래 살지 못했다.

　날이 어두워지기 시작했고 톨랴와 나는 여전히 물고기잡이부엉이의 흔적에 흥분한 상태였다. 우리는 스키를 다시 등에 메고 강 상류로 천천히 올라갔다. 이 구역에 부엉이 한 쌍이 서식하고 있는지, 아니면 한 마리만 있는지 울음소리를 듣고 확인하기 위해서였다. 해 질 무렵 강의 지류에서 몇 백 미터 떨어진 곳에 다다랐을 때, 어떤 거대한 형체가 나무에서 떨어지는 게 보였다. 빛이 희미했는데도 강 건너편 절벽 부근의 얼어붙은 수면에 반사되어 그 형체가 뚜렷이 보였다. 나는 전에 다른 부엉이 종의 그림자를 본 적이 있었기 때문에 그 형체가 부엉이라는 걸 단박에 알아차렸다. 그동안 내가 봤던 부엉이 종들보다는 훨씬 덩치가 컸지만 말이다. 물고기잡이부엉이였다. 나는 그 사실을 깨닫고 숨을 죽였다. 이 부엉이는 불필요한 움직임 없이 물 위에서 아래쪽으로 비스듬하게 날개를 뻗치고 떠 있다가 전날 밤에 사냥을 했던 지류 쪽으로 사라졌다. 톨랴와 나는 서로를 바라보며 미소 지었다. 부엉이의 윤곽을 봤을 뿐이지만 승리를 거둔 기분이었다. 부엉이가 푸드덕 날아간 위치를 보면 이 새는 우리가 가까이 접근해 있는 동안 줄곧 우리를 지켜보고 있었을 것이다. 새를 방해하고 싶지 않아 더 이상 다가가지 않고 울음소리가 나기를 기다렸지만 아무 소리도 들리지 않았다. 하류 쪽인 보스네세노프카로 내려가자 우리는 곧 세르게이와 슈릭을 만났다. 이들 역시 승리감에 넘치는 표정으로 돌아왔다. 두 사람은 운티 근처에서 부엉이의 이중창을 들었다고 했다. 톨랴와 내가 본 새와 운티에서 발견된 한 쌍 사이의 거리는 약 4킬로미터였다. 부엉이가 날아서 이동하기에는 그리 멀지 않은 거리다. 하지만 우리의 발견이 거의 동시에 이뤄졌던 만큼 우리는 서로 다른 두 영역의 각기 다른 새들과 마주했고, 보스네세노프카가 그 사이의 경계에 있다고 추정했다.

체펠레프는 여전히 짜증이 난 상태였고 그 기분이 저녁 식사까지 이어졌다. 어쩌면 그는 우리 팀과 함께하는 게 이미 힘들고 지쳤는지도 모른다. 사흘 동안 낯선 이 네 명과 부대끼는 일은 고독에 익숙한 사람에게는 힘든 경험일 수 있다. 보드카를 두 병째 비울 무렵, 체펠레프는 모스크바에서 서서히 눈에 띄지 않게 서구의 가치관을 불어넣으려는 문화적, 사회적 전복인 이른바 '동성애자-유대인들의 음모'에 대해 불평했다. 그 말을 듣자 나는 비로소 나에게 보였던 체펠레프의 냉랭한 태도가 어디에서 왔는지 이해가 갔다. 그의 편집증적인 의심은 앤서니 버지스의 소설 『시계태엽 오렌지』를 떠올리게 했다. 이 소설에서 포스트모던한 서구 세계는 부패했고 폭력적이며 이념이나 언어 측면에서 소련의 영향을 받았다(버지스는 소설에서 러시아어에서 온 영어인 '나드사트Nadsat'라는 언어를 고안했다).[7] 하지만 실상은 반대였다. 전 세계적으로 소련의 영향력이 약화되고 영어 단어가 오히려 러시아어 어휘에 자리 잡으면서 서구의 이념이 러시아 문화에 스며들게 되었다. 체펠레프와 같은 사람들은 이런 현상을 경계하며 분개했다.

그때 슈릭이 체펠레프에게 이 아름다운 장소에서 다른 사람과 함께 살고 싶지 않은지 물어보며 화제를 돌렸다. 아마도 여성을 염두에 둔 듯했다.

"몇 달 동안 한 여자와 여기서 같이 산 적이 있어요." 체펠레프는 그 기억을 떠올리더니 고개를 저었다. "하지만 내가 그 여자를 내쫓았죠. 바냐에서 물을 너무 낭비했거든요."

나는 정력을 북돋기 위해 붉은사슴의 음경을 섭취한 사람이 이성과 교제를 기피한다는 점이 꽤 흥미로웠다.[8] 세르게이의 시선은 바냐로부터 연해주 북부에서 담수를 공급하는 가장 큰 원천인 사마르가 강까지의 거리를 가늠하듯 창가로 쏠렸다. 하지만 세르게이는 아무 말도 하지 않았고 체펠레프는 말을 계속 이었다.

"바냐에서 그렇게 물을 많이 써야 할 이유가 뭐랍니까? 어차피 몸에서 물로 헹궈야 할 중요 부위는 세 곳뿐인데요." 체펠레프가 몸짓으로 사타구니와 양쪽 겨드랑이를 서둘러 씻는 시늉을 했다. "다른 곳을 씻는 건 말 그대로 사치일 뿐이에요. 그래서 배가 왔을 때 해안으로 쫓아 보냈답니다."

체펠레프는 러시아 남성의 쇠락과 여성의 사치에 대해 불평하다가 이 지역에 대한 불만을 토로하기에 이르렀다. 그는 우리가 멸종 위기종을 조사하기 위해 사마르가에 온 것을 못마땅하게 여겼다. 체펠레프는 벌목을 자제시켜 부엉이를 보호하는 것이 우리의 목표라는 사실을 알고 있었으며 연어와 호랑이를 연구하는 생물학자들을 만났던 경험을 털어놓았다.[9]

"5년 전에는 뭘 하셨죠?" 체펠레프가 화를 내며 손바닥으로 식탁을 세게 내려치자 병에 남아 있던 약간의 보드카가 들썩 솟아올라 잔에 부딪혔다. "작년에는요? 사마르가 지역이 당신의 도움을 정말로 필요로 했을 때 말입니다. 벌목 사업은 이미 진행되고 있고 이제는 너무 늦었어요."

그때 다른 방에서 부엉이 울음소리가 들렸다. 톨랴가 비디오카메라를 텔레비전에 연결해 내가 아그주에 오기 전 촬영한 부엉이 둥지 영상을 검토하는 중이었다. 체펠레프도 같이 영상을 지켜봤다. 우리는 셔츠를 입지 않거나 내복만 입은 채 바닥에 조용히 앉아서 작은 스크린에 떠오른 선명하지 않은 부엉이의 그림자를 지켜보았다. 아마도 사마르가 강변에서 보내는 마지막 밤이 될 것 같았다.

다음 날 세르게이와 슈릭은 어제 발견한 부엉이의 흔적을 살피려고 강을 거슬러 올랐다. 그러는 동안 톨랴와 나는 전날 밤 세르게이와 슈릭이 들었던 운티 지역 부엉이 쌍의 흔적을 찾고자 남쪽으로 향했다. 하지만 성공하지는 못했다. 돌아오는 길에 보스네세노프카에 가까이 다가갔을 무렵 썰매 두 대 옆에 주차된 검은 야마하 차량이 보였다. 톨랴가 스노모빌을 멈췄고 우리는 내리자마자 불과 몇 시간 전만 해도 얼음 다리가 있던 곳이 텅 비어 있음을 발견하고 멈칫했다. 순간 나는 세르게이와 슈릭이 다리에 올라갔다 무너지기라도 한 것인지 걱정스러웠지만, 그때 슈릭이 오두막에서 나와 왼쪽으로 100미터쯤 둑을 돌아서 올라와야 한다고 손짓하며 말했다. 우리는 바냐 근처로 돌아가 오솔길을 따라 오두막으로 돌아갔다.

안으로 들어가자 세르게이와 슈릭은 얼음 다리가 무너진 것에 당황하고 있었다. 슈릭은 일단 웃어넘겼지만 걱정하는 눈빛이었다. 슈릭은 본인이 세르게이와 함께 숲속에서 유제류를 여러 마리 보았고 심지어 붉은사슴, 노루와 포즈를 취하고 사진을 찍었다고 말했다. 이들 동물은 깊이 쌓인 눈밭을 헤치고 달아나기에는 너무 지쳐 있었다. 거기서 보스네세노프카로 향하는 하류 쪽으로 올 때 스노모빌 뒤로 얼음판이 쩍 갈라지더니 사마르가 강으로 미끄러져 들어갔다고도 말했다.

"여러분이 아직 여기 머물고 있다니 정말 놀랍네요." 난로 옆에 앉아 따뜻한 홍차를 홀짝이던 체펠레프가 말했다. "나였으면 이틀 전에 떠났을 거예요. 지금 시점이면 목표를 달성하지 못할 수 있으니까요."

얼음 다리가 사라진 사건은 우리가 체펠레프에게 환영받지 못했을 뿐 아니라 겨울이라는 계절의 환영도 받지 못했다는 사실을 드러냈다. 우리는 얼른 짐을 싸기 시작했고 다음 날 동이 트자마자 재빨리 바닷가로 향하기로 했다. 강 하류의 얼음이 우리의 스노모빌과 썰매의 무게를 지탱할 만큼 튼튼하고 두터운 상태일지 걱정스러웠지만 말이다. 우리는 체펠레프에게 부족한 물품은 없는지 물어

보고서 갖고 있는 물건 중에서 부족한 것을 채워주었다. 그리고 침낭과 매트를 제외한 모든 짐을 썰매에 싣고 날랐다. 강둑을 우회해서 나아가자니 원래보다 시간이 네 배나 더 걸렸다. 결국 톨랴와 슈릭이 썰매 옆에서 짐을 싸기로 하고 세르게이와 나는 둑 건너편에서 물건을 던졌다. 이제 유일한 목표는 사마르가 마을에 도달하는 것이었다. 계절이 바뀌는 이 기간에 강에서 오도 가도 못하고 좌초될 수는 없었다. 일단 해안에 안전하게 도착해야 부엉이 탐사를 계속할 수 있었다.

마지막 얼음을 타고 해안에 도착하다

　　태양이 동쪽 산의 등줄기에 걸려 있는 동안 우리의 스노모빌은 얼음 위에서 공회전했다. 날짜는 4월 7일이었고 밤사이 서리가 쌓였지만 아침나절 얼음에 문제가 있을지는 확실히 알 수 없었다. 체펠레프는 우리에게 밥에 양파볶음과 사슴 고기를 얹은 든든한 아침 식사를 제공했고, 우리는 마지막으로 남은 감미료 스구숀카와 러시아인들이 열렬하게 즐겨 찾는 작고 파란 캔에 담긴 연유를 넣은 인스턴트커피로 입가심했다. 체펠레프가 언제든 다시 방문해도 좋다고 말했지만 여기는 아주 외딴 곳이라 다시 들를 일은 결코 없을 것 같았다. 작별의 의미로 힘주어 악수를 나눴고 체펠레프는 우리의 앞날에 행운을 빌어주었다. 톨랴는 다시 초록색 스노모빌을 운전했고 슈릭은 큰 야마하 차량에서 세르게이 뒤편에 걸터앉았다. 나는 스노모빌에 달린 썰매 위에 서서 보스네세노프카가 등 뒤로 사라지는 모습을 지켜봤다.

　　앞으로 나아가는 길은 꽤 단순해 보였지만 얼음 다리가 무너진 데다 계절성 날레드 때문에 얼마 못 미쳐 장애물에 부딪칠 가능성이 있었다. 보스네세노프카를 떠나자마자 거의 곧바로 우리는 날레드를 만났다. 불과 12시간 전까지만 해도 톨랴와 내가 손쉽게 지나던 곳이었지만 이제는 길이가 약 30미터쯤 되는 종아리 깊이의 진창이 형성돼 우리의 앞길을 가로막았다. 그러자 세르게이가 내려서 직접 밟으며 조사했고 과감하게 나아간다면 반대쪽으로 건너가기 충분하리라고 판단했다. 우리는 어깨를 움츠리고 이를 악문 채 진창을 향해 전속력으로 달렸다.

"물 들어온다!" 세르게이가 끼익 하고 소리 내는 스노모빌에 대고 비명을 질렀다.

스노모빌이 날레드를 덮쳤고 나는 썰매를 꽉 잡았다. 걸쭉한 진창을 향해 스노모빌이 흔적을 남기며 나아갔고 묵직한 슬러시가 얼굴과 가슴을 철썩 후려쳤다. 이것 때문에 슈릭이 그렇게나 열성적으로 썰매 자리를 내게 양보한 것은 아닌지 의심이 들었다. 나중에 보니 슈릭도 나만큼 흠뻑 젖은 채였지만 당시에는 너무 화가 나서 알아차리지 못했다.

"밀고 나가!" 세르게이가 뒤도 돌아보지 않고 엔진을 넣으며 소리쳤다.

슈릭과 나는 차가운 슬러시 진창 속으로 뛰어내렸다. 나는 썰매의 뒷부분을 잡고 장화의 빈틈으로 스며들어 천천히 바지와 양말까지 적시기 시작한 얼음과 물을 무시한 채 썰매를 앞쪽으로 밀었다. 세르게이는 경정 경기처럼 팀원들에게 큰 소리로 지시를 내렸고 좌석에서 미끄러져 내려와 속도를 유지하려 애쓰면서 스노모빌을 밀었다. 우리는 이에 탄력을 받아 날레드의 먼 곳까지 밀려갔다. 아래쪽에 단단한 얼음이 있어서 회전하는 고무 트랙으로 마찰을 일으켜 스노모빌을 끌어냈다. 뒤를 돌아보니 톨랴가 짐이 가벼워서 별로 힘들이지 않아도 되는데도 날레드 위에서 마구 미끄러지고 있었다. 물이 들어와 털양말이 발에 딱 달라붙었는데도 잠시 멈춰 옷을 갈아입거나 말릴 새가 없었다. 앞으로 날레드가 얼마나 더 많이 나타날지 (곧 알게 되겠지만) 걱정된 나머지 쉴 여유가 없었다. 여기서부터 사마르가 강은 남서쪽으로 흐르며 해안에 이르렀다. 보스네세노프카에서 약 6킬로미터 떨어진 넓은 범람원 기슭 서쪽에서 스노모빌이 다녔던 자취가 우리가 가는 길과 합쳐졌다. 이 자취는 버려진 마을인 운티로 이어지는 게 틀림없었다. 그곳을 지나자 강이 여러 갈래로 갈라졌다. 체펠레프는 강이 갈라지는 길목마다 길을 잃지 않도록 주의를 기울이라고 경고했지만 그래도 우리가 스노모빌이나 썰매를 타고 지나갔던 사냥꾼들의 흔적을 발견할 수 있으리라 여겼다. 여름철이라면 길 찾기가 더 힘들어서 이 지역에 대한 지식은 필수적이었다. 멀쩡히 보트가 나아가는 길목에서 갑자기 통나무 더미가 나타나 길을 막을 수도 있었다.

1~2킬로미터 정도 별일 없이 나아가고 있는데 갑자기 뒤에서 쩍 갈라지는 날카로운 소리가 울려 퍼졌다. 뒤를 돌아보니 우리의 스노모빌과 톨랴가 모는 스노모빌 사이에 있던 넓은 얼음장이 떨어져 나가면서 강물이 그 위를 덮어 어두운 색으로 변하고 있었다. 톨랴는 스노모빌의 속도를 늦추고 상황이 나아지기를 기다렸다.

"지금 당장 움직여야 해요!" 세르게이가 외치자 톨랴가 행동에 나섰다. 스노모빌의 시동을 걸고 얼음장이 계속 떨어져 나가는 동안 젖은 표면을 가로질러 달렸다. 얼음장이 아래로 가라앉기는 했지만 톨랴와 스노모빌이 꽤 가벼웠는지 무게를 지탱했고, 톨랴는 욕설을 퍼붓고 숨을 헐떡이며 우리 옆으로 다가왔다. 그때부터 나는 강이 구불구불 이어지는 길목마다 어떤 위험이 도사리고 있을지 무서워지기 시작했다. 우리는 계속해서 날레드와 파도처럼 밀려드는 슬래시 진창을 헤치며 한때 썰매 길이었지만 지금은 뻥 뚫린 구멍을 우회했고, 우리가 지나는 길을 따라 얼음을 삼키는 강물을 바라보았다.

　　마침내 우리는 불에 타고 남은 말리노프카라는 오두막의 잔해를 발견해 그 안에서 휴식을 취했다. 그리고 난로에서 쉭쉭 타는 장작 위에 푹 젖은 양말을 말렸다. 아그주에 머물 때 우리는 이곳에서 지내는 것도 고려한 적이 있었다. 하지만 그건 이곳의 상태를 직접 보기 전이었고 강의 얼음도 녹기 전이었다. 세르게이와 톨랴는 사마르가에 가본 적이 있었지만 여름철에만 갔기 때문에 이곳 얼음이 얼마나 버틸지는 확실히 몰랐다. 우리는 필요한 만큼 적당히 말리노프카 오두막에 머무르다가 다시 길을 떠났다. 그런데 갑자기 우리 앞의 강물이 큰 물살을 타고 마구 흐르더니 왼쪽 강둑과 강 전체를 덮치고 오른쪽 강둑을 따라 계속 흘러갔다. 그러는 바람에 스노모빌로 지나갈 얼음이 흘러넘친 물속에 잠겨 사라졌고 더 이상 앞으로 나갈 수 없게 되었다. 얼음장은 저 멀리서나 다시 보였다. 그냥 지나칠 수 있는 사태가 아니었다. 우리는 갇혔다.

　　"점심이나 먹을까요." 세르게이가 담배에 불을 붙이고 걱정에 찬 눈빛으로 강 아래를 바라보며 말했다. 사마르가에 도착하려면 아직도 15킬로미터는 더 가야 했지만 일행은 이미 몹시 지쳤다. 톨랴는 차를 마시기 위해 두터운 얼음장 위에 불을 지폈고, 슈릭은 우리 앞에 무엇이 있을지 살피려고 오른쪽 강둑을 따라 걸었다. 숲은 날레드처럼 햇볕을 직접 받지는 않아 눈이 1미터는 쌓인 채였기 때문에 슈릭은 힘겹게 지나가야 했다. 그는 20분 만에 돌아와 이제 눈 덮인 숲을 지나 앞으로 계속 나아가면 며칠 전 보스네세노프카 북쪽에서 그랬던 것처럼 굽이치는 강물 끄트머리의 단단한 얼음판에 도달할 수 있다고 보고했다. 슈릭의 추정에 따르면 나아가야 할 거리는 약 300미터였다.

범람원에는 풀과 나무가 가득 자랐다. 나무와 관목이 쌓인 눈을 뚫고 고개를 내밀고 있었고, 사마르가 강과 합류하는 여러 개의 작은 지류 때문에 범람원의 표면은 울퉁불퉁 고르지 않았다. 헤치고 나가 길을 개척하는 건 지난번에도 그랬듯 결코 쉽지 않을 것이다. 하지만 분명 그것만이 성공할 가능성이 있는 유일한 선택지였다. 아니면 강둑에 있는 스노모빌을 버리고 스키를 탄 채 가능한 한 많은 짐을 짊어지고 사마르가로 향해야 했다. 세르게이와 나는 전기톱을 들고 이 정체된 구간의 한쪽 끝에서 다른 쪽 끝까지 최대한 똑바로 길을 내면서 터벅터벅 앞으로 나아갔다.

우리 네 명은 욕설을 퍼붓고 안간힘을 쓰며 스노모빌과 썰매를 끌고 좁은 도랑에서 후진하거나 풀과 나무를 제거한 길을 따라 이동했다. 한 시간쯤 지나 얼음판에 닿았을 때 다들 진이 빠진 상태였고 땀으로 흠뻑 젖었다. 하지만 급하게 도망치듯 떠나야 했던 데다 대안이 없었던 만큼 이런 방식을 택할 만한 동기는 충분했다.

몇 킬로미터쯤 지나 산 사이의 좁은 틈새를 지나던 우리는 예상치 못하게 강에서 멀어졌고 세르게이는 곧 속도를 줄였다. 우리는 바람과 해빙기에 노출되어 가느다랗게 약해진 풀들이 군데군데 자란 눈 덮인 광활한 들판의 가장자리에 있었다. 서쪽으로 오크나무와 자작나무가 자라는 낮은 언덕에서 초승달이 떠올랐고 북쪽으로 곡선을 그리다가 동쪽으로 가라앉았다. 남쪽으로 보이는 평지는 이제 곧 사마르가 강과 타르타리 해협이 나타날 테고 우리들의 탈출도 정점을 이뤄 끝날 때가 되었음을 짐작하게 했다.

"친구들, 우리가 해냈어요." 세르게이가 스노모빌의 핸들에 기대어 의자에 다리를 올린 채 의기양양하게 말했다.

세르게이와 슈릭은 축하하는 의미로 담배에 불을 붙였고 톨랴는 스키 고글을 벗고 팔을 뻗은 채 끙 하며 소리 냈다. 멀리서 다섯 마리의 말이 우리를 미심쩍은 듯 바라보았다. 자세히 보려고 가까이 다가가자 그 동물들은 자기 몸을 지키려는 듯 슬쩍 피했다. 1950년대 소련의 집산화 과정에서 이 지역에 끌려왔던 야생마의 일부였다. 이들 야생마는 원래 목적보다 오래 살았고 더 이상 이 말들의 봉사가 필요치 않는 농부들에게 계속 부담을 주기보다는 홍수나 호랑이 정도는 극복할 수 있는 상태로 풀려났다. 야생마들은 적잖이 번식했고 심지어 어느 정도는 번성했지만 이번 겨울은 이들에게도 쉽지 않았던 것 같다. 눈 더미에 푹 들어간 채 가만히 서 있는데, 엉덩이뼈는 툭 튀어나오고 얼음 조각이 크리스마스 장식처럼 꼬리의 긴 가닥에 달라붙어 있는 모습을 보면 말이다.

발밑에 단단한 바닥이 닿자 용기를 얻은 우리는 사마르가를 향해 질주했다. 톨랴는 길을 따라 질주하다가 스노모빌이 의도치 않게 툭 튀어나온 곳을 타고 날아오르는 바람에 스노모빌을 거의 부술 뻔했다. 겸연쩍어 하며 다시 제자리로 돌아왔다.

우리는 사마르가에서 처음으로 인가를 발견했지만 주변에 생명의 흔적은 거의 없었다. 타르타리 해협에서 불어온 바람이 막을 수 없는 낮은 쓰나미처럼 마을에 밀려왔고, 급한 용무가 있는 경우가 아니면 다들 실내에 처박혀 지냈다. 집들이 밀집되어 분포하던 아그주와는 달리 이곳에서는 건물들이 느슨하게 여기저기 흩어져 있었다. 나무다리 아래의 눈과 얼음에 강의 수로와 습지가 파묻힌 것은 아닌지 의심스러웠다. 그러면서 주택들이 건설업자들이 찾아낸 건조한 땅으로 밀려났고 사마르가는 이처럼 휑한 분위기가 되었을 것이다.

1900년에 세 명의 모피 상인이 사마르가 강 하구를 처음 방문한 러시아인이라고 알려져 있다. 하지만 이들의 생존율은 66퍼센트였는데 상인 한 사람이 동상에 걸려 발을 잃었고 이후 현지에서 사망했기 때문이다.[1] 그로부터 8년 뒤 17세기에 교회 개혁을 회피했다는 이유로 폭력적으로 박해를 받았던 러시아 정교회의 일파인 구교도들이 이 마을을 세웠다. 구교도들은 러시아에서 멀게는 알래스카와 남아메리카까지 도망쳤는데 연해주의 외딴 숲으로 이주해 평화롭게 종교 생활을 이어갔던 사람들도 수백 명 남짓 되었다.

탐험가 블라디미르 아르세니예프는 그 현장에서 사마르가 마을의 탄생을 기록했다. 1909년에 그는 사마르가 강 하구에 8명이 거주하는 집 두 채에 소 두 마리, 돼지 두 마리, 개 일곱 마리, 배 세 척, 총 열 자루가 있었다고 묘사했다.[2] 이후 1932년에 문을 열었다가 30년 만에 문을 닫은 '사마르가의 물고기'라는 집단 농장을 비롯해 마을에 활기를 불어넣으려는 시도가 여러 번 있었지만 번번이 수포로 돌아갔다. 집단 농장이 문을 닫은 이유는 아마도 1950년대에 해류의 흐름을 바꿔 청어 서식지를 해안에서 멀리 옮겨버린 대지진 때문일 것이다. 두 번째 마을 육성 계획인 사냥용 육류 가공 산업 역시 1995년에 실패로 돌아갔다. 하지만 최근에 한 벌목 회사가 해안에서 가까운 곳에 항구를 건설하면서 사마르가 주민 150여 명은 안정적인 고용을 통한 안락한 미래에 대한 희망을 품고 있었다.

　　우리는 햇빛과 바람의 영향으로 목재가 잿빛이 되고 페인트가 벗겨진 가옥들을 지나 사마르가 강을 건너 타르타리 해협을 향해 첫 번째 방어선처럼 늘어선 집들 앞에 멈췄다. 여전히 몹시 강한 바람이 비록 우리가 강에서 살아남았다고 하더라도 자연이 여전히 이곳을 지배한다는 사실을 일깨웠다. 세르게이는 이 집들 중 한 채를 우리에게 보여주었는데, 지방 관청에서 손님들을 위해 유지하고 관리하는 방 세 개짜리 작은 집이었다. 가장 가까운 경찰서가 자리한 테르니에서 2인 1조로 팀을 짠 경찰관들이 이 외진 지역의 주민들을 관리하는 척했지만 실제로 경찰관들은 공무를 수행하는 척하면서 술판을 벌이고 있었다. 세르게이는 남쪽으로 돌아갈 교통편을 기다리는 동안 이 마을에 머물겠다고 사마르가의 마을 대표와 약속했다. 나는 시계를 힐끗 보았다. 강에서 고생하던 시간이 영원처럼 느껴졌지만 우리가 보스네세노프카를 떠난 지 고작 6시간 정도 지나 있었다.

　　우리의 임시 숙소는 너비와 높이가 다양한 말뚝으로 대충 둘러친 상태였는데 눈에 띄는 틈새는 초록색 나일론 어망으로 막혀 있었다. 뚱한 표정의 얼룩소 한 마리가 눈밭 가까이 서 있었다. 우리가 다가가자 소는 움직이지 않고 바라볼 뿐이었다. 우리는 집 안으로 들어가 거센 바람부터 피하려고 했지만 작은 마당은 눈 더미와 잔해로 어수선했다. 이 장애물을 헤치고 나아가야만 뒤편 외딴집에 닿을 수 있었다. 건물은 문도 없었으며 자기 자신의 여러 결함이 부끄럽기라도 한듯 아래로 살짝 기울어 있었다. 먼저 현관의 눈 더미부터 치워야 했다. 다 치우고 나자 누군가 제대로 내다 버리지도 못한 상자와 녹슨 물건들이 뒤섞인 복도가 보였다. 칙칙한 주황색으로 칠한 안쪽 문을 열자 작은 부엌과 두 개의 작은 방이 드러났다. 방 하나는 난로 바로 너머에 있었고 다른 하나는 싱크대 위 벽에 고정된 정수기와 양동이의 왼쪽에 자리했다. 주황색 문 안쪽으로 낙서가 꽤 많았는데 가장 눈에 띄는 글귀는 '문을 닫으시오, 가급적 반대편에서'였으며 이어 제대로 해독 불가능하게 휘갈겨진 삶과 운명에 대한 구절이 있었다. 이 집은 어느 정도 정돈되기는 했지만 어느 누구도 제대로 관리하려 하지는 않은 듯했다. 대충 탐색해보니 뒷방에는 잔해나 고기 더미 대신 싱글 침대 프레임에 겉은 씌우지 않은 매트리스, 다이얼을 돌리면 희미하게 소리를 내는 전화기가 있는 책상, 1980년대의 낡은 책과 정기 간행물이 가득 꽂힌 책장이 있었다.

　　슈릭은 장작 난로를 피울 준비를 시작했고 나머지 팀원들은 썰매를 끌고 모든 짐을 안으로 옮겼다. 우리는 집 근처의 우물을 지나쳐 빈 양동이 두 개를 찾아 챙기고는 뒷길을 거닐었다. 마을 우물을 마셔도 안전할지 의심이 들었다. 테르니에서는 한 친구가 우물에서 물에 빠져 죽은 고양이 사체를 발견한 적도 있었다.[3] 하지만 주변의 모든 물이 염수였기 때문에 이 우물이 유일한 선택지였다. 숙소에 돌아온 나는 세탁과 청소를 위해 양동이 하나를 난로에 올려두어 물을 데운 다음, 다른 양동이의 물은 찻주전자와 정수기에 고르게 나누어 부었다. 우리는 일단 소시지를 먹고 잠시 휴식을 취하면서 기운을 차릴 계획이었다. 그런 다음, 아직 이른 오후였기 때문에 세르게이가 지난여름 사마르가 강 하구의 섬에서 발견한 부엉이 둥지로 우리를 데려가기로 했다.

사마르가에서 만난 부엉이들

해가 지기 전까지 약 두 시간의 여유가 있었다. 세르게이와 나는 스노모빌에 올라탔고, 톨랴와 슈릭은 썰매에 자리를 잡았는데 바람을 등지도록 앉아서 썰매 끝으로 다리가 달랑거렸다. 우리는 강을 향해 스노모빌 길을 따라가다가 걸어서 섬으로 갈 수 있는 다리 근처에 주차했다. 우리는 스키를 장착하느라 잠시 멈췄는데 세르게이가 평소답지 않게 주저하면서 부엉이 둥지가 있는 나무를 찾아 앞서 걸었다. 어느 정도 시간이 흐르자 세르게이는 자기가 기억하던 지형지물이 어디 있는지 모르겠다고 고백했다. 여름철에 탐사하며 친숙했던 숲이 겨울에는 완전히 새롭게 보일 수 있었다. 나뭇잎에 생긴 변화 말고도 홍수가 나면 하룻밤 사이에도 하천의 모양이 바뀌어 모든 기준점이 아예 뒤바뀌기도 하니까.

그러자 톨랴가 지난 달 사마르가에 도착하자마자 본인이 따로 부엉이 둥지가 있는 나무를 발견하기도 했고, 여전히 그 기억이 생생하니 앞장서겠다고 말했다. 세르게이는 못마땅한 표정으로 자리를 양보했고 톨랴는 일행을 새로운 방향으로 이끌었다. 우리는 낮은 초목 사이를 헤치고 나가면서 스키와 모자를 잡아채는 나뭇가지를 쳐냈고, 가끔씩 멈춰 서서 스키를 벗고는 버드나무가 우거진 섬을 가로지르는 얕은 강을 건넜다. 물고기잡이부엉이 서식지를 실제로 찾아가는 건 이번이 처음이었다. 이전에는 나뭇가지가 거치적거리지 않고 편평하게 얼어붙은 사마르가 강 위나 범람원 숲을 돌아다니며 후속 조사가 필요한 나무를 찾곤 했다. 어쨌든 이날의 고생은 예외라기보다는 앞으로 거칠 과정의 기준점이 됐다. 이 부엉이를 연구하기로 한 사람이라면 누구든 몸을 찌르고 쑤시는 가시덩굴이나 나뭇가지의 방해를 받거나 예상치 못하게 갑자기 넘어질 수도 있다.

우리는 거의 한 시간 동안 모험을 하다가 삼각주를 건너 동쪽으로 빙 되돌아갔는데 그 무렵 세르게이가 확실한 목적지 없이 헤매는 데 대해 노골적으로 불평과 비난을 터뜨리기 시작했다.

"아니에요, 내가 길을 잘못 들었을 리가 없어요." 톨랴가 막대기를 들어 그리스 건물의 기둥처럼 굵게 자란 오래된 새양버들을 가리키면서 으르렁대듯 말했다. 나무 구멍은 한때 커다란 나뭇가지가 하늘로 뻗었던 곳을 보여주었다.

"여기네." 톨랴가 조용히 덧붙였다.

세르게이는 눈을 가늘게 뜬 채 잠시 나무를 바라보았다. "이건 내가 예전에 발견했던 둥지 나무가 아닌데. 슈릭, 올라가서 구멍 안을 한번 살펴봐요."

슈릭은 어떻게 커다란 옹이를 따라 나무를 탈지 가늠한 다음 스키를 타고 밑동까지 나아가 부츠를 벗고 주저 없이 나무에 오르기 시작했다. 그러고는 재빨리 틈새 구멍에 이르러 우리를 내려다보더니 고개를 내저었다.

"부엉이가 둥지를 짓기에는 너무 얕고 좁아요."

마침내 톨랴가 찾던 나무를 발견하는 데는 성공했지만 우리에게 쓸모가 있지는 않았다. 톨랴가 팀원들에게 미안함을 전하려 하자 세르게이가 손을 저으며 말을 끊었다.

"상관없어요. 계속 다른 나무를 찾아보면 되니까. 나머지 분들은 썰매로 돌아가요. 해 질 녘까지 내가 썰매로 돌아오지 않으면, 흩어져서 부엉이 소리를 찾도록 해요."

내 GPS 기기에 따르면 우리는 스노모빌에서 약 1킬로미터 떨어진 곳에 있었다. 우리는 뱀처럼 구불구불 이어지는 흔적을 따라 거꾸로 되짚어가기보다는 기기 화면의 화살표를 따라 곧장 스노모빌 방향으로 나아갔다. 걸어가는 동안 시가 모양의 길쭉한 형체가 보였다. 긴점박이올빼미로 보이는 새가 50미터 전방의 나뭇가지에 앉아 등을 보이고 있었다. 이 올빼미는 물고기잡이부엉이와 같은 서식지에 사는 것으로 여겨진다. 물고기잡이부엉이의 서식지에서 종종 목격되기 때문이다. 나는 쌍안경을 들어 올려 자세히 살피고 나서 올빼미의 주의를 끌기 위해 끙끙대는 설치류의 소리를 흉내 냈다. 그러자 올빼미의 머리가 내 쪽으로 방향을 틀었고 노란 눈동자가 나를 쏘아보았다. 갈색 눈을 가진 흔한 새인 긴점박이올빼미가 아니었다. 알래스카와 캐나다, 스칸디나비아와 러시아에 이르는 북방 기후 전역에 걸쳐 외딴 타이가 지대의 숲에서 발견되는 큰회색올빼미였다. 이 올빼미가 연해주에서 발견되었다는 기록은 꽤 드문데, 이는 지금까지도 이 종 가운데 내가 러시아 극동 지방에서 본 유일한 개체였다.[1] 새를 관찰하는 탐조가들에게는 드물고 예상치 못한 새를 관찰하는 것은 언제나 신나는 일이다. 특히 올빼미 애호가라면 큰회색올빼미를 마주하는 건 환영할 만한 일이었다. 하지만 내가 배낭에서 카메라를 꺼내기도 전에 올빼미는 사라지고 말았다.

우리가 썰매에 도착한 지 얼마 되지 않아 세르게이가 돌아왔다. 마침내 부엉이 둥지가 있는 나무를 우연히 발견했고, 다음 날 아침에 일행을 그곳으로 데려가기로 했다. 세르게이는 다시 사마르가로 스노모빌을 몰았고, 전조등이 숙소 밖에서 우리를 기다리는 한 남자를 비추었다. 그의 이름은 올레그 로마노프였는데, 우데게 출신 사냥꾼들에게서 특히 흔한 러시아 이름이었다. 마른 체구에 40대 후반인 올레그는 갈색 테 안경을 썼으며 세르게이와 보조를 맞추며 담배를 피웠다. 사마르가 강 유역의 지역 유지였던 올레그는 세르게이에게 강을 따라 머물 만한 곳이라든지 어디서 연료를 보충해야 할지를 알려주어 부엉이 탐사에 필요한 물자 조달 계획을 세우는 데 도움을 주었다. 그는 우리 탐험에 대해 듣고 싶어 안달이 나 있었다.

"지난주에 당신들이 나타나지 않아 걱정했답니다." 올레그가 세르게이와 악수하며 말했다. "이렇게 느지막이 강 위를 지났다니 도저히 믿을 수가 없어요."

올레그는 아그주와 사마르가 마을 사람들이 우리 탐사의 진행 상황을 물으며 수다를 떨었고, 얼음이 다 녹기 전에 우리가 해안에 도착할 수 있을지 걱정했다고 말했다. 그해 겨울철 마지막으로 강 위를 지나간 게 우리였다. 나중에 우리가 떠난 지 하루쯤 지나 아그주에서 온 한 사냥꾼이 사마르가로 가려고 시도했다가 밀려드는 강물 때문에 돌아갔다고 한다. 이러한 상황 때문에 이곳 마을 사람들은 얼음이 전부 녹아 없어질 때까지 몇 주 동안 다른 마을 사람들에게 안부를 묻지 못했다. 우리는 겨울의 마지막 얼음을 타고 해안에 도달한 것이다.

올레그와 세르게이, 슈릭은 난로 옆에 앉아서 담배를 피우며 담소를 나누었다. 우리가 사마르가 근처에서 물고기잡이부엉이를 더 찾아볼 예정이라고 하자 올레그는 이곳 이장이 내일 아침 일찍 들러 우리가 테르니로 돌아가도록 도와줄 것이라고 알려주었다. 정말 다음 날 아침 8시가 살짝 되지 않았을 무렵 우르릉거리는 트랙터 엔진 소리가 들렸다. 이장은 30대 중반의 젊은 나이였는데 아침의 햇살을 받은 밝은 파란색 눈동자를 들여다보니 취기로 반짝이는 듯했다. 그가 우리와 악수를 하기 위해 내려왔을 때 술 냄새가 나서 내 의심은 더욱 짙어졌다. 하지만 술에 좀 취했어도 이장은 정신이 맑았고 우리에게 큰 도움이 되었다. 톨랴와 나는 다음 헬리콥터 표를 예매할 예정이었는데, 그는 그러지 말고 이틀 후에 출발할 블라디미르 골루젠코라는 배를 타고 이동하는 게 좋을 것 같다고 조언했다.[2] 이 배는 벌목 회사가 직원들을 외딴 항구에서 이 회사의 기지가 있는 테르니 남쪽 플라스툰의 항구까지 실어 나르는 데 사용하는 수송선이었다. 세르게이와 다른 팀원들이 탐험을 시작할 때도 이 배를 타고 사마르가에 도착했다. 이장은 공짜로 배를 타게 해줄 수도 있다며 우리가 배를 잡을 수 있도록 돕겠다고 말했다.

"플라스툰까지는 배로 17시간이 걸릴 거예요. 하지만 헬리콥터를 탄다면 사마르가에서 얼마나 오래 대기해야 할지 아무도 모르죠. 배가 더 편할 겁니다." 이장이 말했다.

이장은 세르게이와 나란히 앉아서 우리가 수송선에 장비를 실을 공간이 어느 정도 필요할지 의논했다. 우리는 스노모빌을 비롯한 장비들을 남쪽으로 운송하기 위해 벌목 회사와 협의를 거쳐야 했고, 세르게이와 슈릭은 짐들을 처리하기 위해 사마르가에 머물러야 했다.

대화가 끝나자 이장은 또 다른 회의에 늦었다고 말하며 자리를 떴다. 주요 교통수단이 트랙터이고 150여 명의 유권자를 대표하는 사람치고는 놀랄 만큼 바쁜 것 같았다. 떠나면서 이장은 마을 사람 아무나 붙잡고 물어도 집을 알려줄 테니 그날 저녁 자기 집 바냐를 사용하라고 제안했다.

우리는 서둘러 아침을 먹었고 세르게이와 슈릭, 나는 검은 야마하의 좌석에 꼭 붙어 앉았으며 톨랴는 마을 북쪽 부엉이 서식지를 조사하러 떠났다. 우리는 사마르가 마을을 가로질러 강어귀에 이르는 전날의 경로를 다시 따라갔다. 5년에 걸친 내 연구 목표 가운데 하나는 물고기잡이부엉이가 둥지를 틀 나무를 고르는 방법과 이유를 밝히는 것이었다. 적당한 나무 구멍을 찾는 것일까, 아니면 주변의 식생이 나무를 고르는 데 영향을 주었을까? 나는 과학적인 분석과 비교를 위해 둥지의 구조와 주변 식생을 기술하는 표준화된 과학적 방법론을 선택했는데 이를 위해서는 수차례의 측정이 필요했다.[3] 나는 이 방법론을 이곳의 부엉이 둥지 나무에 시험 삼아 적용해서 문제가 있는 부분을 해결하고 싶었고 그래서 줄자와 각종 도구를 챙겼

다. 우리는 세르게이가 전에 가까이 다가가 조사했던 둥지 나무를 꽤
나 빠르게 발견했다. 세르게이는 지난 1년 동안 폭풍이 몰아치면서
자신이 방향을 잡는 데 활용했던 강의 경로가 바뀌었기 때문에 지난
번에는 헤맸던 것이라고 변명했다. 바뀐 경로를 따랐기 때문에 잘못
된 방향으로 나아갔다는 것이다.

황철나무, 난티나무, 새양버들 같은 종은 성숙하고 나면(높이
20~30미터, 둘레 1미터 이상, 나이 200~300살 사이) 나무의 크기와 나이가
부담이 된다. 태풍이 위쪽 수관을 강타해 부러뜨려도 나무줄기는 굴
뚝처럼 서 있을 것이다. 때로는 가지가 부러져 부드러운 나무의 내부
가 드러나기도 한다. 그러면 시간이 지나면서 안이 썩기 때문에 물고
기잡이부엉이가 기어올라 편안한 보금자리를 만들 만큼 큼직한 공
간이 만들어진다.

이 부엉이는 나무 측면에 구멍이 있는 둥지를 선호하는데 그
편이 험한 날씨로부터 자기를 더 잘 보호해주기 때문이다.[4] 나무 꼭
대기에 형성된 움푹한 굴뚝 구멍은 부엉이를 보다 취약하게 만든다.
이런 형태의 둥지에서는 암컷이 알이나 새끼가 바람과 눈, 비에 노
출되지 않도록 단단히 품어서 지킨다. 수르마흐는 한때 눈보라를 맞
으며 굴뚝 둥지에서 웅크린 암컷이 소용돌이치는 폭풍 속에서 꼬리
만 겨우 보인 채 꼼짝도 하지 않고 버티는 모습을 목격했다고 한다.

물론 이런 규칙에도 예외가 있다. 부엉이들이 나무 구멍의 이
점을 잊고 지내거나 아예 모를 만한 지역에서는 다른 방법으로 생활
을 이어간다. 오호츠크해 북부 해안의 마가단에서는 물고기잡이부
엉이 새끼 한 마리가 어린 포플러의 구부러진 높은 가지에 있는 참

수리 둥지를 몰래 노리는 모습이 발견되었다.[5] 또 나이 든 나무가 희귀해진 일본에서는 부엉이 한 쌍이 선반처럼 튀어나온 절벽에서 새끼를 품기도 한다.[6]

슈릭은 줄자와 소형 디지털카메라를 주머니에 넣고 목표물인 나무 위로 올라갔다. 이 나무에는 가지와 옹이가 많았고 큰 줄기 위로 7미터쯤 올라간 곳에 구멍이 뚫려 있었다. 내가 나무의 지름과 상태, 주변 나무의 수와 크기를 알아보는 등 여러 가지 측정으로 바쁘게 움직이는 동안 슈릭은 나무 구멍의 크기를 재고 사진을 찍었다. 지금 우리가 하는 작업의 분명한 단점은 아직 겨울이라는 것이었다. 우리는 깊이가 몇 피트나 되는 눈 위에 있었고 나무와 관목은 벌거벗은 채였다. 스키를 타고 움직이는 게 힘들 뿐 아니라, 수관과 하층 식생의 가시성을 비롯한 내가 측정할 여러 수치들은 부정확할 것이 분명했다. 그래도 연습할 수 있다는 점이 좋았다. 이 작업을 완료하기까지 그날은 약 네 시간이 걸렸지만 요령을 터득하면 한 시간 정도면 될 것이었다.

우리는 사마르가로 돌아와 바냐에 들어가기 위해 이장의 집을 찾았다. 먼저 숙소에 들러 톨랴를 데려오려 했지만 아직 외출에서 돌아오지 않은 상태라 그를 빼놓고 나갔다. 근처의 얼음 낚시꾼이 이장의 집을 알려줬고 우리가 도착하니 기쁘게도 벌써 불을 때놓고 있었다. 한 번에 두 명만 들어갈 수 있는 바닥이 낡은 작고 낮은 바냐였다. 내가 먼저 사우나를 한 뒤 몸을 씻자 세르게이와 슈릭이 이어서 들어갔다. 두 사람이 나오기를 기다리는 동안 이장은 나를 자기 집 안으로 초대해 차와 디저트를 대접했고 얼마 지나지 않아 일이 있다며 나가버렸다. 소개받지는 못했지만 이장의 딸과 아버지나 장인쯤으로 추정되는 나이 든 남자가 식탁 맞은편에 앉아 있었다. 가냘픈 회색의 형체들은 빵과 잼, 꿀, 설탕이 든 항아리가 놓인 식탁 건너편에서 우울한 표정으로 나를 바라보고 있었다. 말을 붙이기 위해 몇 번 시도했다가 실패하고 나서, 나는 잠자코 차를 다 마시고 두 사람의 시선을 견디며 때때로 난방의 열기로부터 체온을 떨어뜨리려는 이마의 땀방울을 닦았다.

다음 날 아침, 우리는 그날 오후쯤 출항할 예정이던 블라디미르 골루젠코 호에 톨랴와 내가 탑승이 확정되었다는 소식을 들었다. 배는 해안에서 12킬로미터 떨어진 벌목용 항구 아디미에서 출발할 예정이었다. 이장은 그곳은 도로를 이용할 수 있기 때문에 한낮의 햇볕을 받아 지면이 진창으로 바뀌기 전에 출발한다면 문제가 없을 거라고 알려주었다. 이제 카운트다운이 시작되었다. 우리가 사마르가에 머물 시간은 24시간밖에 남지 않았다. 그동안 부엉이들을 좀 더 찾기 위해 시간을 보낼 수 있다. 얼음이 녹은 강의 연장선을 따라 살피다가 시간이 다 되면 조사를 그만둬야 한다. 멀리 올라갔다가는 탁 트인 녹은 강물을 마주하기 십상이어서 톨랴와 나는 스노모빌을 타고 전날 탐사했던 일반 구역으로 떠났다. 한편 세르게이와 슈릭은 세르게이가 지난여름 부엉이 소리를 들었다는 해안 바로 아래 에딘카 강 하구로 일찌감치 향했다. 내가 톨랴와 함께 계곡을 가로지르는데 톨랴가 갑자기 핸들에서 장갑 낀 손을 들어 올려 100미터 남짓 떨어진 나무들 사이에 독수리 크기의 통통한 갈색 형체를 가리켰다. 사마르가 강어귀에 서식하는 한 쌍의 물고기잡이부엉이 가운데 하나였다. 2000년에 처음 본 이후로 이 부엉이를 이렇게 제대로 보는 건 이번이 처음이었다.

톨랴가 부엉이를 더 잘 볼 수 있게 스노모빌의 속도를 늦췄지만 우리가 잠깐 머뭇거리는 순간 새는 푸드덕 뒤로 물러났다가 벌거벗은 나뭇가지 사이로 자취를 감췄다. 나는 이 짧은 조우에 감격했지만 동시에 걱정스럽기도 했다. 내 연구 프로젝트에서는 포획이 필수적인데 지금 보니 이 부엉이는 인간의 관심을 적극적으로 피하는 듯했다. 항상 인간과 축구장 하나만큼은 거리를 두고 있으니 포획은 정말 힘들어 보였다.

우리가 얼음 위를 지나는 동안 얼음장은 꾸준히 갈라져 뒤쪽의 좁고 얕은 수로로 떨어졌다. 스노모빌로 녹는 얼음 위를 지나는 경험이 처음이었다면 무척 두려웠을 것이다. 하지만 우리가 이전에 강 상류에서 맞닥뜨렸던 생명에 위협을 주는 상황과는 거리가 한참 멀었다. 주변의 숲은 물고기잡이부엉이가 살기에 이상적으로 보였지만, 우리는 숲의 일부만 살필 수 있었다. 우리는 부엉이만 잠깐 봤다가 마을로 돌아왔고, 얼마 뒤 세르게이와 슈릭이 도착했다. 두 사람은 부엉이의 흔적을 찾지 못했다. 세르게이는 사마르가 남쪽 바위 해안에서 굶주린 야생마를 한 마리 발견했다고 말했다.

"그 말은 뼈만 앙상하게 남아 옆으로 누워 경련하면서 천천히 죽어가고 있었어요." 세르게이가 말했다. "내가 총을 가져갔더라면 쏘았을 텐데."

사마르가에서의 마지막 여정

4월 10일 아침, 우리 숙소에는 좋은 기운이 감돌았다. 톨랴와 나는 금방 짐을 싼 뒤 노란 썰매에 실었다. 세르게이는 해변을 따라 스노모빌을 몰고 우리를 아디미까지 데려다주었는데 가는 길은 비슷한 상태의 진창과 진흙탕의 반복이었다. 마을 외곽에 다다르자 거대한 수송 차량이 공회전하며 멈춰 있었다. 여기는 벌목 캠프로 이어지는 경계였고 개인용 차량은 더 이상 들어가지 못했다. 톨랴와 세르게이가 내게 가방을 하나씩 건넸고 나는 대기 중인 트럭 뒤편으로 재빨리 올라탔다. 어차피 일주일 뒤 테르니에서 다시 만날 예정이기 때문에 세르게이와는 간단한 악수와 말 없는 끄덕임으로 작별 인사를 마쳤다. 톨랴는 사다리를 타고 트럭에 올라간 다음 금속 지붕을 두드려 운전사에게 우리가 떠날 준비를 마쳤음을 알렸다. 이윽고 우리는 트럭을 타고 아디미에 진입했다. 세르게이는 진흙투성이가 된 스노모빌과 텅 빈 썰매 옆에 서서 우리가 떠나는 모습을 지켜보았다.

아디미는 19세기 미국 서부의 국경 마을처럼 진흙이 종아리 깊이로 덮인 큰길 옆에 갓 베어낸 목재로 지은 건물들이 밀집해 있었다. 벌목 회사 직원들은 판자를 급하게 올려 만든 통행로로 분주히 지나갔다. 우리는 트럭을 타고 부두에 이르렀다. 벌목꾼들이 수개월에 걸친 교대 근무를 마치고 블라디미르 골루젠코 호에 탑승하고자 짐을 짊어지고 통로를 지나려고 줄을 서 있었다.

예인선과 여객선의 중간쯤으로 보이는 골루젠코 호는 1977년에 건조되었으며 1990년부터 벌목 회사의 소유가 되었다. 앞쪽 갑판은 작았지만 뒤쪽 조타실에는 사람들이 활기차게 붐볐다. 후갑판은 보다 컸고 아래층 선실에는 승객이 100명쯤 탈 수 있었다. 지금은 20명 남짓의 벌목꾼들만 탑승했지만 말이다. 선실에는 편안한 좌석들이 두 개의 통로를 중심으로 나뉘어져 마치 비행기 내부처럼 배치되어 있었다. 후갑판에는 차나 인스턴트커피를 마실 수 있도록 뜨거운 물이 계속 제공되는 작은 카페테리아가 있었고, 테이블과 벤치가 딸린 작은 공간도 몇 개 있었다. 큰 선실의 앞쪽 가장자리에는 텔레비전에서 러시아 군부대 생활을 다룬 저예산 시트콤이 방영 중이었다. 텔레비전을 보지 않으려고 애썼지만 어쩔 수 없이 알게 된 시트콤의 줄거리는 군인들이 성격은 좋지만 업무에 서툴러 책임자를 계속 당황시키는 내용이었는데, 큰 모자를 쓴 덩치 큰 장교를 중심으로 이야기가 전개되었다. 그가 자주 뱉는 대사는 '이런 세상에!'라는 뜻의 '요, 마요!'였다. 장교는 이 대사를 주기적으로 반복하며 손바닥으로 자기 이마를 세게 내리쳤다.

벌목꾼들이 대부분 선실 앞 텔레비전 근처에 모여 있었기 때문에 나는 나중에 누울 공간을 확보하기 위해 뒤쪽 모퉁이의 조용한 곳을 골라 소지품을 몇 개의 좌석에 펼쳐놓았다. 이 배에서 17시간 이라는 긴 시간을 보내야 했다. 후갑판으로 돌아갔더니 톨랴가 배 뒤 에 따라붙는 등이 암회색인 갈매기들과 배가 다가가면 도망가는 쇠 가마우지들, 파도 위에서 위아래로 흔들리며 떠 있는 바다 꿩들을 카 메라에 담는 데 열중하고 있었다.

아그주에서 그랬듯 톨랴와 나는 주변 사람들의 관심을 끌었 다. 아디미는 사람들 모두가 서로를 잘 아는 고립된 정착지였기 때 문이다. 그 한가운데에 갑자기 낯선 사람 두 명이 나타났는데, 한 명 은 키가 작고 올리브색 가죽옷을 입고서 눈에 보이는 모든 걸 촬영 하는 중이었고, 다른 한 명은 키가 크고 턱수염을 길렀으며 누가 봐 도 외국인이었다. 17시간 동안 이 벌목꾼들은 호기심과 지루함을 달 랠 무언가가 필요했고 우리에게 정체는 무엇이며 사마르가에 왜 왔 는지 계속 질문했다.

5시쯤 되어 톨랴와 나는 카페테리아로 가서 끓는 물에 티백을 우리고 사마르가에서 검은 비닐봉지에 대충 싸온 간식과 자르지 않 은 빵 반 덩어리, 소시지를 먹었다. 벌목꾼 둘이 식탁에서 간식을 먹 고 있었다. 한 사람은 날씬하고 한 사람은 덩치가 컸는데 둘은 우리 가 앉자마자 우리 쪽으로 자리를 옮겼다.

"그래서 당신은 어떤 사연이 있어 여기 왔나요?" 자신을 미 하일이라고 소개한 덩치 큰 남자가 물었다.

우리는 이들과 즐거운 대화를 나누며 왜 사마르가에 왔는지 알려주었고 벌목 회사와 벌목꾼들이 하는 일에 대해 배웠다. 청회색 플란넬 셔츠의 단추를 풀어 가슴의 털이 잔뜩 삐져나온 미하일은 수

확용 기계를 작동하는 사람이었다. 그는 스베틀라야 마을 근처의 광활하고 무성한 숲에서 작업할 때 자신이 얼마나 두려웠는지 이야기했다. 러시아인들은 나무의 일부만 선택적으로 벌목하는 데 익숙했지만 1990년대 초에는 대한민국 기업인 현대와 손을 잡고 스베틀라야 고원의 언덕을 싹쓸이해 벌목한 다음 방치했다. 현대는 비킨 강 유역의 사마르가 같은 우데게인들의 거점도 눈여겨봤지만 현지인들이 반발하는 바람에 그 지역에서 목재를 수확하지는 못했다.[1] 그리고 얼마 지나지 않아 현대와 러시아의 협력사들은 서로를 부패 혐의로 고소했고 그들의 파트너십은 무너졌다.

"우리 얼른 보드카 한잔할까요?" 미하일이 활짝 웃으며 이렇게 묻는 순간 선원 한 명이 다가와 선장이 전할 말이 있다고 일렀다. 나는 폭풍 같은 보드카 술판을 피하게 되어 기뻤다. 앞쪽 갑판에서 배가 천천히 연해주의 해안을 지나는 동안 선장이 넉살 좋게 열정적으로 산맥과 계곡의 이름을 늘어놓는 모습이 보였다. 동해의 잔잔한 바닷물에서부터 1킬로미터 남짓 서쪽으로 떨어진 곳이었다. 선장은 한때 해안을 따라 분포했지만 50년 전 청어가 사라지면서 쇠락한 어촌에 대해 이야기했다.[2] 그리고 칸츠라는 한 마을을 손가락으로 가리켰다.

"저기에는 아직 트랙터가 남아 있죠." 선장이 아쉽다는 듯이 말을 이었다. "자작나무와 사시나무 사이 한때 밭이었던 땅에 저 녹슨 유물만 덩그러니 남겨졌어요."

우리는 미하일이 아까 언급했던 바닷가 벌목 마을인 스베틀라야에 접근하고 있었다. 배는 속도를 늦추며 해안 가까이 다가갔다. 스베틀라야 강 북쪽 강둑에 자리한 이 마을은 흑단으로 만든 칼처럼 동해를 찌르며 남쪽으로 튀어나온 검은 절벽을 마주하고 있었다. 가파른 절벽 위에 높이 자리 잡은 등대가 석양을 배경으로 부두의 부서진 잔해를 내려다보고 있었다. 부두는 무시무시한 폭풍에 파괴되었을 테고 그 뼈대 사이로 파도가 빠져나와 절벽 아래 바위에 부딪으며 힘없이 쓸고 지나갔다. 바다가 잔잔해서 다행이었다. 그렇지 않다면 조난 사고를 피할 수 없을 것 같았다. 제 기능을 하는 부두가 없는 상황에서 블라디미르 골루젠코 호는 마을로부터 위아래로 흔들리며 다가올 작은 보트를 기다렸다. 플라스툰으로 향하는 10여 명의 스베틀라야 벌목꾼들을 데려오는 보트였다. 나는 선장과 함께 이들이 배에 오르는 모습을 지켜보았다. 그리고 배가 남쪽으로 다시 여정을 계속하자 아래층 선실로 내려갔다. 날도 어두워졌으니 눈을 좀 붙일 요량이었다.

배에 탑승해 있는 벌목꾼이 약 30명이었으니 빈 자리는 70석 정도 남았다. 나는 술 취한 벌목꾼에게 점령당한 내 좌석을 찾아냈다. 그 사람은 내가 내 자리를 표시하기 위해 넓게 걸쳐놓은 코트 위에 널브러져서 자고 있었다. 그를 깨우려고 얼마간 애쓰다가 결국 구석에 맡아뒀던 내 공간을 포기해버렸다. 결국 나는 텔레비전 근처로 가야 했는데, 스펀지 귀마개로는 화면에서 나오는 익살스러움을 보완하는 음향 효과를 막기에는 무리였다. 놀랍게도 여전히 주인공은 화가 나서 "요, 마요!"라는 대사를 반복하고 있었다. 9시가 되어도 잠이 오지 않아 카페테리아 주변을 가능한 한 넓게 원을 그리며 돌았다. 그 안에서 무슨 일이 벌어지는지 알 수 없었지만 활기찬 함성은 내가 그다지 알고 싶지 않은 일임을 암시했다. 뒤쪽 갑판에서 톨랴와 마주쳤다. 한밤중이었고 어둠과 찬바람 속에서 바깥에 나온 사람은 우리 둘뿐이었다. 나는 이 배에 그 군부대 시트콤이 첫 화부터 끝까지 다 있는 게 분명하다고 말했다. 아직도 시트콤이 재생되고 있었으니까.

"같은 에피소드인데 몰랐어요?" 톨랴가 속삭였다. "우리가 이 배를 탄 이후로 똑같은 에피소드가 반복되고 있어요. 내가 왜 여기 있겠어요?"

이런 세상에. 정말로 '요, 마요'였다.

나는 겨우 몇 시간 눈을 붙이고 나서 이른 새벽에 일어나 플라스툰 북쪽의 낯익은 곳을 바라보았다. 배는 안전한 만으로 들어갔고, 우리는 하선했다. 테르니에서 온 지인인 젠야 기즈코가 우리를 마중 나올 것이라는 이야기를 듣고 흰색 레인지로버 택시 안에서 댄스 음악을 튼 채 담배를 피우고 쉬면서 기다리고 있었다.

사마르가 탐험은 끝났다. 나는 내가 테르니를 떠난 지 2주도 채 되지 않았다는 데 깜짝 놀랐다. 부엉이를 찾는 것보다 탈것이 제대로 작동하는지에 신경을 더 많이 써야 했던 얼음과 별난 것들 투성이인 13일 동안의 롤러코스터였다. 하지만 나는 출발이 좋았다. 러시아 극동 지방의 현장 연구는 탐사와 지역 주민들, 날씨 사이의 끊임없는 협상이다. 다음 일주일 정도 우리 팀은 잠시 휴식을 취할 예정이었다. 나는 테르니에서 톨랴와 함께 세르게이가 사마르가에서 남쪽으로 내려오기를 기다린 다음 세르게이와 함께 이 5년짜리 프로젝트의 두 번째 단계에 돌입할 것이다. 세레브랸카, 케마, 암구, 테르니의 막시모프카 강 유역에서 포획할 물고기잡이부엉이를 찾는 과정이다. 6주간의 이 탐사 여행은 부엉이를 원격으로 모니터링하는 연구의 토대가 될 것이다.

2

| 2부 |

시호테알린의 물고기잡이부엉이

고대에서 온 소리

테르니에서 며칠을 보낸 뒤 톨랴와 나는 사마르가 강에서 겪었던 얼음과 혼돈의 소용돌이로부터 회복하기 시작했다. 세르게이는 사마르가에 계속 머물며 가끔씩 전화를 걸어왔는데 잡음 때문에 큰 소리로 근황을 이야기했다. 남쪽으로 향하는 보급선이 거친 파도로 지연되는 바람에, 그는 슈릭과 함께 바람이 강하게 부는 변경 마을에 예상보다 5일이나 더 갇혀 있어야 했다. 엎친 데 덮친 격으로 한 무리의 공무원들이 두 사람의 숙소로 이사했다. 그곳은 그 마을의 유일한 게스트하우스였다. 공무원들은 보드카를 가져왔고 세르게이는 알코올을 도저히 피할 수 없는 처지라 고뇌에 휩싸였다고 한다. 세르게이는 스노모빌에 매단 썰매 위에서 외투를 덮고 강한 햇빛을 피하며 숙취를 달래는 강어귀에서의 얼음낚시 이야기도 들려줬다. 그러는 동안 술이 센 새로운 친구들은 세르게이를 둘러싸고 잡담을 하며 담배를 피워댔다.

그러고 나서 며칠이 지나는 동안 전화는 조용했다. 그러다 마침내 블라디보스토크에 머물던 수르마흐로부터 세르게이와 슈릭이 벌목선을 타고 떠났다가 스베틀라야 항구에서 이틀 동안 폭풍우가 가라앉기를 기다려야 했다는 소식을 들었다. 바닷가 근처의 파도가 거세 배가 마구 들썩이자 사람들은 멀미로 구토를 했으며 화물은 여기저기 나뒹굴며 부서졌다. 그래도 세르게이와 슈릭은 결국 플라스툰에 도착했고 차를 몰고 각자의 집에 가서 휴식을 취했다.

톨랴와 나는 부엉이를 찾기 위해 테르니 근처의 세레브랸카 강 계곡을 탐사하면서 뜻밖의 자유 시간을 누렸다. 사마르가에서의 탐사 경험은 부엉이를 찾을 때 어디에 초점을 맞춰야 하는지 알려주었다. 특정한 숲의 유형과 뒤죽박죽 엉켜 은색으로 반짝이는 깃털, 강가 눈 더미 위의 긁힌 흔적, 해 질 무렵의 울음소리가 그 단서였다. 이제 나는 원격 모니터링 연구에 활용할 부엉이 개체들의 목록을 만들어야 했다. 이 부엉이들은 내년 겨울 시작될 예정인 3단계 프로젝트와 최종 단계인 포획과 데이터 수집에 매우 중요한 역할을 할 것이다. 개별 부엉이들에게서 정보를 모아야 이 부엉이 종을 보호하기 위한 보전 계획을 세울 수 있다. 하지만 나는 테르니에서 부엉이를 얼마나 찾을 수 있을지 불안했다. 나는 평화 봉사단 시절 몇 년 동안 이곳에서 새를 관찰했고 심지어 이 지역 조류학자와 함께 세레브랸카 강 계곡 근처 숲을 탐사하기도 했다.[1] 특히 포플러와 느릅나무처럼 물을 좋아하는 커다란 나무들이 많이 자라는 강가의 숲은 물고기잡이부엉이가 좋아하는 서식지였다. 그러나 그 당시에 물고기잡이부엉이들을 보거나 소리를 들은 적은 없었다. 대체로 훨씬 북쪽의 외딴 암구 지역에 가야 운 좋게 부엉이들을 만날 수 있을 거라고 생각했다. 나는 몇 주 뒤에 세르게이와 함께 암구에 갈 예정이었지만 그래도 이곳 테르니 근방을 살펴보는 것이 도움이 될 듯했다. 여기서 딱히 할 일도 없는 데다 앞으로의 작업에 대한 연습을 할 수 있을 테니 말이다.

　나는 주로 톨랴와 함께 부엉이를 찾는 작업을 벌였지만, 가끔은 테르니에 본부를 둔 야생동물보호협회 시베리아호랑이 프로젝트의 현장 담당자인 존 굿리치(John Goodrich)에게 합류하기도 했다.[2] 존은 러시아에 10년 넘게 살았고 나와는 6년 동안 알고 지냈다. 키가 크고 금발에 액션 피겨처럼 잘생긴 사람이었다. 실제로 야생동물보호협회의 본부인 뉴욕 시 브롱크스 동물원에서는 한동안 그를 본떠 만들었다고 소문난 관절 인형을 팔았다. 그 인형은 캐릭터의 특성을 반영하듯 쌍안경, 배낭, 스노슈즈, 그리고 작은 플라스틱 호랑이와 함께 판매되었다.

　존은 테르니에서의 시골 생활을 마음껏 누렸고 이 나라에서 오래 산 사람들이 그렇듯 반은 러시아인이 되었다. 겨울에는 전통 털모자를 쓰고 깔끔하게 면도를 했으며, 버섯과 딸기 따는 계절이 오기만을 기다렸다. 하지만 러시아에서 보드카를 잔뜩 마시는 것만으로 미국 시골 사람의 분위기를 완전히 없애기란 쉽지 않았다. 존은 테르니 사람들에게 제물낚시를 소개했을 뿐 아니라 여름에는 민소매 티셔츠에 선글라스 차림으로 미국 서부 시골 사람처럼 픽업트럭을 몰고 다녔다.

　존은 야생동물에 대해 깊은 호기심이 있었고 호랑이 연구자임에도 시간이 날 때마다 부엉이 연구를 도우려 했다. 4월 중순의 어느 날 저녁 사마르가 강에서 함께 탐사했을 때는 장비가 없어 울음소리를 녹음하지 못하자 대신 나는 존에게 물고기잡이부엉이 울음소리를 흉내 내 들려주었다. 그중에는 세르게이에게서 배운 4음으로 된 이중창과 2음으로 된 울음소리도 있었다. 물론 내 서투른 흉내로는 어떤 부엉이도 속이지 못할 것이다. 가장 유의해야 할 중요한 특성은 억양과 낮은 음높이였다. 숲속에서는 그런 울음소리가 전혀 들리지 않았다. 그곳에서 흔한 긴점박이올빼미는 3음으로 구성된 더 높은 소리를 냈고, 이 지역에 서식한다고 알려진 수리부엉이, 큰소쩍새, 솔부엉이, 북방올빼미, 난쟁이올빼미는 다들 쉽게 알아챌 수 있는 보다 높은 음역을 지녔다. 물고기잡이부엉이는 특징이 확실했다. 존이 어떤 소리를 들어야 할지 완벽히 이해하자 우리는 출발했다. 존은 톨랴와 나를 테르니에서 서쪽으로 10킬로미터 떨어진 세레브랸카와 툰샤 강의 합류 지점까지 태워다 주었다. 길이 갈라져 두 강을 따라 이어지는 이 지점은 강물이 얕고 큰 나무가 많아서 물고기잡이부엉이가 딱 좋아할 만한 서식지였다. 쉽게 접근할 수 있는 장소였던 만큼 부엉이를 실제로 발견하기만 한다면 이곳은 연구하기에 아주 좋은 장소일 것이다.

　　물고기잡이부엉이에 대한 초기 탐사는 그다지 큰 성과를 거두지 못했다. 사마르가에서는 얼어붙은 강을 따라 이동해야 했다면, 여기서는 단순히 강과 평행하게 이어지는 흙길을 따라가며 특징적인 울음소리가 들리는지 잠시 멈춰 귀를 기울여야 했다. 강에 그렇게 가까이 다가갈 필요도 없었다. 흐르는 물소리가 들리면 다른 소리를 듣기 힘들기 때문에 오히려 가까이 가지 않는 게 나았다. 존은 톨랴와 나를 다리 옆에 내려주고 툰샤 강 상류로 5킬로미터 더 올라 갔다. 우리는 해가 지고 45분쯤 지나 다시 만나기로 했다. 나는 위장 용 재킷과 바지를 입었는데 주위 풍경에 섞여들기보다는 현지인들 사이에서 눈에 띄지 않는 복장이었다. 내가 흙길 한쪽 방향으로 나 아가는 동안 톨랴는 나와 반대 방향으로 향했다. 나는 주머니를 더 듬어 핸드플레어가 있는지 확인했다. 봄에 돌아다니는 곰들로부터 몸을 보호하기 위한 물품이었다. 나는 외국인이어서 총기를 소지할 수 없었고 곰 퇴치 스프레이는 구하기 까다롭거나 아예 구할 수 없 었다. 딱한 처지에 놓인 러시아 선원들을 위해 만들어진 이 핸드플 레어는 끈을 잡아당기기만 하면 몇 분 동안 귀청이 터질 정도의 굉음 과 함께 불길과 연기 기둥이 높이 치솟는다. 대부분의 경우 충격과 공포를 자아내는 이 장면은 위험할 정도로 호기심이 많은 곰이나 호 랑이를 막기에 충분했다. 하지만 이 핸드플레어는 무기로도 활용될 수 있었다. 존 굿리치도 이전에 그런 용도로 사용한 적이 있다고 했 다. 호랑이가 한 손을 물자 다른 한 손으로 핸드플레어를 칼처럼 동 물의 옆구리에 찔러 넣었다는 것이다. 그러자 호랑이는 달아났고 존 은 목숨을 건질 수 있었다.

내가 강 상류로 500미터쯤 갔을 때 이중창이 들렸다. 걷고 있 는 방향으로 2킬로미터쯤 떨어진 곳에서 4음으로 구성된 울음소리 가 났다. 물고기잡이부엉이의 울음소리와 가장 흡사한, 그동안 들어 본 적 없는 명료한 이중창이었다. 그 소리를 듣자마자 나는 그 자리 에서 얼어붙었다. 사슴의 울음소리, 라이플을 쏘는 소리, 심지어 지 저귀는 새소리에 이르기까지 숲에서 나는 여러 소음은 요란해서 즉각적으로 사람의 주의를 끈다. 하지만 이 부엉이의 이중창은 달랐다. 숨소리가 섞인 낮은 울음소리는 숲을 뚫고 삐걱거리는 나무들 사이로 숨어들어 밀려오는 강물과 함께 휘어졌다. 먼 옛날부터 그 자리에 머물렀던 소리 같았다.

먼 곳에서 나는 소리의 위치를 정확하게 파악하는 데 신뢰할 만한 방법은 삼각 측량이다.[3] 삼각 측량법은 약간의 정보만 있으면 가능한 간단한 과정이다. 다만 그 정보를 수집하는 데 충분한 시간이 필요할 뿐이다. 내 경우에는 부엉이의 울음소리를 들었을 당시 내가 있었던 곳의 GPS와 울음소리가 나는 방향(방위각)을 알아야 했으며, 부엉이가 울음을 멈추거나 다른 곳으로 날아가기 전에 여러 방위각을 수집할 시간이 필요했다. 그러고 나서 나중에 지도에 GPS 포인트로 위치를 표시하고 자를 사용해 각각의 방향을 따라 선을 그으면 되었다. 일반적으로 이 선들의 교차점이 부엉이가 울음소리를 내던 위치였다. 원칙적으로 방위각은 최소 세 개가 필요하며 울음소리가 나는 위치는 방위각이 교차하는 삼각형 공간 안에 있다(그래서 '삼각' 측량이라고 부른다).

나는 빠르게 일을 끝내야 했다. 새끼를 기르는 물고기잡이부엉이들은 둥지에서 이중창을 시작한 다음 곧바로 사냥을 떠나는 경우가 많다. 나는 빠르게 세 개의 방위각을 찾아냈고 이제 둥지 나무를 발견할 가능성이 커졌다. 서둘러 GPS로 위치를 기록한 다음 길을 따라 달려갔다. 흙길을 따라 몇백 미터를 달리느라 심장이 쿵쾅거리는 바람에 잠시 쉬고 있는데 울음소리가 다시 들렸다. 이번에도 이중창이었다. 나는 방위각과 GPS 위치를 다시 확인한 다음 더 달렸다.

세 번째 위치에 도착하자 부엉이들은 조용했다. 귀를 곤두세우며 더 기다렸지만 숲은 고요할 뿐이었다. 그동안 이 부엉이가 서식하는 테르니 근처에서 오래 머물렀음에도 불구하고 그 존재를 알아차리지 못했던 이유가 그제야 이해되었다. 딱 맞는 조건 아래 적절한 시간에 밖에 나와 있어야만 했다. 게다가 바람이 불거나 근처에서 누군가 말을 했다면 울음소리가 묻힐 수도 있었다.

나는 나머지 두 방위각이 있다는 점에 용기를 얻었다. 이 데이터가 정확하다면 부엉이의 둥지 나무로 안내할지도 모른다. 나는 다시 한 번 울음소리가 나기를 기다렸다가 왔던 길을 되돌아갔다. 신이 나서 어둠 속을 걷자 발밑에서 자갈이 부스럭 소리를 냈다. 톨랴와 존 역시 각자 이 부엉이 소리를 듣고 미소 짓고 있었다. 톨랴는 그가 들은 울음소리가 세레브랸카에서 내가 들었던 한 쌍과 같았다고 했지만 존이 들은 소리는 달랐다. 반대 방향에서 이중창을 들어서인 것 같았다. 내가 연구할 수 있는 동물의 목록이 불과 한 시간 안에 영 마리에서 네 마리로 바뀌었다. 새 한 마리가 아니라 한 쌍의 울음소리를 들었다는 점이 가장 고무적이었다. 한 마리라면 일시적으로 머무는 새일 수도 있지만 한 쌍이라면 그곳이 자기 영역이라는 뜻이었다. 그러니 이 새들은 내년에 포획해서 연구할 수 있는 대상이었다.

그날 밤, 나는 지도에 방위각을 표시하고 교차하는 좌표를 GPS에 입력했다. 다음 날 아침, 톨랴와 나는 차로 먼지투성이의 도로를 달려 세레브랸카 강으로 다시 진입했다. GPS의 회색 화살을 따라가면 되었다. 하지만 전날 밤에는 보지 못했던 물살이 빠르고 폭이 넓은 강을 만나 더 이상 나아갈 수 없었다. 부엉이들은 저 건너편에서 울음소리를 냈던 것처럼 보였다. 우리는 차량이 험하게 달리는 탓에 연신 엉덩방아를 찧으며 폭이 약 30미터에 이르는 세레브랸카 강의 큰 수로에 접근했다. 이 강은 원래 상하류 모두 쉽게 건널 수 없을 정도로 깊은데, 이 근처만큼은 허리 아니면 무릎 깊이 정도로 수위가 얕은 편이었고, 주먹만 한 돌과 작은 조약돌이 깔린 편평한 강바닥 위로 깨끗한 강물이 흘렀다.

하지만 연해주에서는 깊이가 무릎 정도의 강이라 해도 경험 없는 사람들은 건너기가 수월하지 않을 수도 있다. 세레브랸카 강의 물살은 사마르가나 다른 해안 지방 강의 물살처럼 거세다. 우리가 강을 건너는 동안 차 안에서도 빠른 물살이 느껴졌다. 강물 앞쪽으로 나아가며 탐사할 때도 너무 오래 머무르면 발밑으로 조약돌 바닥이 움푹 들어가곤 했다. 이윽고 차가 멀리 떨어진 강둑에 다다랐는데, 작은 섬과 작은 지류가 뒤섞여 있는 곳이었다. 그곳엔 소나무와 포플러, 느릅나무로 이뤄진 오래된 숲이 자리했고, 가장자리에 범람이 발생하기 쉬운 구역에는 버드나무들이 둘러싸고 있었다. GPS는 우리를 이 섬들 가운데 가장 큰 섬으로 안내했다. 하천보다 더 넓은 늪지대로 느슨하게 에워싸인 이 섬에서 고도가 높은 구역은 바람에 쓰러진 거대한 포플러 잔해들 사이로 같은 종 나무들이 엉켜 있는 숲이 차지하고 있었다. 나는 쌍안경으로 빈 구멍이 있는지 나무를 하나씩 살폈다. 그 결과 잠재적인 둥지의 수는 압도적이라 할 만큼 많았다. 이 키 크고 여윈 나무들의 한가운데에는 마치 자신감 없는 구혼자들에게 둘러싸인 미인처럼 우아한 소나무가 한 그루 서 있었다. 붉은

나무껍질로 덮인 줄기가 위로 솟아올라 초록색 잎이 덮인 치마 모양 가지 밑으로 사라지는 튼튼하고 건강한 미인이었다. 그리고 바로 그 때 나는 나뭇가지에 붙어서 느낄 수 없을 만큼 약한 산들바람에 흔들리고 있는 물고기잡이부엉이의 깃털을 발견했다.

나는 손을 내저어 톨랴를 불렀고, 그와 함께 소나무 쪽으로 나아갔다. 울창한 나뭇가지가 험한 날씨로부터 나무 밑동을 보호해주었는데 바닥에는 무언가가 주변의 흙에 섞여들어가는 중이었고 눈도 점점 녹아들고 있었다. 카펫처럼 깔린 부엉이의 흰색 배설물이 이 새가 과거에 먹었던 동물의 뼈와 뒤섞인 모습이었다. 부엉이가 머무는 횃대 역할을 하는 나무를 발견한 것이다. 이 부엉이들은 낮에 그늘을 만들고 잠자는 동안에는 바람이나 눈, 자기를 괴롭히는 까마귀들을 막아줄 이런 소나무 같은 침엽수에서 지내곤 한다. 나는 곧장 이 부엉이가 남긴 펠릿(올빼미나 부엉이들이 먹이를 먹고 소화되지 않은 뼈나 털을 토한 것)이 꽤 독특하다는 사실을 눈치챘다. 다른 부엉이들이 만들어내는 회색 소시지 같은 토사물과는 달랐다. 대부분의 부엉이 종이 포유류를 먹기 때문에 펠릿은 동물 뼈가 털로 단단히 싸인 모습을 한다. 하지만 이 펠릿은 뼈를 한데 감싼 덩어리가 아니었다. 단지 명목상으로만 펠릿일 뿐이었다.

함께 이룬 발견에 흥분한 톨랴와 나는 러시아식의 하이파이브인 악수를 나눴다. 물고기잡이부엉이들은 다른 부엉이들처럼 하나의 횃대를 안정적으로 사용하지 않는 경향이 있기에, 이 같은 둥지를 발견하는 건 정말로 드문 일이었다. 이런 횃대는 근처에 둥지 나무가 있다는 강력한 증거였다. 암컷이 둥지에 앉으면 수컷은 보통 암컷을 지키기 위해 가까이 머문다. 우리는 남은 아침나절을 목을 빼고 나무 높은 곳의 구멍을 들여다보며 보냈다. 모두 속이 동굴처럼 비어 있었고 높이가 10~15미터에 이르렀으며, 어떤 나무에 부엉이가 둥지를 틀었는지는 쉽게 알 수 없었다. 그래도 우리는 우연히 물고기잡이부엉이의 비밀 거처를 발견해냈다. 강 안쪽의 섬과 늪 사이에서 자기를 노리는 동물로부터 안전한 장소였다.

그 후 며칠 동안 우리는 물고기잡이부엉이를 찾고자 세레브랸카 강과 툰샤 강을 계속 수색했다. 존은 예전에 발견했던 부엉이 쌍의 실제 흔적을 찾을 수 없다고 말했다. 이 부엉이들은 이주하는 철새가 아닌 텃새로 겨우내 이곳에 머물렀지만 눈이 녹고 잎과 싹이 돋아나는 지금은 발자국과 깃털을 발견하기가 점점 어려웠다. 며칠 뒤 톨랴는 남쪽으로 200킬로미터 떨어진 아바쿠모프카 강으로 향했다. 수르마흐가 갓 부화한 알이 있는 물고기잡이부엉이의 둥지를 발견한 장소였다. 수르마흐는 톨랴가 이 둥지를 감시하면서 부모 새가 새끼에게 얼마나 많은 먹이를 주는지, 어떤 동물 종을 먹이로 주는지, 새끼가 깃털이 다 나고 둥지를 떠날 채비를 갖추기까지 얼마나 걸리는지를 기록하기를 바랐다. 나는 존과 함께 부엉이를 찾으면서 몇 년 전 수르마흐와 세르게이가 부엉이 둥지를 발견했던 셉툰 강을 포함한 몇몇 구역을 더 찾아다니며 한 주를 마무리했다. 이때 존과 나는 줄기가 두툼한 포플러 한 그루를 발견했는데 폭풍우에 옆으로 쓰러진 채 죽어서 이후에 무성하게 자란 관목으로 대부분 덮여 있었다. 하지만 여기서도 물고기잡이부엉이의 울음소리는 들리지 않았다.

사마르가로부터 돌아온 이후로 나는 테르니에서 존과 함께 생활했다. 존은 파란색과 노란색으로 페인트칠한 안락한 집에 살았고 그 주변에는 마을 위 언덕에 자리한 수수한 정원이 있었다. 나는 그곳의 게스트하우스에 머물렀는데 벽돌로 만든 장작 난로, 낮은 책장, 편평하지 않은 침대, 편안한 소파가 놓인 퀴퀴한 냄새가 나는 방으로 바냐와 벽을 공유하는 별채에 있었다. 존은 테르니의 낮은 목조주택을 굽어보며 멀게는 동해를 내다보는 사과나무 둘레에 널찍한 현관 베란다를 만들었다. 이 장소는 따뜻한 여름날 저녁에 나에게 제2의 고향과도 같았다. 우리는 훈제 연어를 먹으며 맥주를 마셨는데 이곳의 멋진 경치는 결코 싫증이 나지 않았다. 우리는 톨랴가 떠난 지 얼마 되지 않은 봄날에도 스베틀라야 마을에서 세르게이와 슈릭을 고립시킨 폭풍으로 바닷가에 떠밀려온 연체동물을 주워 먹으며 기분 좋은 밤을 즐겼다. 존은 화제를 톨랴 이야기로 옮겼다.

"톨랴가 왜 술을 안 마시는지 아세요?" 존이 500밀리리터들이 맥주병 너머로 호기심 어리게 나를 쳐다보며 조용히 물었다. 나는 모른다고 대답했다. 그러자 존은 고개를 끄덕이고 이야기를 이어갔다.

"톨랴가 나에게 해준 말에 따르면 몇 년 전 지인 가족을 만나러 알타이 산맥에 놀러갔다가 나들이 길에 와인을 너무 많이 마셨대요. 그리고 풀밭에 누워 푸른 하늘을 바라보다가 문득 비가 오면 좋겠다고 생각했죠. 그러자 놀랍게도 빗방울이 떨어지기 시작했어요. 톨랴는 그때 자기에게 날씨를 다스리는 힘이 있다는 걸 깨닫고 이 막중한 책임을 제대로 떠맡기 위해 술을 끊기로 결심했다고 하네요."

나는 어떻게 대답해야 할지 몰라 존을 빤히 바라보기만 했다.

"누군가의 말이 옳다고 생각해 따르려고 할 때 그런 식으로 둘러대곤 하죠." 존이 맥주를 들이켜며 말했다.

2006년에 봄은 느지막이 찾아왔고, 엉덩이나 가슴 높이까지 와서 충분히 건널 수 있으리라 예상했던 강들은 대부분 눈 녹은 물과 진흙탕으로 불어난 채여서 그대로 건너기는 위험했다. 우리는 세르게이와 의논한 끝에 남쪽으로 가서 아바쿠모프카 강 인근에서 톨랴에게 합류하기로 했다. 그곳에서 한동안 머물며 강물이 빠지기를 기다렸다가 북쪽으로 발길을 틀어 암구에 갈 예정이었다. 나는 톨랴와 함께 둥지에서 부엉이의 행동을 관찰하며 시간을 보내다가 세르게이가 아바쿠모프카에서 원격 모니터링 연구에 포함시킬 부엉이들을 찾도록 도울 예정이었다. 4월 말, 나는 테르니에서 네 시간 동안 버스를 타고 세르게이가 머무는 남쪽 달네고르스크까지 갔다. 일단 도착하면 세르게이의 픽업트럭을 타고 해안을 따라 아바쿠모프카 강까지 갈 수 있었다.

부엉이 둥지를 발견하다

달네고르스크는 배우 율 브리너의 할아버지가 1897년에 루드나야 강 계곡의 가파른 경사지 사이에 탄광 캠프를 만들면서 4만 명의 주민이 거주하기에 이른 도시다.[1] 1970년대 초까지는 이 도시와 강, 계곡을 전부 튀티케라고 불렀는데, 중국과 러시아의 관계가 나빠지면서 수천 개의 강과 산, 러시아 남부 극동 지역에 걸쳐 중국어로 된 지명이 아닌 새로운 이름이 붙여지던 때였다.[2] 1906년만 해도 탐험가 블라디미르 아르세니예프와 부하들이 루드나야 강 계곡을 지나다가 매혹될 정도로 풍경이 아름다웠다.[3] 이들은 험준한 절벽과 울창한 숲, 그리고 엄청나게 많은 연어를 보며 입을 떡 벌렸다. 하지만 불행히도 이후 100년 동안 집중적인 석탄 채굴과 납 제련 산업이 이뤄지며 이 풍경은 심하게 오염되었다. 연어가 회귀하는 서사시 같던 모습은 강 서식지가 오염된 데다 연어의 남획으로 이제 먼 옛날 일이 되었고, 이곳 계곡은 예전 모습과는 아주 달라진 채 기괴한 겉껍데기만 남았다. 한때 눈에 띄었던 아름다운 언덕의 일부는 산

꼭대기를 깎는 채굴 작업으로 목이 잘렸고, 광물을 캐기 위해 파헤쳐지기도 했다. 상처는 사람들의 몸 안쪽까지 파고들었다.[4] 납 제련소 감독 가운데 네 명이 연달아 암으로 사망했으며 근처 마을 공터에서는 1만 1,000ppm의 납이 검출되었는데 이것은 미국에서 정화 작업을 강제하는 기준치보다 27배나 많았다. 루드나야 강 계곡의 한 마을의 주민들은 테르니 주민들에 비해 5배나 더 많이 암에 걸렸다.

세르게이는 버스 정류장에서 나와 만났고, 우리는 다음 날 아침 달네고르스크를 떠났다. 세르게이는 '작은 집'이라는 뜻을 가진 도믹 차량을 몰았는데, 1990년대 힐룩스 사에서 출시한 맞춤형 캠핑 차량으로 전체를 연보라색으로 도색했다. 갈색 카펫을 깔고 플러시 천을 벽에 덧댄 뒤쪽 칸에는 테이블과 의자가 놓여 있고 두 명은 편안하게 잠을 청할 수 있었다. 이 차량은 난방이 잘 되지 않아 겨울철 작업에 그렇게 적합하지는 않았지만, 봄철 조사에는 이상적이었다. 피곤해질 때까지 일하다가 차를 세운 뒤 원하는 곳에서 잠을 청했다. 세계 어느 곳에서도 이 차량은 눈에 띄지 않는 편이지만 연해주 중부에서는 상당한 주목거리였다. 우리가 다 지나가기도 전에 사람들이 목을 길게 빼고 구경했으며 마을 소년들은 저것 좀 보라고 서로 소리쳤다.

두 시간 정도 차로 달린 뒤 우리는 올가의 바닷가 마을에서 잠시 멈췄다. 이곳에서 우리는 세르게이의 남동생 사샤와 함께 늦은 점심을 먹었다. 그리고 짧은 거리를 더 운전해 1859년 러시아 남동부에 도착한 이민자들이 정착한, 연해주에서 가장 오래된 마을로 꼽

히는 베트카에 도착했다.[5] 소련의 변두리였던 베트카는 건국 이후 1세기 반 동안은 번창했지만 그렇게 한때 행운이 깃든 이후 지금은 상당한 시간이 흘렀다. 이제는 근엄한 표정의 연금 생활자들이 거주하는 녹이 많이 슨 황폐한 단층 주택들로 이뤄진 작은 마을일 뿐이었다. 우리는 큰길을 벗어나 언덕 아래로 내려갔고, 실패한 소련 집단농장의 다 무너져가는 잔해를 지나쳤다. 사회주의 개혁인 페레스트로이카에서 살아남지 못한 농장 가운데 하나였다. 맞은편에는 마을 쓰레기장이 있었는데 여기서 쓰레기 더미와 깨진 병들이 아바쿠모프카 강의 얕은 지류로 흘러갔다. 이 지류를 건너자 약 200미터 전방의 오솔길 위에 사람의 형상이 보였다. 캠프 밖으로 나온 톨랴였다. 톨랴는 상가 근처 숲과 맞닿은 들판 끄트머리에 텐트를 친 다음 작은 불구덩이 위로 커다란 파란색 방수포를 설치했다. 여기서 지낸 지는 일주일이 넘었다고 했다. 함께 차를 한잔 마신 뒤 톨랴는 어부들이 이용하는 강에 이르는 오솔길을 따라 둥지 나무까지 우리를 데려다주었다.

톨랴가 우리에게 보여준 나무는 사마르가 강어귀 근처에서 보았던 둥지 나무와 같은 새양버들이었는데 나무껍질에 깊게 주름이 지고 가지가 바다 괴물의 팔처럼 하늘로 뻗쳐 있었다. 톨랴는 한때 큰 나무줄기와 이어졌지만 지금은 꺾여서 너덜너덜해져 구부러진 가지를 가리켰다. 폭풍 때문에 부러진 듯했다. 나무의 움푹 들어간 곳에는 부엉이 둥지가 있었다. 그리고 오른쪽으로 몇 미터 떨어진 곳에는 긴 기둥에 작은 카메라와 자외선 조사기가 달려 있었다. 톨랴가 버드나무 가지 몇 개의 껍질을 벗겨 한데 묶은 다음 밧줄로 꼿꼿이 세워 만든 것이었다. 검은 전선이 기둥을 따라 나선을 그리며 팽팽하게 내려와 땅으로 구불구불 이어졌고 근처의 위장용 돔 아래로 사라졌다. 관측용 블라인드였다.

그동안 톨랴는 이곳에서 밤낮이 바뀐 야행성 생활을 했다. 낮에는 잠을 자고 밤에는 내내 블라인드 안에서 조용히 웅크린 채 둥지를 지켜보며 부엉이의 활동을 기록으로 남겼다.

"암컷 부엉이는 종일 저기 앉아 있었어요." 톨랴가 말했다. "날아올라 도망가지도 않고요. 그냥 나를 쳐다보기만 했죠."

"암컷이 둥지 안에 있다는 말이에요?" 내가 고개를 쳐들고 속삭이듯 말했다.

"물론이죠." 톨랴가 그걸 이제야 알았냐는 듯 놀라며 대답했다. "지금도 우리가 얘기하는 동안 이쪽을 보고 있어요."

나는 쌍안경을 들고 관찰하기 시작했고 얼마 지나지 않아 암컷을 발견했다. 처음에는 부엉이의 등이 주변의 나무껍질과 잘 어우러진 갈색이어서 눈에 띄지 않았다. 나머지 모습이 선명하게 보이지 않아 나는 움푹한 곳의 앞쪽 가느다란 틈새에 초점을 맞췄다. 그랬더니 나를 뚫어져라 바라보는 노란색을 띤 한쪽 눈이 보였다. 이 수수께끼의 새는 불과 6미터 떨어진 나무 위에 있었다. 나는 무척 흥분되었다. 물고기잡이부엉이들은 이곳 숲에서 단순히 살아가는 게 아니라 숲의 일부였다. 솜씨 좋은 위장술 덕에 어디까지가 나무고 어디까지가 부엉이인지 확실하지 않았다. 초현실적인 기분도 들었다. 사마르가와 테르니 근처의 오염되지 않은 숲에서 이 부엉이를 찾고자 온갖 노력을 다한 끝에 마을 쓰레기장 끄트머리에 있는 어부들의 오솔길 위에 서서 나를 내려다보는 물고기잡이부엉이를 마주한 것이다.

나는 세르게이가 부엉이를 찾기 위해 아바쿠모프카의 지류인 사도가 강 상류로 도믹 차량을 타고 이동하는 며칠 동안 톨랴와 함께 지냈다. 내가 톨랴 근처에 텐트를 치자 톨랴는 그날 밤 블라인드 안에서 부엉이를 관찰해보라고 권했다. 나는 적극적으로 그 제안을 받아들였고, 톨랴는 블라인드 내부에서 지켜야 할 기본 규칙을 하나하나 알려주었다.

"아무 소리도 내지 말고 최대한 움직이지도 마세요." 톨랴가 엄격하고 진지하게 말했다. "우리 때문에 부모 부엉이가 새끼로부터 떨어지면 안 되니까요. 우리가 가까이 있다는 걸 알고 경계하는 모습 말고 자연스러운 행동을 관찰하는 게 좋아요. 그리고 아침까지 이곳을 떠나지 마세요. 소변이 마려우면 빈 병을 사용하고요."

그 말을 끝으로 톨랴는 나에게 행운을 빈다면서 떠났다. 나는 짐을 싸서 숲속을 통과해 블라인드에 도착했다. 둥지 나무에서 10미터쯤 떨어진 곳에 두 명이 세 계절은 거뜬히 날 수 있는 텐트가 설치되어 있었다. 그 위는 톨랴가 바느질한 방음용 천과 위장 그물로 덮여 있었다. 블라인드 내부는 12볼트짜리 차량 배터리, 각종 어댑터와 케이블, 작은 그레이스케일 모니터용 비디오로 어수선했다. 나는 잠복용 간식을 꺼냈다. 설탕을 넣은 홍차가 담긴 보온병과 치즈를 끼운 빵이었다. 모니터를 켜자 부드러운 빛이 텐트 실내를 비췄다. 나는 일부러 느리고 조용하게 행동했다. 둥지에 있던 암컷이 내가 다가오는 모습을 보고 겁을 먹었기 때문이었다. 화면에 초점이 맞자 암컷이 어디에 있는지 볼 수 있었는데 다행히도 침착함을 유지한 채 가만히 앉아 있었다. 땅거미가 질 무렵 암컷은 몸을 일으켜 무언가에 시선을 고정했고, 나는 나무 위에서 새가 움직이는 소리를 들었다. 아마도 근처 나무에 내려앉은 수컷일 것이다. 암컷이 둥지를 벗어나 나뭇가지를 따라 걸어가는 것을 보니 이러한 추측은 사실이었다. 그리고 내 머리 위에서 이중창이 낮고도 크게 울려 퍼졌다.

나는 내 머리 위 부엉이들의 울음소리에 넋을 잃었고 귀에서 심장 뛰는 소리가 들릴 정도였지만 부엉이들이 내 기척을 듣고 이 매혹적인 의식을 그만둘까 봐 침을 삼키거나 움찔하지도 못했다. 가까운 거리에서도 그 소리는 새들이 베개 밑에서 우는 것처럼 작게 들렸다. 모니터에 선명하게 보이는 새끼 부엉이는 평평한 둥지 구멍에서 빽빽 울면서 뒤뚱대는 모습이 꼭 작은 회색 감자 자루 같았다. 새끼는 곧 음식이 올 것을 알았고 나와는 달리 부모의 울음소리에 인내심을 갖고 차분히 기다리지 못했다.

곧 이중창은 중단되었는데 이것은 두 마리가 사냥을 떠났다는 뜻이었다. 그날 밤은 길고 흥분되었다. 부모 부엉이들은 자정이 되기 전에 둥지에 다섯 번이나 먹이를 가져다 놓았는데, 그때마다 나무의 높은 가지를 두툼한 날개로 쳐서 그들이 오는 걸 알 수 있었다. 부러진 나뭇가지 하나가 내가 머무는 블라인드 꼭대기에 부딪히기도 했다. 날개폭이 2미터에 이르는 새인 만큼 밤에 강바닥 근처의 뒤엉킨 정글에서 몸을 가누기가 쉽지 않을 것 같았다.

하지만 먹이를 가져다 놓는 장면의 각도라든지 영상의 화질이 좋지 않아 새끼에게 어떤 먹이를 가져다주었는지는 알 수 없었다. 부모 부엉이 가운데 누가 수컷이고 누가 암컷인지도 구별하기 힘들었다. 둘이 상당히 비슷해 보였기 때문에 어떤 부엉이가 먹이를 더 많이 주고 있는지 구분하기 어려웠다. 나중이 되어서야 나는 암컷이 수컷에 비해 꼬리에 흰색 부위가 많다는 사실을 알았는데, 이것이 수컷과 구별할 수 있는 신뢰할 만한 요소였다. 하지만 그날 저녁에는 부모 부엉이들이 다가와서 둥지 구멍 끝에 앉아 짹짹거리는 새끼에게 먹을 것을 제공하고 새끼는 앞으로 다가가 먹이를 받아먹는 것만 관찰할 수 있었다. 그러고 나면 부모 새들은 공중으로 날아가 사라졌다.

다섯 번째로 먹이를 가져다준 다음에는 부모 부엉이 가운데 한 마리가 둥지에 10분 가까이 머물다가 다시 떠났고, 그 이후로 네 시간 넘게 성체 부엉이가 나타나지 않았다. 중간중간 둥지에서 새끼가 끊임없이 울어댔다. 두 시 반에서 네 시 반 사이에 귀에 거슬리는 울음소리가 157번 났고 나는 그때마다 일지에 표시했다.

그 후 나는 블라인드를 떠나 고요한 새벽의 으슬으슬함을 뚫고 캠프로 돌아왔다. 불이 오랫동안 꺼진 상태인 것으로 보아 톨랴는 아직 일어나지 않은 듯했다. 나는 내 텐트 안으로 몸을 숙여 들어가 침낭을 덮고 곧장 잠들었다.

몇 시간 뒤 톨랴가 긴박한 목소리로 나를 깨웠다. 텐트에서 뛰쳐나와보니 하늘이 까맣고 땅이 불타고 있었다. 약 100미터 떨어진 곳의 지면에서 불이 나 우리를 향해 다가왔다. 불은 남쪽 목초지의 마른풀을 집어삼키며 강풍을 타고 활활 전진했다.

"양동이 좀 가져와요!" 톨랴가 비명을 지르면서 우리와 불 사이에 있는 폭이 1미터 남짓한 물가로 달려갔다. "여기저기 물을 뿌려요!"

우리는 얕은 물속 진흙탕으로 들어가서 건너편 풀밭에 물을 뿌렸다. 이 방법밖에 없었다. 불이 더 퍼지면 캠프가 전부 타버리고 만다. 일부 구역에서는 불길이 수 미터 높이까지 치솟아 마른 식물 들이 불에 탔다. 이 개울 가까이까지 불길이 다가온다면 꺼지지 않 고 그대로 개울을 넘어올 가능성이 컸다. 가까이 다가온 불길은 높 이가 30미터쯤 되었다.

"겁나요?" 톨랴가 내 쪽을 보지도 않은 채 물었다. 그리고 가 능한 한 멀리까지 개울물과 진흙을 계속 뿌렸다.

"당연하죠, 너무 무서워요." 내가 대답했다. 깊이 잠들기 전 까지만 해도 너무나 행복했는데, 지금은 속옷에 고무장화 차림으 로 진흙탕 속에 서서 양동이로 산불을 끄며 텐트를 구하려고 애쓰 는 중이었다.

불길은 개울 가장자리까지 다가왔고 습기가 많은 풀과 관목 에 조금 번지는 듯했다. 하지만 개울가 풀은 다행히 타지 않았고 개 울에서 몇 미터 떨어진 곳에서 꺼지기 시작했다. 우리가 애쓴 덕분에 화마는 승리를 거두지 못했다.

나는 들판을 바라보며 무슨 일이 벌어진 거냐고 톨랴에게 물 었다. 톨랴는 누군가 들판 저편으로 차를 몰고 가서 1분쯤 머물다가 떠나는 모습을 목격했다고 말했다. 아무 생각이 없던 톨랴는 연기가 치솟고 나서야 무슨 일이 벌어졌는지 깨달았다. 마을 사람들이 봄에

밭을 태우는 것은 이 지역에서 흔한 관습이었다.[6] 식물이 새롭게 자라나도록 촉진하거나 풀을 뜯어 먹는 진드기를 죽이고 토양에 영양분을 보충하기 위함이었다. 하지만 이런 불은 방치되는 경우가 많았고 지금처럼 숲으로 번져 심각한 피해를 줄 수도 있었다. 실제로 화재가 몇 주 뒤에 일어났다면 새끼 물고기잡이부엉이가 둥지를 떠나더라도 날 수 없기 때문에 불에 타서 쉽게 죽고 말았을 것이다. 이런 화재는 특히 연해주 남서부에서 종종 발생하며 멸종 위기인 아무르표범의 마지막 서식지인 울창한 숲을 조금씩 탁 트인 참나무 사바나 지대로 바꾸고 있다.[7]

　　세르게이는 다음 날 아침에야 돌아왔다. 며칠 내로 톨랴와 작별하고 테르니로 돌아갔다가 암구로 가는 게 우리의 계획이었지만, 일단은 아바쿠모프카 강 일대를 더 조사할 예정이었다. 우리는 내가 톨랴, 존과 같이 테르니 근처에서 그랬던 것처럼 비슷한 방식으로 아바쿠모프카 길을 따라 물고기잡이부엉이 소리를 조사했다. 그 결과 베트카에서 20킬로미터 위쪽의 작은 지류를 따라 이중창 소리를 들을 수 있었다. 세르게이와 나는 그곳에서 부엉이가 둥지를 튼 흔적을 찾고자 숲을 샅샅이 뒤졌고 강가 텐트에서 이틀 밤을 묵었다. 새들은 매일 저녁 각기 다른 곳에서 울음소리를 냈는데, 물고기잡이부엉이들은 매년 새끼를 낳아 키우지 않는 만큼 그것은 이 새가 그곳에 둥지를 틀지 않았다는 것을 암시했다. 하지만 우리는 근처에 오래된 둥지 나무와 보금자리가 존재한다는 증거를 발견했다. 그 근방에서 시간을 더 넉넉히 보내며 조사할 작정이었지만 어느 날 아침 폭우가 내려 강물이 흘러넘쳤고 텐트까지 물에 잠겨버렸다. 그래서 우리는 세르게이가 몇 년 전에 둥지를 발견한 해안에서 더 가까운 지류를 탐사하고자 아바쿠모프카 강 하류로 이동했다. 하지만 지금은 둥지가 비어 있었고 숲은 조용했다.

세르게이와 함께 북쪽으로 떠나던 날 아침, 톨랴는 우리에게 가기 전에 신선한 먹을거리를 좀 사달라고 부탁했다. 근처 베트카 마을은 식료품 가게가 있기에는 너무 작아서 세르게이와 나는 보라색 도믹 차량을 몰고 약 5킬로미터 떨어진 조금 더 큰 마을인 페름스코예로 가 톨랴가 부탁한 감자와 계란, 막 구운 빵을 찾으러 돌아다녔다. 나는 도믹의 부드러운 뒤쪽 좌석에 비집고 앉아 창틀을 페인트칠하고 커튼을 단 창문들을 내다보았다. 규모가 페름스코예 정도 되는 마을에는 상점이 있기는 하지만 가게 앞에 간판을 붙이지 않는 경우가 종종 있었다. 상점에 물건을 사러 들리는 사람은 상점의 위치를 이미 알고 있는 현지인뿐이라고 여겨서일 것이다. 우리는 이 마을에서 유일한 큰길을 이리저리 돌아다녔지만 눈에 띄는 상점은 전혀 없었다. 그래서 세르게이는 차를 세우고 창문을 내리고서 벤치에 앉아 있는 두 명의 땅딸막한 중년 여성들에게 말을 걸어 상점의 위치를 물었다. 그러자 여성들은 계란과 감자 파는 곳을 손가락으로 가리켜 알려주었다. 마을 저편에 있는 선적 컨테이너에 먹을거리를 파는 여성이 있었다. 다만 운이 나빠 빵을 구할 수는 없었다. 매일 아침 올가에서 뜨끈뜨끈한 빵이 배달되기는 하지만 오자마자 빠르게 다 팔려나간다고 했다. 딱 이곳 마을 사람들의 수요를 충족시킬 수 있을 정도의 양이었다. 세르게이는 그 정보를 얻은 다음 도믹에 올라탔고, 우리는 올가까지 운전해서 톨랴에게 빵을 사다 주는 게 좋을지 의논하던 중이었다. 그때 누군가 차 뒷문을 노크했다. 아까 우리를 호기심 어린 눈으로 쳐다보던 두 여성이었고 세르게이는 차 문을 열었다.

"그러면 여러분은 어떤 방식으로 일을 하나요? 따로 약속을 하나요, 아니면 집집마다 찾아가나요?" 여성 가운데 한 명이 조금 머뭇거리며 물었다.

우리는 무슨 말인지 몰라 그들을 멍하게 바라봤고 세르게이는 정중하게 설명을 요청했다.

"당신들 의사 아니에요?" 또 다른 여성이 끼어들었다. "마을 사람들이 일전에 엑스선 촬영기기를 싣고 다니는 보라색 트럭에 대해 얘기하는 걸 들었거든요. 의사들은 가난한 시민들에게 공짜로 엑스선 사진을 찍어주나요?"

예상치 못한 답변에 나는 눈을 가늘게 떴다. 세르게이가 지난 한 주 동안 이 길을 오가며 부엉이들의 잠재적인 서식지를 찾아다니자 페름스코예와 베트카 주민들은 우리가 프리랜서 엑스레이 촬영 팀이라는 나름 논리적인 결론을 내린 것이다. 이상한 결론이기는 했지만 우리가 의사가 아니라 희귀한 부엉이를 찾는 조류학자들이라는 설명은 더욱더 이상한 이야기였다. 세르게이가 그렇게 설명하자 여성들이 지은 표정을 보면 알 수 있었다. 이곳 들판과 채소밭에 열정을 쏟아부으며 겨우 생계를 이어가던 마을 주민들에게, 어떤 사람들이 새를 찾아 나서면서 그것을 자기 일이라고 부른다는 개념은 의사가 엑스선 장비를 갖추고 돌아다니는 것보다 더 이해하기 힘들 것이다.

우리는 선적 컨테이너에서 달걀과 감자를 사고 올가에 들러 빵을 사서 톨랴에게 이 모든 식량을 전해준 다음 다시 북쪽으로 향했다. 세르게이가 운전하는 동안 나는 도믹의 편안한 뒷좌석에 발을 쭉 뻗고 잠들었다. 달네고르스크에 도착한 우리는 세르게이의 차고에 도믹을 세우고 그의 또 다른 자동차인 도요타 힐룩스로 바꿔 탔다. 야생에서 강한 면모를 보이는 마력의 이 빨간색 픽업트럭 내부에는 우리가 사용할 온갖 현장 장비들과 침대가 두터운 초록색 비닐에 덮인 채 꽉 채워져 있었다. 마치 군대 지도자들이 몰 것 같은 이 차량은 테르니에서 우리를 기다리고 있는 험한 도로를 지나고 거품이 이는 강을 건너기에 꽤 적합했다. 우리는 야생으로 들어서고 있었다.

표지가 끝나는 곳

우리는 물고기잡이부엉이 울음소리를 듣기 위해 잠시 멈췄다
가 천천히 길을 떠났다. 톨랴와 존과 함께 두 쌍의 울음소리를 들었
던 테르니 인근에서, 세르게이와 나는 파타 강을 따라 이어지는 벌
목용 도로를 걷다가 멀리서 부엉이 울음소리를 들었다. 세 번째 쌍을
찾은 것이다. 우리는 북쪽으로 향하는 유일한 도로를 따라 베리오조
비 언덕으로 계속 나아갔다.[1] 이곳 언덕에는 아직도 수십 년 전 2만
헥타르가 넘는 울창한 잣나무 숲을 태웠던 산불의 흔적이 남아 있었
다. 구릉에는 숯 덩어리가 여기저기 깔려 있어 마치 생명이 없는 숲
을 감시하는 보초들이 늘어선 고대의 매장지 한가운데를 달리는 듯
했다. 모든 것이 헐벗은 겨울에는 그런 분위기가 눈에 덜 띄겠지만
봄철의 낙천적인 초록빛 공기가 감도는 이 계절에는 척박한 고지대
의 음습한 공기가 훨씬 더 무겁게 느껴졌다.

우리는 벨림베 강으로 내려갔고, 좁고 북적거리는 수로를 통
해 점점 더 해안 가까이 들어갔다. 나는 여러 해 전에 이곳 강 하구를

방문한 적이 있는데, 연어 밀렵꾼들이 번갈아가며 그물로 강을 막고 주먹만 한 갈고리를 강에 던져 물고기를 마구잡이로 잡아 올리는 모습에 어안이 벙벙했다. 그들은 강 하류의 무른 조약돌 사이에 산란하는 분홍색 암컷 연어의 배 속에 있는 값진 알을 노렸다. 그물과 갈고리라는 무자비한 시련을 피해갈 연어가 과연 존재할지 알 수 없었다.

우리는 벨림베 강을 따라 동쪽으로 잠시 가다가 기어 단을 낮추고 케마 고개로 올라갔다. 언덕 꼭대기에서 진흙길이 둘로 갈라졌는데 총알이 박힌 표지판을 보니 오른쪽으로 가면 케마이고 왼쪽이면 암구였다. 우리는 좌회전했다. 이것이 우리가 남쪽으로 나아가는 여정에서 볼 수 있는 마지막 도로 표지판과 마일 표지일 것이다.[2] 북쪽으로 더 가면 스베틀라야의 벌목용 항구에 이르기까지 수백 킬로미터에 걸쳐 미로 같은 벌목용 도로가 펼쳐져 있다. 어떤 갈림길이 고립된 정착지로 이어지고, 또 막다른 골목으로 이어질지 안내하는 표지판은 전혀 없다. 페름스코예에 가게 간판이 없었듯이 케마 북쪽 도로는 원래 길을 아는 사람들만 다녔을 것이다.

언덕을 한참 지나 테쿤자 강에 가까이 다다르자 세르게이는 차량의 속도를 늦췄다. 그리고 관목 숲 같아 보이지만 사실은 풀이 웃자란 벌목용 도로의 가장자리로 주행했다. 그러자 마치 자동 세차장에서 앞으로 나아가는 것처럼 마른 잎사귀와 가지가 차의 여기저기를 후려치고, 부비고, 긁었다. 마침내 우리는 오래된 벌목 캠프인 공터로 빠져나와 차를 댔다. 날이 거의 어두워져서 부엉이 울음소리에 귀를 기울이기 딱 좋은 시간이었지만, 저녁에는 바람이 심하게 불어 바람 소리만 들렸다.

우리는 손전등으로 주변을 밝힌 뒤 텐트를 치고 재빨리 캠핑용 난로에 물을 끓여 간단한 '비즈니스 런치'를 해 먹었다. 으깬 감자가루와 희끗희끗한 소고기 몇 점을 건조시켜 미리 포장한 음식이었다. 우리는 베트남 칠리소스 맛으로 말없이 음식을 해치웠지만, 음식을 포장했던 사람은 자기 일에 훨씬 진지하게 임했던 것 같았다. 어쨌든 세르게이가 4년 전에 이 캠프에서 300미터 정도 떨어진 곳에서 둥지 나무를 발견했다고 했기에 날이 밝으면 찾아가기로 했다. 이 지역은 도로와 아주 가깝기 때문에 그 부엉이들이 여전히 이곳에 머물고 있다면, 우리의 원격 모니터링 연구에 포함시키기에 딱 좋은 한 쌍이 될 것이다.

다음 날 아침 우리는 벌목꾼들이 강으로 나아가기 위해 나무를 베는 임시 도로를 따라갔는데, 키가 큰 풀들이 아직 이슬에 젖어 있었다. 세르게이가 앞장을 섰다. 그는 종종 나무나 사냥터처럼 눈에 띄는 부엉이 서식지의 GPS 좌표를 기록했지만 그 좌표를 이용해 다시 찾아오는 일은 거의 없었다. 그런 행동에 대한 세르게이의 근거는 타당했다. 부엉이의 서식지에 대해 제대로 조사하려면 직접 가서 강가와 숲을 걸어야 하기 때문이다. 만약 일이 급해 서둘러야 한다면 GPS를 켤 테지만 보통의 탐사 과정에서 배터리로 작동하는 그 작은 상자만 보고 다니다가는 숲은 우리의 일차적인 초점에서 벗어나기 십상이다. 다시 말해 진짜 중요한 세부사항을 놓치기 쉽다는 것이다. 강 상류 방향으로 나아가던 세르게이는 자갈이 깔려 바닷물이 고인 넓은 해변에서 잠시 멈춰 서서 숲을 바라봤다.

"여기서 잘 들여다보면 나무 구멍이 보여요." 세르게이가 몸을 한쪽으로 기울인 채 눈을 가늘게 뜨며 말했다.

강둑에서 약 40미터 떨어진 버드나무 주위에 높이가 20미터쯤 되는 느릅나무가 툭 튀어나와 있었다. 이 나무는 중간쯤에서 줄기가 갈라지며 한쪽 절반은 잎이 무성한 수관을 형성했고 다른 쪽 가지에는 구멍이 남아 있었다. 부엉이 쌍이 머물 둥지 구멍이 만들어진 것이다.

내가 봤던 다른 부엉이 둥지가 그랬듯 이곳도 굴뚝형 나무 구멍 둥지여서 부엉이가 정말로 이곳을 사용하는지 아닌지는 분간하기 어려웠다. 쌍안경으로 들여다보니 둥지 근처의 나무껍질에 꽂힌 깃털이라든지 성체가 구멍 가장자리에 앉을 때 생기는 발톱 자국처럼 뚜렷한 흔적은 전혀 없었다. 세르게이는 만약 그 두 마리가 새끼를 낳았다면 암컷은 둥지를 굳건히 지키고 있을 테고 수컷은 근처 어딘가에 숨어 있을 것이라고 추측했다. 그러니 수컷을 유인해 모습을 드러내도록 하면 된다. 나무 근처로 가니 시끄러운 강물 소리가 들리지 않았고, 우리는 숲 바닥에 쓰러진 통나무 위에 앉았다. 주위에는 푸르른 풀과 나무가 너무 무성해서 숨이 막힐 지경이었다. 세르게이는 내가 베트카의 부엉이 새끼에게서 들었던 소리를 흉내 내기 시작했다. 이 소리는 성체 부엉이가 무언가를 간절하게 부탁하는 소리이기도 했다. 세르게이는 치아 사이에 공기를 집어넣어 목이 쉰 듯 잠겨 드는 휘파람 소리를 냈다. 그러자 같은 종의 울음소리라고 확신한 부엉이 한 마리가 거의 즉시 응답했다. 암수 한 쌍이 강 하류에서 거의 동시에 울리지도 않는 이중창을 뒤죽박죽하게 부르는 것으로 보아 당황한 듯했다. 이 부엉이 쌍은 이 구역을 점유하고 있지만 여기서 새끼를 낳지는 않은 듯했다. 만약 새끼가 있다면 암컷은 우리 머리 위 둥지에 머물렀을 테니 말이다.

부엉이들은 자기들 구역의 중심인 둥지 나무 근처에서 정체불명의 부엉이가 울음소리를 냈다는 사실에 격분한 듯했다. 머리 위의 전나무 한 그루가 갑자기 내려앉은 부엉이의 무게로 흔들렸다. 이후에 들린 이중창의 순서를 보면 이 부엉이는 수컷이었다. 암컷도 가까이 다가왔지만 아직 숨어 있었다. 둘 다 무척 흥분해서 침입자를 내쫓고야 말 작정이었다. 세르게이는 빙그레 웃으며 가만히 서 있더니 다시 휘파람을 불어 두 부엉이의 적대감을 부채질했다. 수컷은 우리 맞은편에 있는 둥지 나무의 수평으로 자란 가지에 앉아 마치 성난 용처럼 노란 눈동자로 땅 위를 샅샅이 훑었다. 나는 이 새의 모든 것이 놀라웠다. 가슴에는 짙은 갈색 깃털에 더 진한 색 가로줄 무늬가 있어 마치 나뭇가지가 이어진 듯한 느낌을 주었고, 부풀어 오른 깃털은 복수심에 불타올라 살아 있는 듯했다. 울음소리를 낼 때면 목 근처의 흰 반점이 불룩하게 튀어나왔고, 새가 움직일 때마다 고르지 않은 커다란 귀 깃털이 꼿꼿이 세워지거나 익살맞게 흔들렸다.

그때 갑자기 푸른 하늘에서 말똥가리 한 마리가 날개를 접고 물고기잡이부엉이를 향해 곤두박질하다가 충돌 직전 방향을 틀었다. 부엉이는 몸을 숙이고 고개를 돌려 멀어지는 말똥가리를 지켜보았고 그 과정에서 뒤이어 날아오는 송장까마귀를 발견해 피했다. 나는 깜짝 놀랐다. 우리는 숨어서 물고기잡이부엉이를 유인할 작정이었는데 그 소리가 말똥가리와 까마귀 역시 유인했고, 두 마리가 번갈아 부엉이에게 달려들었다.³ 두 공격자 모두 근처에 둥지가 있을 텐데 아마 이 부엉이를 자기 종을 죽여 잡아먹는 수리부엉이라고 착각했을지도 모른다. 말똥가리와 까마귀 역시 서로 원수지간이었지만 공동의 적을 몰아내고자 불안한 동맹을 맺은 셈이다. 나는 이런 경우를 처음 보았다. 부엉이는 어디에 주의를 집중해야 할지 몰라 혼란스러워했다. 지면을 샅샅이 뒤져 침입한 다른 부엉이를 찾아야 할지, 아니면 위에서 덮치는 다른 새들을 피해야 할지 알 수 없었을 것이다. 세르게이와 나는 일이 걷잡을 수 없이 커졌다는 사실을 깨달았다. 그나마 상황을 가라앉히는 최선의 방법은 떠나는 것이라고 판단한 우리는 캠프로 후퇴했다. 그럼에도 테쿤자의 암수 부엉이는 흥분한 상태를 유지하다가 몇 시간이 지나서야 마침내 긴장을 풀고 울음을 멈췄다.

일단 우리는 이곳에서 얻고자 하는 목표를 전부 이뤘다. 특정 구역을 점유하지만 둥지를 틀지는 않은 부엉이 쌍을 찾았고, 우리의 잠재적인 포획 목록에 추가할 다른 쌍들도 발견했다. 올가 근처 아바쿠모프카 강 유역에 두 쌍, 테르니 근처 세레브랸카 강 유역에 세 쌍, 케마 강 유역에 지금 이 한 쌍이 있었다. 점심을 먹은 뒤 우리는 트럭에 올라 먼지투성이 도로를 내달렸고 길은 케마 강을 따라 북쪽으로 계속 이어졌다.

우리는 그날 20킬로미터도 채 못 가서 다음 정거장에 도착했다. 강 건너편에는 세르게이가 항상 물고기잡이부엉이를 찾고자 탐사하고 싶었지만 시간적 여유가 없어 그러지 못했던 작은 계곡이 있었다. 이번이야말로 세르게이에게는 기회였다. 우리는 긴 장화를 신고 폭이 50미터인 수로를 가로질러 이동했다. 그리고 묵직한 막대기를 사용해 건너기 어려운 수로에서 균형을 유지했다. 몇 주 전 톨랴와 함께 세레브랸카 강에서 겪었던 것처럼 이곳의 강 역시 계속 몰아치며 흘렀고 잠시라도 멈추면 강물이 솟구쳐 올라 하류 방향에 회오리를 만들었다. 경험이 많은 세르게이는 가장 얕고 안전한 경로를 나에게 알려주며 따라오라고 외쳤다. 일단 땅에 발을 딛자 우리는 긴 장화를 벗었다. 숲속을 뒤지며 부엉이를 찾는 동안 장화를 끌며 가고 싶지는 않았다. 그리고 이런 위협적인 강을 건넌 만큼 보상을 받고 싶었다. 하루 종일 우리 말고 다른 차들은 거의 보지 못했다. 도로에는 사람이 많지 않았고 우리가 본 몇 대의 차량은 대개 벌목용 트럭이었다.

얼마 지나지 않아 우리는 우연히 어린 전나무와 가문비나무가 우거진 어두운 숲을 통과하는 좁은 오솔길을 발견했다. 하지만 세르게이는 실망했다. 이곳은 부엉이가 서식할 만한 장소는 아니었다. 우리는 사냥꾼의 오두막이 있는 좁은 공터를 슬며시 살펴보다가 그곳으로 향했다. 오두막은 한동안 아무도 살지 않았던 듯했는데 처마에서 집고양이 한 마리가 뛰어내리는 바람에 깜짝 놀랐다. 줄무늬가 있는 장모종으로 털이 길고 뭉쳐 있었다. 고양이는 우리를 보고 절박하게 울부짖었다. 아마 굶주린 듯했지만 고양이에게 줄 음식이 없었다. 강을 건너야 했기 때문에 아무것도 가져오지 않은 상태였다. 사냥꾼들은 나무 벽과 구멍 난 바닥을 갉으며 한타바이러스를 옮기는 설치류의 수를 줄이기 위해 오두막에서 고양이를 기르곤 했지만 사냥철이 지나면 안타깝게도 자주 버려졌다.[4] 빈 오두막에서 고양이 사체를 발견한 적도 있었다. 먹이를 구걸하는 고양이를 재빨리 지나치며 오두막을 지나가자 계곡이 더욱 좁아졌다. 침엽수림은 하층부에 아무런 식생도 자라지 않고 향을 뿜는 바늘잎 층만으로 뒤덮일 때까지 빽빽하게 우거졌다. 여기에서는 우리가 건질 만한 게 아무것도 없었다. 이제 계곡 반대편으로 발길을 돌려 케마 강 쪽으로 갔다. 그러자 고양이가 따라왔다. 세르게이는 이 동물을 남겨두고 떠난 사냥꾼에게 욕을 한 다음 나뭇가지를 던져 고양이를 오두막 방향으로 돌려보냈다. 그러자 고양이는 우리의 생각을 알아들었는지 거센 울음소리가 씁쓸하고 허탈하게 바뀌었다. 고양이는 1킬로미터 남짓 우리를 계속 따라왔고 멀리서 보이지는 않았지만 울음소리가 계속 들렸다. 강에 가까이 다가서자 애원하는 울음소리는 점차 물 흐르는 소리에 묻혔다. 우리는 뒤돌아보지 않고 강을 건넜다.

곧 북쪽 산길 가운데 가장 인상적인 분위기인 암구 고개에 도달했다. 이곳 도로는 좁고 급커브가 많아 단단히 주의를 기울여야 했다. 운전자가 주변의 경치에 한눈을 팔았다가는 길에서 벗어나거나 수많은 커브에 가려진 벌목 트럭과 부딪칠 위험이 있었다. 고개 아래쪽으로 암구 강 중류를 따라 여러 식물 종이 함께 자라는 울창한 숲을 지나갔다. 강을 살펴보았는데 갈색 진흙탕이 보이는 바람에 당황스러웠다. 이런 상황을 피하기 위해 그동안 암구 탐사를 미뤘던 것이기 때문이다. 다음 주에는 부엉이를 찾기 위해 힐룩스로 강을 건너 강어귀 근처로 갈 예정이었다. 나는 세르게이에게 우리가 나아갈 길이 안전할지 물었다.

"그렇게 문제 될 건 없어요." 세르게이는 서슴없이 내 염려를 일축했다. "암구에 트랙터를 가진 사람을 알아요. 수위가 너무 높으면 그것으로 트럭에 걸쇠를 걸어 견인할 겁니다. 그러니 괜찮을 거예요."

그날 밤에 우리는 암구까지 갈 작정이었지만 일단 마을에서 16킬로미터 떨어진 곳에 먼저 들렀다. 땅거미가 질 무렵이었고 암구 강과 샤미 강이 합류하는 지점이었다. 여기서 세르게이는 몇 년에 걸쳐 부엉이 한 쌍의 울음소리를 들었다. 그리고 둥지 나무를 알아내는 데 숱한 밤낮을 바쳤지만 땀과 좌절뿐 성과는 거두지 못했다. 세르게이는 이번에 마무리를 짓고 싶어 안달이 났고 부엉이들이 오늘 밤 울음소리를 낼지 알고 싶어 했다. 세르게이는 샤미 강으로 이어지는 진흙투성이의 울퉁불퉁한 길에 나를 내려주었다. 이곳에는 수십 년 동안 버려진 마을이 있었지만 길은 남아 있었다. 세르게이는 차량을 몰고 그 길로 올라갔다. 사정이 허락하는 한 최대한 멀리까지 간 다음 잠시 멈춰서 울음소리가 들리는지 귀를 기울이고 돌아섰다. 나도 세르게이를 다시 마주할 때까지 귀를 쫑긋 세우고 길을 걸어 올라갔다.

나는 빛이 희미해져 가는 저물녘 길가를 조용히 걸었다. 쾌적한 저녁이었고 울새와 소쩍새의 울음소리와 힘차게 한바탕 울부짖는 솔부엉이 소리가 들렸다. 하지만 물고기잡이부엉이 울음소리는 들리지 않았다. 나는 2킬로미터쯤 걸어 조약돌이 깔린 얕은 강물 건너편에 주차된 세르게이의 트럭을 발견했다. 세르게이는 그곳에서 조용히 담배를 피우던 중이었다. 그 또한 부엉이 소리를 듣지 못했다.

　　그는 어두운 강 쪽을 가리키며 강물 온도를 살펴보라고 말했다. 내가 미심쩍어 하며 강물에 손가락을 담갔는데 따뜻했다. 분명 물은 거의 얼 정도로 차가워야 했다. 세르게이는 이곳은 천연 라돈 기체의 거품이 땅속으로부터 스며들어 강물을 따뜻하게 한다고 설명했다. 라돈 기체(전 세계 지하실에 숨어 암을 유발하는 무취의 성분으로 잘 알려진)는 방사성 금속이 분해될 때 자연적으로 형성된다. 이렇게 생긴 기체는 땅의 틈새를 통해 대기로 누출된다. 이곳에서는 라돈 기체가 물속으로 바로 들어갔고, 겨울에도 강이 얼지 않아 부엉이들이 사냥하는 데 필요한 탁 트인 녹은 강물이 형성되었다. 그래서 부엉이들은 이곳에서 살아남을 수 있었다. 세르게이에 따르면 연해주에서 이 지역을 흐르는 많은 강들이 라돈 기체로 따뜻하게 데워졌고 이것은 부엉이를 발견할 전망이 밝다는 뜻이었다.

　　우리는 힐룩스 차량에 올라타 큰길로 돌아와 암구로 향했다. 그곳에는 세르게이의 친구 보바 볼코프가 살았는데 그는 우리가 이곳을 탐색하는 동안 자기 집에 머물라고 방을 내어주었다. 샤미 강이 마을에서 가까웠던 만큼 우리는 여기서 보바와 함께 지내며 출근하듯 탐사에 나설 것이다. 곧 마을 집들의 낮은 담장에 다다랐고 언덕을 내려와 암구의 중심부로 향했다. 가로등이 없어서 마을은 어두웠다. 세르게이는 아직 창문에 불빛이 켜져 있는 몇 안 되는 집들 가운데 한곳에 차를 세웠다.

　　늦은 시간인데도 보바 볼코프는 투광 조명등을 켠 채 현관 밖의 문 뒤에서 식료품 트럭으로 보이는 차량을 수리하고 있었다. 세르게이와 내가 연철 울타리를 통과해 마당으로 들어서자 땅딸막한 몸매의 보바가 세르게이를 향해 환하게 웃으며 달려와 손목 힘을 빼고 서는 오른팔을 아래로 뻗었다. 손이 너무 더러워 악수를 할 수 없다는 것을 알리는 러시아식 신호였다. 나와 세르게이는 번갈아 보바의 팔뚝을 잡고 힘차게 흔들었다. 이름이 러시아어로 '늑대의'라는 뜻을 지닌 보바는 40대 중반의 쾌활한 남자로 욕설을 잘했다. 우리는 보바의 안내로 집 안에 들어갔고, 세르게이가 보바의 아내 알라에게 인사하는 동안 그는 근처 벽에 고정된 정수기에서 나오는 물로 손을 씻었다. 알라는 보바보다 10살 정도 나이가 많았는데 남편과 비슷하게 몸이 땅딸막했으며 험한 말투도 비슷했다. 알라와 보바는 우리를 부엌 식탁으로 데려갔고 창고에서 식료품을 꺼내기 시작했다. 예상치 못한 후한 대접을 받을 것 같았다. 사슴고기 커틀릿에 해초 샐러드, 막 구운 빵 접시가 놓였다가 삶은 감자와 갓 프라이한 달걀 여섯 알, 연어 수프가 가득 담긴 그릇에 밀려났다. 식사에 진지하게 임하는 보바 가족이었기 때문에 이들이 요리를 시작하자 도저히 그 기세를 막을 수 없었다. 배부르게 먹었다는 말은 무시되거나 노골적으로 놀림을 당했고 그에 대한 대응으로 막 만든 요리가 나왔다. 식탁에서 손님을 넉넉하게 대접하는 것으로 유명한 러시아인들이지만 경험상 보바 가족은 특히 더 심했다.

그때 보바가 보드카 한 병을 가져왔다. 술병을 다 비울 때까지 마셔야 사회적 유대가 강해진다는 논리가 친구들 사이에는 강요되지 않았기 때문에 우리는 몇 잔을 함께 마시면서 서로에 대해 더 알아갔다. 보바는 사냥꾼을 직업으로 삼던 사람으로 아그주에서 사냥꾼들에게 자금을 지원했던 소련 프로그램에 참여했다. 비록 그가 수십 년 동안 아버지와 함께 사냥했던 땅인 셰르바토프카 강 상류의 사냥 구역이 여전히 있었지만 보바는 더 이상 숲에서 많은 시간을 보내지 않았다. 그 구역은 우리가 나중에 부엉이를 찾기로 계획한 곳이기도 했다. 보바는 하루의 대부분을 상업적 활동을 하며 보냈다. 마을에 있는 서너 개의 상점 가운데 하나가 이 부부의 소유였다. 알라는 보바가 매일 건물 공사부터 시작해 마을에서 종종 정전이 일어날 때마다 발전기를 가동하는 작업을 감독하는 동안 가게 일을 맡았다. 하지만 보바가 가장 큰 공을 들이는 일은 가게에 물품을 계속 공급하는 것이었다. 이를 위해서 6주마다 한 번씩 트럭을 몰고 우수리스크 남쪽으로 가야 했는데 거의 1,200킬로미터에 달하는 험한 도로를 따라 왕복 4일의 여정을 견뎌야 했다.

보바는 우리에게 이 지역에서 무엇을 할 예정인지 물었고, 세르게이는 서쪽으로 가서 암구와 셰르바토프카 강 배수지에서 일주일 동안 부엉이 탐사를 한 다음 북쪽 사이연과 막시모프카 강 유역으로 이동할 것이라고 설명했다. 그리고 셰르바토프카 강에 닿으려면 암구 강어귀를 건너야 하기 때문에 세르게이는 강물의 상태가 어떤지 물었다. 세르게이가 전에 자랑했던 트랙터를 가진 친구가 바로 보바였던 만큼 분명 픽업트럭이 지나기에는 물살이 너무 거세다고 대답할 듯했다.

보바가 움찔대며 대답했다. "물살이 지독하게 거세지. 요전에 누가 트랙터를 타고 건너려다가 물살 때문에 넘어졌다니까."

그래도 우리는 계획대로 마을을 벗어나 위험을 무릅쓰고 암구 강을 건너 셰르바토프카 강 유역에 간 다음 사이연과 막시모프카 지역으로 향하기로 결정했다. 우리는 일주일이라는 시간의 대부분을 샤미 지역을 탐사하며 보냈다. 그곳에서 털갈이하며 떨어진 팔뚝 길이의 커다란 깃털부터, 놀랍게도 생선과 개구리 뼈가 든 펠릿이 수십 개나 버려진 횃대에 이르기까지 물고기잡이부엉이의 흔적을 꽤 많이 발견했다. 게다가 매일 밤 한 쌍의 부엉이들이 힘차게 우는 소리가 들렸다. 하지만 그럼에도 이들 구역의 핵심이라 할 수 있는 둥지 나무를 콕 집어 찾지는 못했다. 첫날 밤에는 샤미 강과의 합류 지점 반대편인 암구 강 멀리에서 울음소리가 났고 다음 날 저녁에는 긴 장화를 챙겨 신고 강을 건너는 고생을 하는 동안 사미 강 저편에서 울음소리가 들렸다. 그리고 셋째 날 밤에는 두 구역 사이의 산비탈에서 울음소리가 났다. 우리는 두 손 두 발을 다 들 수밖에 없었다. 부엉이들이 올해 새끼를 낳지 않아 둥지가 있는 곳을 쉽게 찾을 수 없었다. 그러던 어느 날 밤 우리가 낙담해서 마을로 돌아왔을 때 암구 건너편의 쿠드야 강 계곡에서 또 다른 한 쌍의 울음소리가 들렸다. 자세히 조사할 시간은 없었지만 그 발견으로 우리가 다음 해에 포획할 수 있는 새는 최대 여덟 쌍으로 늘었다. 5월 중순이 되었고 우리는 빨간색 힐룩스에 짐을 싣고 빵집에 들러 갓 구운 빵 몇 덩이를 샀다. 그리고 사이연 강과 막시모프카 강을 향해 북쪽으로 차량을 몰면서 바삭한 껍질의 따뜻한 빵을 뜯어 먹었다.

기나긴 도로 여행

사이연 강은 암구에서 북쪽으로 약 20킬로미터 떨어져 있었다. 힐룩스를 타고 일차선 도로로 수백 킬로미터를 달리는 동안 주유소는 한 곳뿐이었다. 우리는 쓰나미가 덮친 지역의 위쪽 언덕에 크림색 비닐과 밤색 지붕을 갖춘 단층 건물이 여러 채 늘어선 벌목 회사의 본부를 지났다. 마치 들장미 사이에 눈에 띄는 장미 조화처럼 이 변두리에 어울리지 않는 깔끔한 건물들이었다. 여기서부터 길은 암구 만 북쪽 넓은 모래사장을 둘러싸고 이어졌으며, 회색의 부서진 나무와 험한 날씨로 바다에서 떠내려온 잔해가 흩어져 있었고, 이따금씩 바닷바람에 굴복해 내륙 쪽으로 몸을 구부린 관목들이 보였다. 가문비나무와 전나무가 자라는 낮은 언덕을 넘자 길이 두 갈래로 갈라졌다. 보다 관리가 잘 된 길은 목재를 보관하는 구역인 우스트 소볼레프카의 옛 구교도 정착지와 스베틀라야 벌목꾼 마을로 이어졌다. 두 번째 도로는 북동쪽으로 18킬로미터 더 가서 막시모프카라는 같은 이름을 가진 주민 150명이 사는 막시모프카로 이르렀다. 겨울에 이 마을에 가려면 빙판 위를 달리거나 얼어붙은 늪을 건너야 했지만(그편이 훨씬 빠르긴 했다) 겨울이 아닌 나머지 계절에는 자동차로 지겹게 도로 운전을 계속해야 했다. 우리는 속도를 늦추고 막시모프카 마을길을 따라 올라가다가 라돈 온천 앞에서 멈췄다.

차가운 강으로 라돈 기체가 스며들어 강물이 데워졌을 뿐인 샤미 강의 온천과는 달리, 이 온천은 중심부까지 파 들어가 내부에 목재를 대야 할 정도였고 땅속 웅덩이는 허리 깊이까지 파였다. 구소련 공화국에는 기체가 물에 용해될 때 방사능 라돈에 노출되면 고혈압부터 당뇨병, 불임에 이르기까지 다양한 질병을 치료할 수 있다는 믿음이 널리 퍼져 있었다.[1] 따뜻한 온천 구덩이 위로 거대한 목조 러시아 정교회 건물이 어렴풋이 모습을 드러냈고 몇 걸음 떨어진 곳에는 작은 통나무 오두막이 보였다.

차를 몰고 가까이 다가가자 번호판이 없는 낡아빠진 흰색 세단이 보였다. 이곳에 합법적으로 등록된 차량은 거의 없었는데 법을 집행할 경찰관이 없었기 때문이다. 가장 가까운 경찰서는 테르니까지 가야 있었고, 그래서 법 따위는 아무도 신경 쓰지 않았다. 우리 차의 모터 소리를 듣고 벌거벗은 앙상한 사람의 형상이 라돈이 스며든 온천 물속에서 기운 없이 기어 나왔다. 세르게이는 힐룩스를 근처에 세웠고 우리는 그 남자에게 인사를 하려고 걸어갔다. 내가 보니 남자는 술에 취한 상태였다.

"대체 당신들 누구야?" 남자가 물을 뚝뚝 흘리며 불분명하게 말했다. 지역 주민들은 자기들의 자원을 지켜야 했고, 이곳에서는 모두가 서로를 잘 알았다. 우리는 낯선 이방인인 데다가 차에 번호판을 달고 있어 건방지게 보였을 것이다.

"조류학자들입니다." 세르게이가 라돈 온천에서 방금 나온 축축한 생명체를 똑바로 쳐다보며 대답했다. "물고기잡이부엉이가 어떤 새인지 아세요? 직접 보거나 그 새에 대해 들어본 적이 있습니까?"

남자는 미심쩍은 눈초리로 우리를 바라보았다. 세르게이의 대답과 반문 때문에 좀 더 균형을 잡기 힘들어진 듯했다. 남자는 힐룩스 차량으로 시선을 돌렸다. 그리고 세르게이의 차 번호판에 달네고르스크 지역을 뜻하는 'AC'라는 글자를 쳐다보았다. 합법적으로 등록된 차량은 등록한 지역을 뜻하는 두 글자 코드로 식별할 수 있었다.

"고향 사람이군요!" 세르게이의 정체를 알게 된 남자가 외쳤다. 그리고 낯선 사람과 포옹할 때는 최소한 내복을 갖춰 입어야 한다는 암묵적인 규칙에 따라 서둘러 복서 쇼츠를 입고 세르게이의 목덜미를 잡은 채 이마를 맞대고서 미소를 지었다. 남자는 달네고르스크에서 보낸 어린 시절과 이후 막시모프카 마을로 탈출해 벌목꾼으로 일하기까지 겪은 여러 실패와 기회에 대해 떠들었다. 그리고 두 사람은 서로 겹치는 지인에 대해 이야기를 나눴다. 몇 분이 지나서야 남자는 흐릿한 눈빛으로 마치 처음 보는 것처럼 나를 바라보았다.

"그런데 이 말수 적은 사람은 누구죠?" 거의 벌거벗은 채 여전히 잔뜩 젖은 남자가 지역 주민처럼 보이려고 수염을 기르고 팔짱을 낀 나를 보며 세르게이에게 물었다. 그때 나는 벨트에 큰 칼을 차고 있었다. "당신이 고용한 경호원인가요?"

그동안 내가 체득한 바에 따르면 낯선 사람을 마주했을 때 서로의 문화적 차이를 이해하고자 함께 보드카를 마시자고 요구할 가능성이 높은 만큼 이런 경우에는 침묵이 최선의 처신이었다. 상대가 이미 술에 취했다면 더욱더 그랬다. 나는 이미 할 만큼 했고 더 이상의 자원봉사는 원치 않았다. 세르게이도 그 위험성을 잘 알고 있었기 때문에 그저 내가 경호원이 아니라고만 말하고는 서로의 가족이 어디로 이사를 갔으며 누가 무엇으로 죽었는지 등으로 화제를 돌렸다. 결국 남자는 바지와 셔츠를 입고서 고향 사람들에게 안부를 전해달라고 세르게이에게 간절히 부탁하고는 차에 올라타 떠났다.

우리는 사이연 강까지 걸었다. 세르게이는 자갈이 깔린 넓은 둑에 텐트를 쳤다. 강이 심하게 휘어진 곳 근처로, 바닥에 깊은 구멍이 있어서 물고기가 잘 잡히는 구역이었다. 이곳은 1990년대 후반 세르게이가 최초로 발견한 물고기잡이부엉이의 둥지 나무에서 약 500미터 떨어진 지점이었다. 하지만 아직 부엉이 울음소리를 듣기에는 시간이 일렀기에 우선 나무를 찾아보자며 걸어갔다. 사이연 강 하류 계곡은 지금껏 내가 경험했던 부엉이 서식지와는 상당히 달랐다. 주변이 대체로 탁 트이고 습했으며, 숲에 비해 늪지대가 많았고 계곡의 한가운데에는 낙엽송과 풀이 덮인 작은 언덕이 있었다. 그리고 가늘게 흐르는 물줄기에 낙엽수들이 단단히 붙어 자랐다. 이곳의 식생은 드문드문하게 분포해서 물고기잡이부엉이가 숨어 있기가 어려웠고, 아마도 까마귀들에게 주기적으로 괴롭힘당했을 것이다. 나는 세르게이로부터 사이연 강 유역이 제2차 세계대전 당시 정치범 수용소가 있던 자리라는 사실을 들었다. 우거진 사초와 수풀 사이로 여전히 인골이 발견되기도 한다.

우리는 곧 강 가장자리에서 불과 몇 미터 떨어진 둥지 나무에 다다랐다. 둥지는 텅 비어 있었고 최근에 누가 사용한 흔적은 없었다. 새양버들에 있던 둥지는 땅에서 불과 4미터 높이로 놀라울 정도로 낮은 곳에 자리하고 있었다. 사실 나무가 썩어가서 구멍이라기보다는 편평한 단에 가까워 보였다. 여기 서식하던 부엉이 쌍은 더 나은 곳으로 이사했을 것이다. 힐룩스 차량으로 돌아왔을 때 세르게이는 내게 이제 나 혼자서도 둥지를 탐사할 준비를 갖춘 것 같다고 말했다. 우리는 그간 줄곧 가까이 붙어서 함께 일해왔다. 그렇지만 세르게이는 자신의 전문지식 없이 나 혼자서 숲을 처음부터 끝까지 탐험하는 경험이 내게 큰 도움이 될 것이라 여겼다. 나는 도전 과제에 직면한 것이다. 우리가 설치한 텐트가 사이연 강과 세셀레프카 강의 합류 지점에 있었기 때문에 나는 그날 사이연 강을 따라 혼자 걷기로 했다. 허기를 달랠 만큼의 과자를 봉지에 쌌고 차를 마시기 위한 뜨거운 물을 보온병에 채웠다. 세르게이는 자신은 부엉이들의 먹잇감이 물속에 얼마나 많은지 측정해보겠다고 했는데, 결국 낚시를 하겠다는 말이나 다름없었다. 그는 내게 행운을 빌어주고는 힐룩스 차량의 뒷문을 열고 낚싯대와 낚시 도구 상자를 찾으려고 뒤적거렸다.

하지만 나는 세르게이가 낚싯바늘에 미끼를 꿰기도 전에 돌아왔다.

"찾았어요."

"벌써요?" 세르게이가 놀라워 했지만 마치 자랑스러워하는 아버지 같은 투로 되물었다.

나는 계곡에서 북서쪽으로 걸어가다가 캠프에서 채 60미터 이상 떨어지지 않은 곳에서 잘려 나간 황철나무 그루터기를 발견했다. 근처에 다리를 놓는 과정에서 베어졌을 가능성이 높았다. 이 나무에 구멍이 있었는지 없었는지는 확실하지 않지만 크고 오래된 나무라 물고기잡이부엉이들이 둥지를 틀 만했다. 그루터기 위에 서자 또 다른 큰 황철나무가 보여서 쌍안경을 들어 살폈더니 굴뚝 같은 나무 구멍 가장자리에 물고기잡이부엉이가 앉아 있는 모습이 보였다. 나무 가까이에서 이 부엉이의 펠릿도 발견했기에, 더 이상의 증거는 필요하지 않았다. 나는 이곳의 GPS 좌표를 잡은 다음 떠난 지 20분도 되지 않아 캠프로 돌아왔다.

우리는 사이연 강 인근에서 그동안 이틀 밤을 머물렀지만 부엉이들의 울음소리는 듣지 못했다. 지금 새로 발견된 둥지 나무와 그 근처의 깃털을 보면 이 두 마리가 새끼를 쳤을 수도 있지만, 실제로 새끼가 있다는 증거는 찾지 못했다. 5월 21일, 우리는 짐을 싸서 캠프를 떠나 우리가 지금껏 탐험했던 곳 가운데 최북단인 막시모프카 강으로 갔다. 우리는 그곳에 오래 머물 생각이 없었는데, 2001년 세르게이가 둥지 나무를 발견했던 로제브카라는 막시모프카 강의 지류를 잠시 방문했다가 남쪽으로 돌아올 예정이었다. 하지만 부엉이들에게는 다른 계획이 있었다.

사이연 강의 캠프에서 이어진 길은 강 계곡 위의 높은 비탈을 따라 상류까지 거슬러 올라갔다. 그곳에서 막시모프카 강 배수지에 이르기까지 소나무가 자라는 가파른 경사면이 점차 가까워지다가 건너편으로 계곡의 폭이 다시 넓어졌다. 이 절벽에서 저 절벽으로 이어지며 강 위로 길게 뻗은 외길의 나무다리가 시야에 들어왔다. 막시모프카 강은 길이가 100킬로미터가 조금 넘었고 가파른 바위투성이 협곡에 침엽수와 사슴, 멧돼지, 사향노루가 서식했다. 계곡은 강이 흐르는 동안 비교적 폭이 좁았다가 이 다리 근처에서 핀 나팔 모양 꽃처럼 갑자기 넓어졌다. 이곳에 여러 개의 수로를 통해 강물이 모여들어 동쪽으로 16킬로미터를 더 흘러 동해까지 이르렀다.

우리는 다리를 건너 막시모프카 강의 북쪽 둑으로 이어지는 벌목용 도로를 따라 길을 떠났다. 벌목 장비 정도가 다닐 수 있을 만큼 좁은 길에 벌목한 나무를 끌고 간 흔적이 계속 이어졌다. 그 흔적은 마치 깃털의 가운데 대에서 갈라져 나온 가지처럼 숲을 가르며 지나갔다. 세르게이는 그 모습을 놀라워 했다. 그가 마지막으로 이곳에 왔던 2001년에는 큰 도로 하나가 전부였기 때문이다. 나무를 실어 나른 듯한 이런 흔적은 처음이었다.

20킬로미터 정도를 지나자 로제프카 강에 가까워졌고 우리는 텐트를 칠 장소를 물색하기 시작했다. 의욕에 차서 나아갔지만 50미터쯤 지나 막다른 샛길에 다다랐다. 샛길은 막시모프카 강물에 잠겨 사라졌다가 건너편에서 멀쩡하게 다시 나타났고 먼 지점에서는 강과의 접점이 없었다. 그 사이로 깊이 30미터 남짓하게 물이 흘렀는데 거기에서 나온 조각난 잔해들이 최근 무슨 일이 벌어졌는지를 보여줬다. 이 샛길을 통해 우리는 강 가까이 접근할 수 있었다. 세르게이는 이곳이 우리가 찾던 둥지 나무와 꽤 가깝다고 생각해 여기에 텐트를 치기로 했다.

텐트를 설치하고 간단한 간식을 먹은 뒤 우리는 로제프카 강의 부엉이 쌍이 머무는 둥지 나무를 조사하러 나갔다. 세르게이는 지난 5년 동안 한 번도 방문하지 않았기에 부엉이들이 여전히 이곳에 서식하고 있는지 무척 궁금해 했다. 우리는 강물이 넘쳐 황폐화된 낙엽수림을 지나 동쪽으로 걸어갔다. 강 하류에는 키가 낮은 풀이 휘어져 자랐고 낮은 나뭇가지에 빛바랜 크리스마스 장식처럼 잔해가 무심히 덮여 있었다. 우리는 길이가 축구장 6개 정도고 폭이 축구장 2개 정도인 드넓은 공터에 들어섰다.

봄의 연한 초록빛 풀밭 사이에 자리 잡고서 잿더미와 사시나무, 포플러를 경계로 하는 숲에 둘러싸인 이 공터에는 회색 집 한 채와 쓰러져가는 헛간이 있었다. 집터의 절반은 울타리의 잔해로 둘러싸여 있었다. 바로 그 너머에는 벚나무들이 분홍색 꽃을 피웠다. 집 자체는 큰 편이었고 박공지붕 아래 통나무를 안장처럼 쌓아 올려 지었는데, 건물 전체가 균일하지 않은 땜질과 수리의 흔적으로 뒤덮여 있었다. 세르게이의 설명처럼 지어진 지 꽤 오래된 듯했다.

이곳은 1930년대에 소련 정부가 해산시킨 옛 신자들의 정착지인 울운가 마을의 마지막 흔적이었다.[2] 한때 암구 북쪽에만 옛 신자 정착지가 최소 35개 이상은 되었는데, 지금 그 지역에 자리하는 마을 수보다 5배나 많았다. 제정 러시아의 탄압을 피해 연해주로 이주한 이 신자들은 이오시프 스탈린과 그의 집산화 계획 같은 악마에게 무릎 꿇지 않았다. 그 결과 일부 신자들은 처형되었고 수백 명 이상이 체포되어 수감되고 추방되었다.

1950년대까지 대부분의 옛 신자 정착지는 이곳과 같이 탁 트

인 공터로 남았다. 공터에는 결국 풀이 무성하게 자랐고 피와 땀에
젖은 흙과 불에 타 숯이 된 집의 잔해를 뒤덮었다. 이 마지막 집이 과
거의 폭력적인 역사를 증언했다. 세르게이는 이곳이 학교로 사용되
기는 했지만 왜 여전히 파괴되지 않았는지는 분명치 않다고 설명했
다. 2006년에는 막시모프카에 사는 애꾸눈 사냥꾼 진코프스키가 이
곳을 사냥용 오두막으로 삼기도 했다.

　　우리는 지류인 로제프카 강이 막시모프카 강으로 흘러드는
지점에 도달하기 위해 이 들판의 가장자리를 따라 거닐었다. 두 강
의 합류 지점이라는 것이 세르게이가 둥지 나무를 찾는 데 첫 번째
참고 사항이었다. 우리는 숲속을 걸으면서 나무를 끈 흔적 위로 비틀
거리며 나아갔다. 세르게이는 자신의 방식으로 방향을 파악하기 어
려워진 복잡하게 엉킨 벌목용 길을 보고 당황했다. 둥지 나무에 대
한 GPS 좌표가 없었기 때문에 탐사 과정은 까다로웠다. 세르게이가
마지막으로 이곳에 왔을 때 러시아에서는 그런 기술을 쉽게 활용할
수 없었다고 한다. 그래도 세르게이는 직감으로 그 나무를 다시 찾
을 수 있을 거라 생각했다. 습도가 높아지면서 몸이 끈적거렸고, 우
리는 두 시간 동안 울창한 숲속을 이리저리 뒤지며 높고 어두운 나무
의 수관 아래를 지나 허리까지 올라오는 양치식물 사이에서 땀을 쏟
으며 비틀비틀 나아갔다. 그때 새매 한 마리가 푸드덕 날아올랐는데
이 깡마른 포식자는 로제프카 강이 회색 수평선으로 변해 모습을 감
추기 전 땅굴에 도달하지 못해 나뭇가지 사이에서 허둥대고 있었다.
나와 세르게이는 계속 숲의 같은 구역을 맴도는 것 같았지만 이곳에
는 부엉이의 둥지 나무가 될 만한 후보는 전혀 없었다. 그때 그루터

기 하나가 눈에 들어왔다.

"욥 트보유 마트!" 세르게이가 차마 입에 담을 수 없는 욕설을 내뱉었다. "벌목꾼들이 둥지 나무를 베었네요."

우리는 큼직한 그루터기 위에 올라가 흡사 뺑소니 현장을 넋을 놓고 보듯이 주변의 양치식물마저 깨끗하게 베인 흔적을 응시했다. 이 지역 벌목 회사들은 교량을 건설하기 위해 포플러나 느릅나무처럼 상업적으로 그다지 쓸모없는 큼직한 썩은 나무를 주기적으로 베었다. 작은 나무 수십 그루보다 큰 나무 몇 그루를 강에 걸치면 다리를 놓는 작업이 더 수월했고, 오래된 나무줄기의 텅 빈 속을 지하 배수로처럼 활용해 강물이 흐르게 할 수 있기 때문이었다. 둥지 나무는 아마도 우리가 이곳에 도달하기 위해 건넌 10여 개의 다리 가운데 하나의 재료가 되었을 것이다. 어쩌면 최근에 야영지 옆으로 떠내려간 다리의 잔해였을지도 모른다. 연해주 연안의 강은 보통 매년 범람해서 다리가 끊임없이 흐르는 물살에 유실되는 경우가 많기에, 커다란 나무에 대한 수요는 일정했다. 그리고 대부분의 도로와 잠재적인 물고기잡이부엉이 둥지 나무가 강 근처에 있기 때문에 둥지 나무는 빠르게 다리를 만들려는 벌목꾼들의 표적이 되기 십상이었다. 그 과정에서 실제 둥지 나무 또는 잠재적인 둥지 나무가 주기적으로 숲에서 사라졌다. 흔하지 않은 지형지물이 없어진 셈이어서 부엉이로서는 새끼를 낳아 기를 장소를 찾기가 더 어려워졌을 것이다. 한 그루의 나무가 부엉이가 둥지를 만들 만큼 충분히 자라기까지는 수백 년이 걸린다. 큰 나무들이 전부 사라지면 부엉이들은 어떻게 해야 할까?

우리는 둥지를 찾지 못해 실망한 채로 캠프로 돌아왔다. 원래 여기서 하룻밤만 머물 생각이었지만, 로제프카 강의 부엉이를 조사하려면 맨땅에 부딪쳐가며 처음부터 다시 시작해야 한다는 것이 분명해졌다.

다음 날 늦게, 나는 텐트에서 이어폰을 꽂고 석사 시절 명금류를 연구할 때 녹음했던 울음소리를 담은 테이프를 들으며 이 지역 새들의 울음소리에 대한 지식을 다지고 있었다. 그때 텐트에 갑자기 누군가의 그림자가 드리웠다. 녹음기를 끄자 세르게이가 서서 뭐라고 소리치는 게 들렸다. 나는 텐트의 지퍼를 내리고 내다봤다.

"존, 우리 큰일 난 것 같아! 이 소리 안 들려요?" 뛰어오느라 얼굴이 붉게 물들고 가슴팍에서 강물이 뚝뚝 떨어지는 세르게이의 몰골은 처량했다. 그는 오전 내내 강에서 물고기잡이부엉이들의 먹잇감이 얼마나 많은지 밀도를 꼼꼼히 측정하던 차였다. 귀를 기울이자 묵직하고 리드미컬한 기계음이 들렸다. 귓전을 스치는 새들의 울음소리에 가려져 듣지 못했던 소리였다.

"지금 당장 떠나야 해요!" 나는 세르게이가 거치대를 접지도 않고 침낭과 매트를 안에 둔 채 놀랄 만큼 거칠게 텐트를 걷은 다음, 엉망진창 정리되지 않은 상태 그대로 픽업트럭 뒤에 싣는 모습을 지켜보았다. 영문을 몰라 멍했다.

"빌어먹을, 어서 움직여요!" 세르게이가 소리를 질렀다. "앞으로 한 달 동안 여기서 꼼짝도 못하려고 그래요? 그걸 다 파내려면 그 정도 걸릴 거예요. 갇힐 거라고요!"

나는 그가 무슨 말을 하는지 전혀 몰랐지만 평소답지 않게 초조한 모습을 보고 얼른 행동에 돌입했다. 우리는 서둘러서 짐을 챙긴 뒤 5분도 채 지나지 않아 도로를 질주했다.

로제프카 강에 이르는 갈림길에 닿기까지 마지막 500미터 가량은 쭉 뻗은 직선이었다. 이제 나는 세르게이가 왜 그렇게 난리를 피웠는지 이해가 갔다. 눈앞에 불도저 하나가 길 한가운데에 엄청난 양의 흙을 쌓아올리며 우리를 가로막고 있었다. 세르게이는 경적을 울리며 헤드라이트를 번쩍거렸다. 나중에 세르게이가 얘기해준 바에 따르면 그가 기분 좋게 강에서 낚시를 하고 있는데 가끔씩 디젤 엔진음이 들렸다고 한다. 근처에 벌목 회사의 캠프가 있었기 때문에 처음에는 별생각이 없었다. 하지만 얼마 지나지 않아 그 소음이 갈림길에서 난다는 사실을 알아차렸고, 그 벌목 회사가 차를 타고 사슴이나 멧돼지, 심지어는 호랑이를 총으로 쏘고 다니는 밀렵꾼들을 막기 위해 사용되지 않는 벌목 도로를 폐쇄하는 드물게 칭찬할 만한 작업을 벌이고 있다는 생각에 미쳤다. 세르게이는 무슨 일이 일어날지 깨닫자 서둘러 텐트로 돌아온 것이다.

불도저 운전사는 작업을 멈추고 담배를 덜렁덜렁 손에 끼운 채 놀란 표정으로 우리를 바라봤다. 그리고 도요타 랜드 크루저 차량에서 세 명의 백인 남자가 비슷한 표정을 지으며 내렸다.

"거기서 뭐 하는 거예요?" 가장 나이 많은 남자가 외쳤다. 키가 작고 머리가 하얗게 센 60대 남자였다. 그러고는 세르게이를 알아보고 한숨을 쉬었다. "아, 조류학자들이군요! 오랜만이네요. 부엉이들은 잘 있어요?"

현지 벌목 회사의 총책임자인 알렉산드르 슐리킨이었다. 세르게이와는 2001년에 막시모프카 강에서 마지막으로 만난 게 다였다. 슐리킨은 아들 니콜라이와 함께 근처에 땅을 소유한 사냥꾼이었고 사슴과 멧돼지 개체수를 늘리는 데 관심이 있었기 때문에 소유지에 바리케이드를 세웠다고 말했다. 불도저는 이제 막 도로를 메우기 시작했기 때문에 들락날락한 지 얼마 되지 않았고, 우리는 낮은 바리케이드 반대편으로 차를 몰고 가서 이들이 작업하는 모습을 지켜보았다. 불도저는 폭 3미터, 깊이 1미터의 흙길을 수직으로 뚫고 그 사이의 공간에 흙과 돌멩이를 느슨하게 쌓아 올렸다.

"우리는 트럭에 삽도 가져오지 않았어요." 세르게이가 몸을 뒤로 기댄 채 담배를 길게 피우며 불도저 운전사가 일하는 모습을 지켜봤다. "우리가 저걸 다시 파서 치우려면 일주일은 족히 걸렸을 테죠." 그 이후로 세르게이는 몇 년 동안 항상 차에 삽 한두 개는 챙겨 다니게 됐다고 한다. 불도저가 작업을 끝내자 가파른 흙더미가 7미터가량 솟아 어떤 차량도 넘을 수 없는 장벽을 이뤘다. 한 시간만 더 늦어 불도저가 떠났다면 우리가 할 수 있는 일은 아무것도 없었을 테고, 그대로 발이 묶였을 것이다.

하마터면 큰일이 날 뻔했지만 그래도 나는 감명을 받았다. 이렇게 도로를 폐쇄하면 밀렵꾼들을 확실히 제지할 수 있다. 불법으로 사냥을 하려는 사람들은 이 장벽을 마주하면 접근하기 더 쉬운 곳으로 얼른 떠날 것이다. 이런 작업은 이 인근을 폐쇄하는 데 그치지 않고 사실상의 야생동물 보호구역을 만들었다. 이론적으로 벌목 회사들은 한 지역에서 나무를 충분히 베고 나면 이처럼 도로를 폐쇄해야 하는 법적 의무가 있지만, 러시아에서 보통 그렇듯 법 조항의 모순점 때문에 거의 지켜지지 않았다.

갑자기 거처를 잃은 우리는 아직 로제프카 강 탐사를 마치지 못했기 때문에 벌목용 도로를 따라 올라가 강둑에 텐트를 칠 만한 평평하고 깨끗한 공터를 찾았다. 나는 차를 끓이기 위해 강물을 뜨러 갔고 세르게이는 점심 식사를 준비하기 시작했다. 세르게이가 트럭에서 꺼낸 첫 번째 물건은 45리터들이 연한 파란색 냉장고였다. 그는 알루미늄으로 덧댄 이 냉장고에 마법 같은 능력이 있다고 확신하는 것 같았다. 비록 이 물건은 봄에는 훌륭하게 제 역할을 했지만 이제 여름에 가까워져 따뜻해지고 습도가 높아지자 우리가 가져온 상하기 쉬운 식품에 곰팡이가 생기는 것을 거의 막지 못했다. 하지만 세르게이는 이 초자연적인 능력을 지닌 냉장고만 있으면 제대로 냉동시키지 않아도 고기와 치즈를 장기간 보관할 수 있다고 고집을 부렸다.

우리가 텐트를 친 곳은 벌목 캠프에서 꽤 가까운 것으로 드러났다. 아까 슐리킨과 만났을 때 봤던 경비원이 도로 폐쇄 작업을 끝내고 돌아가는 길에 우리 텐트에 들렀다. 그의 이름은 파샤로 기술자들이 쓰는 안전모를 착용하고 갈색 머리칼과 갈색 눈동자를 지닌 덩치 큰 남자였다. 거의 60년 가까이 자기 몸무게를 견뎌온 무릎을 조심스레 움직이며 걷는 그는 맡은 일이 슬슬 지겨운 듯했다. 우리는 파샤를 텐트 안으로 들여 음식과 차를 대접했다. 그는 무척 차분하고 안정적인 성격으로 이렇게 말하면 안 될지도 모르지만 이제 막 활동을 시작한 둔한 곰 같았다. 파샤는 여러 해 전 테르니에서 마지막으로 머물 때 있었던 일을 말해주었다. 만성 질환을 진단받기 위해 헬리콥터를 타고 갔는데 근무 중인데도 술에 취한 게 거의 확실해 보이는 의사가 맹장을 제거하자고 말했다고 한다.

"의사가 자리를 비우자 간호사들이 나에게 큰일 났다고 속삭이며 의사의 손에 죽기 전에 도망쳐야 한다고 말했죠. 하지만 어쩌겠어요. 이미 일이 그렇게 된 걸. 결국 의사는 수술을 했고 이게 그 자국이에요." 파샤가 플란넬 셔츠 자락을 추켜올려 커다란 맹장 수술 흉터를 보여주었다. "걱정거리 하나는 확실히 없앴죠."

그동안 세르게이는 우리가 먹을 식재료를 살폈다. 그는 먼저 냉장고에서 기다란 소시지를 꺼내 두 손가락으로 집은 다음 코를 찡그리며 꼼꼼히 냄새를 맡았다. 파샤는 수상쩍다는 듯이 그 모습을 바라보았다. 그리고 세르게이가 먹을 만하다고 판단하고 곰팡이를 떼기 위해 소시지를 따뜻한 물로 문질러 씻자 파샤가 자신의 의견을 피력했다.

"그 소시지 먹어도 괜찮은지 잘 모르겠어요." 술 취한 의사가 제대로 된 의학적인 근거 없이 자기 맹장을 떼도 가만히 있었던 남자의 말이었다. "상한 것 같아서요."

하지만 세르게이는 그 말을 무시했다. "괜찮아요. 냉장고에 보관했거든요." 그리고 세르게이는 뜨거운 오후 햇살에 은색 띠 장식을 반짝거리며 환기를 위해 활짝 문이 열려 있는 푸른색 마술 상자를 가리켰다.

그날 저녁과 다음 날 아침, 우리는 강물이 우르릉대며 흐르는 로제프카 강 계곡의 하층 식생 근처를 산책했다. 나는 세르게이가 소시지를 먹고 탈이 나지 않았는지 계속 지켜봤지만 아무런 이상이 없는 듯했다. 전날 밤 나는 막시모프카 강에서 물고기잡이부엉이 한 마리의 울음소리를 들었고 세르게이는 아침에 강어귀에서 나뭇가지에 앉은 부엉이를 발견해서 흥분한 상태였다. 그래서 다음 날 우리는 로제프카 강 상류에 설치했던 텐트를 걷고 막시모프카 강 유역에 집중하기 위해 거처를 옮기기로 했다.

　　우리는 막시모프카 강둑에 텐트를 칠 탁 트인 공터를 하나 찾았다. 무너진 다리 옆에 있는 우리의 이전 캠프에서 하류 쪽으로 2킬로미터 떨어진 곳이었다. 과거 캠프파이어를 한 흔적을 보니 이곳에 사람이 주기적으로 들렀다는 사실을 알 수 있었다. 아마 막시모프카 마을 어부들이었을 것이다.

　　우리가 부엉이 울음소리를 들으러 가기 전 텐트 옆에서 저녁 간식을 먹고 있는데, 뜻밖에도 강 맞은편에서 부엉이의 이중창이 울려 퍼졌다. 환상적인 계시 같았다. 보통 어떤 구역에 서식하는 한 쌍 가운데 한 마리가 죽으면 생존한 나머지 한 마리가 계속 남아 새로운 짝에게 구애한다. 그래서 우리는 혹시 최근에 발견한 한 쌍 가운데 한 마리가 죽지는 않았을지 걱정하던 참이었다. 하지만 그렇지 않았다. 두 마리 다 건강하게 살아 있었다. 다만 걸어서 건널 수 없을 정도로 강이 너무 깊고 물살이 세서 가까이 다가갈 수가 없었다. 우리는 가만히 앉아 만족한 표정으로 울음소리를 들었다. 그때 세르게이가 손가락을 치켜 올리더니 몸을 굽혀 오른쪽 귀를 강의 하류 쪽으로 기울였다.

"저 소리 들려요?" 세르게이가 속삭였다.

나는 강물이 흐르는 소리와 그 너머 부엉이들 울음소리가 들릴 뿐이라고 대답했다.

"그 소리 말고요. 하류 쪽에서 더 희미한 소리가 들려요. 또 다른 이중창이에요!"

세르게이가 벌떡 일어섰고 얼른 힐룩스 차량에 올라탔다. 물살이 세서 막시모프카 강을 건너 새들에게 접근하지는 못했지만 하류 쪽 부엉이들은 조사할 수 있을 테다.

우리가 넓은 벌목용 도로를 향해 유턴하자 트럭 뒤로 진흙이 튀었다. 나중에 도착해 보니 진흙은 먼지와 단단한 덩어리로 변해 있었다. 세르게이는 400미터쯤 달린 뒤 엔진을 껐다. 나는 여전히 그가 부엉이 소리를 제대로 들었는지 약간 의심스러웠지만, 세르게이는 이곳이 강이나 소리의 원천과 가까운 만큼 틀림없다고 장담했다.

세르게이의 말이 옳았다. 로제프카 강의 부엉이 쌍이 이중창을 마친 직후, 하류 쪽 두 번째 쌍이 응답하는 소리를 냈다. 한 번에 두 쌍의 소리를 들은 것이다! 이 새들은 서식지 가장자리에서 마치 경쟁국의 국경 수비대원들이 서로의 자리로 넘나들려는 것처럼 울어댔다. 세르게이가 시동을 걸었고 우리는 500미터 더 나아가 소리가 나는 원천 쪽으로 가까이 다가갔다. 길은 작은 언덕에서 구부러지며 이어졌다. 그런데 상류에서 들리는 희미한 이중창 말고는 어떤 소리도 나지 않았다. 조금 더 기다렸지만 마찬가지였다. 참을성 없는 세르게이는 비장의 카드를 내놓았다. 부엉이 새끼의 울음소리를 흉내 낸 것이다. 그러자 나무들 사이에서 부엉이들이 폭발적으로 울어댔다. 한 쌍은 우리 위 울창한 수관 속에 앉아 있었다. 탐사 초반 테쿤자 서식지에서 동요된 모습을 보였던 한 쌍처럼 이 부엉이들은 흥분해서 정신없이 나무에서 나무로 날아다녔다. 이미 로제프카 강 인근에 있는 한 쌍의 경쟁자들이 내는 소리로 신경이 곤두서 있는데, 웬 뜨내기 부엉이 한 마리가 또 자기들의 서식지 깊숙한 곳까지 쳐들어온 것이다. 절대 용납할 수 없는 침입자였다.

우리는 어두워질 때까지 같은 자리에 머물며 깃털 달린 골렘처럼 무서운 이 부엉이들이 머리 위에서 안달하는 모습을 지켜보았다. 그리고 예상치 못하게 거둔 수확에 상당히 기뻐하며 텐트로 돌아왔다.

다음 날 아침, 우리는 어제 부엉이들을 자극했던 장소로 차를 몰고 가서 몇 시간 동안 둥지를 찾았지만 성공하지 못했다. 오후에는 세르게이의 고무보트에 공기를 넣고 물살을 헤치며 막시모프카 강을 건넜고, 울룬가 마을 맞은편의 전날 밤 부엉이들이 울던 근처에 도달했다. 지도를 보고 우리는 부엉이들이 울음소리를 낸 섬이 서쪽에서 동쪽으로 뻗은 길쭉한 모양이며, 막시모프카 강의 주요 수로가 북쪽과 동쪽으로 흐르고 보다 작은 지류는 서쪽과 남쪽으로 흐른다는 사실을 발견했다. 그 섬은 길이가 약 1.5킬로미터였고 폭은 그 절반 정도였다. 우리는 쌍방향 무전기가 제대로 작동하는지 확인한 다음 서로 다른 방향으로 떠났다. 세르게이는 북쪽 구역을 떠돌다가 해 질 무렵 서쪽 비탈에 차를 세우고 부엉이들이 울 때까지 기다릴 작정이었다.

섬의 동쪽 절반이 내가 맡은 구역이었다. 나는 원시적이지만 너무 아름다워 숨이 막힐 정도의 범람원을 곧장 가로질렀다. 포플러, 느릅나무, 소나무 줄기가 솟아올라 높은 수관을 이뤘고, 밑동은 다른 하부 식생에 가려서 보이지 않았으며, 군데군데 송어, 바다산천어, 열목어속이 모여 사는 거품 이는 개울과 웅덩이가 있었다. 곳곳에 유제류 동물을 조심하라는 표지판이 붙어 있었는데 대부분 멧돼지에 대한 내용이었다. 동물들의 배설물과 흔적을 지나치자 길고 끝이 갈라진 털이 소나무 줄기의 송진에 달라붙어 있었다. 뿔매의 습격을 받아 죽임을 당했을 노루, 흑담비, 긴점박이올빼미의 사체도 보였다. 올빼미들의 사체 사이에 섬뜩한 명함처럼 매의 깃털이 남아 있었다. 뿔매는 1980년대쯤 조용히 일본에서 연해주로 넘어와 이곳을 자기 구역으로 삼은 덩치 큰 포식자였다.[3] 작은 개울을 따라 남쪽에 있는 계곡 가장자리에 이르자 가파른 경사면과 가까운 강의 수로와 만났다. 해 질 녘이 가까워진 시간이라 나는 개울물이 강의 수로로 흘러가는 지점 근처의 통나무 위에 조용히 앉아 기다렸다. 봄을 맞은 숲의 아름다운 저녁 시간이었다. 나는 서늘하고 향기로운 공기를 마시며 머리 위에서 누군가가 오이를 싹둑 썰고 있는 듯한 쏙독새의 울음소리를 듣고 있었다. 그때 어떤 형체가 나를 향해 수로를 따라 걸어오는 기척이 느껴졌다. 조용한 발자국 소리와 함께 바위에서 바스락대는 소리가 났다. 분명 세르게이는 아니었다. 그는 이미 서쪽 비탈에 자리를 잡고 나처럼 새들의 울음소리에 귀를 기울이느라 바쁠 것이다. 잠시 후 거대한 수컷 멧돼지가 나타났고 곡선을 그리는 하얀 엄니가 뒤편의 어둠과 대조되어 두드러졌다. 나는 숨을 죽이고 지켜보았다. 멧돼지는 수로를 따라 천천히 걸어와 나와 20미터도 채 떨어지지 않은 지점까지 오더니 하류 방향으로 사라졌다. 나는 안도의 한숨을 내쉬었다. 멧돼지는 일반적으로 공격적인 동물은 아니지만 도발을 당하면 위협을 가할 수도 있다.[4] 방금 지나친 덩치 큰 수컷은 엄니로 호랑이에게 치명상을 입힐 수도 있다고 들었다. 총에 맞아도 도망치지 않고 돌격해 사냥꾼들이 총알을 재장전하기 전에 덮쳐서 목숨을 빼앗기도 한다. 존 굿리치는 특히 소름 끼치는 사례를 들려주었는데, 멧돼지가 자기를 쏜 사냥꾼을 죽인 다음 다리를 먹어치웠다고 한다.

다시 반쯤 졸음에 빠져 있는데 무전기에서 지직 소리가 나는 바람에 움찔대며 정신을 차렸다. 세르게이가 뭐라고 외치고 있었다.

"조심해요, 그게 오고 있어요!"

"다시 말씀해주시겠어요?" 내가 영문을 모른 채 되물었다.

"어서 피할 곳을 찾아야 해요! 그들이 당신을 향해 몰아치고 있어요!" 세르게이가 고함을 질렀다. 목소리를 들어보니 어이가 없어 웃고 있는 듯했다.

잠시 뒤 숲 사이에서 풀이 바스락대며 잔가지가 꺾이는 소리가 들렸다. 멧돼지들이 파도처럼 개울을 가로질렀는데 그 가운데 절반은 새끼 돼지로 보였다. 나는 그 광경을 보며 나무 뒤에 꼼짝도 않고 서 있었다. 세르게이에 따르면 십여 마리의 멧돼지가 그가 머물던 곳에서 반경 10미터 안으로 들어왔고 그는 동물들을 향해 곰처럼 소리를 질렀다고 한다. 그러자 멧돼지들이 겁에 질려 우왕좌왕하다가 내가 세르게이를 기다리며 머물고 있을 것 같은 장소로 몰려가기 시작했다는 것이다.

일단 멧돼지들이 지나가자 나는 다시 자리를 잡았다. 30분 정도가 지나자 어둠이 깔리면서 사방이 조용해졌고 세르게이가 무전으로 속삭이면서 더 정적인 분위기가 되었다.

"존, 여기 뭔가 있어요. 얼른 이쪽으로 건너올래요?"

나는 헤드램프를 켜고 300미터가량 풀숲을 헤치며 나아가 지류를 따라 걸어서 세르게이가 머무는 곳으로 향했다. 좀 더 가까이 다가가자 언덕 위의 손전등 불빛이 보여 그가 있는 곳을 알 수 있었다. 얼굴이 보일 만큼 가까이 가자 혼란스러운 표정을 짓고 있는 세르게이가 보였다.

"분명 물고기잡이부엉이 울음소리를 들었어요." 세르게이가 말했다. "그래서 근처에 둥지 나무가 있다고 확신하고 당신에게 무전 연락을 했죠. 살금살금 다가가 보니 성체 부엉이의 실루엣이 보였어요." 세르게이가 손가락으로 그 지점을 가리켰다. "그 부엉이는 강 건너편에서 날아와 내 움직임을 보고 자기가 왔던 장소로 되돌아갔죠. 하지만 여기에는 아무것도 없어요. 부엉이가 둥지를 지을 만큼 큰 나무가 보이지 않아요. 둥지에서 울음소리를 낸 줄 알았는데…"

우리는 어두운 강을 건너 캠프로 돌아왔다.

다음 날에도 우리는 섬에 가서 둥지 나무를 찾으며 몇 시간을 흘려보냈지만 불행히도 찾을 수 없었다. 부엉이들이 이 구역에서 머물렀던 것은 분명하지만 아마도 둥지를 짓지는 않고 사냥만 했을 것이다. 우리는 세르게이가 들었던 특정 울음소리가 어떤 의미인지 재평가해야 했다. 이제 슬슬 눈치챈 사실이었는데 물고기잡이부엉이는 둥지 근처에서만 울음소리를 내는 것이 아니었다. 우리는 경험을 통해 이 부엉이들이 먹이를 찾아 돌아다닐 때에도 운다는 사실을 알게 되었다. 그 울음소리를 내는 곳은 둥지일 수도, 둥지에서 멀리 떨어진 곳일 수도 있었다. 나중에 그 당시를 돌이켜보면 세르게이가 들었던 소리는 2살배기 새끼의 울음이었을 것으로 추측된다. 실루엣만 보면 성체로 보일 만큼 크지만 아직 자기 힘으로 사냥을 할 수는 없는 단계다. 이런 새끼들은 부모 새를 향해 울음소리를 낸다.

그날 밤 비가 내려 시간이 촉박해졌다. 미국으로 돌아가는 내 비행기 일정은 몇 주 뒤였지만 세르게이가 집에서 처리할 일이 있다고 했다. 로제프카 강의 부엉이 쌍이 올해 둥지를 틀지 않은 건 분명해 보였고, 이 새들을 어느 한 장소에 묶어둘 둥지가 없다면 우리는 도저히 이 새들을 찾을 수 없었다. 그래도 우리는 이 새들이 그 지역에 서식한다는 사실을 확인했고, 당분간은 그것만으로도 충분했다. 우리는 로제프카 강의 부엉이 쌍과 하류에 사는 알려지지 않은 부엉이 쌍을 우리의 잠재적 포획 후보에 추가하고, 슬슬 암구로 돌아가기로 했다. 그리고 북쪽에 자리한 셰르바토프카 강 유역에 잠깐 들렀다가 테르니처럼 경찰서나 도로 표지판 같은 편의시설이 있는 지역으로 돌아갈 예정이었다. 현장 탐사 시즌은 이제 거의 끝났다.

홍수

　　우리는 별다른 사건 없이 암구에 도착했다. 픽업트럭은 전날 내린 비로 진흙탕이 된 비포장도로에 숨겨진 움푹 파인 구멍을 피하지 못하고 갈색 흙탕물을 뒤집어썼다. 우리가 이곳을 떠났던 일주일 조금 넘는 기간 동안 암구 강의 수위가 건너도 괜찮을 정도로 낮아졌기에, 세르게이는 힐룩스 차량을 타고 건너도 문제없을 것이라고 말했다. 우리는 강둑에 잠시 멈춰 서서 강바닥의 매끄러운 바위 위로 잔잔하게 흐르는 얕은 강물을 바라보며 앞으로 나아갈 경로에 대해 의논했다. 우리는 세르바토프카 강의 부엉이 쌍을 조사하며 며칠을 보내기로 했다. 수월하게도 이 부엉이 쌍은 보바 볼코프의 사냥용 오두막에서 멀지 않은 곳에 서식했다. 볼코프가 우리와 함께 일하고 싶어 한다는 사실을 알았기 때문에 강을 건너기 전에 마을 반대편에 있는 자택으로 그를 찾아갔다.

　　세르게이와 나는 어두운 현관을 통해 부엌으로 들어갔다가 우리가 이곳에 들른 목적을 잊을 정도로 놀라운 광경을 목격했다.

통통한 체구의 부인 알라가 생선을 아주 잘게 다져서 식탁에 늘어 놓았는데 식탁 표면이 거의 보이지 않을 정도였다. 알라는 다진 생선을 뭉친 다음 주머니 같은 밀가루 반죽 안에 집어넣었다. 생선 펠메니로, 만두나 라비올리와 비슷하게 끓이거나 삶아 먹는 요리였다. 나는 엄청난 양에 놀라 이 많은 생선을 어디에서 구했는지 알라에게 물었다.

"보바가 오늘 아침 해안을 따라 낚시를 하다가 강어귀에서 타이멘이라는 엄청 큰 물고기를 잡았어요." 앞치마와 팔이 밀가루 범벅인 알라의 목소리에는 피로감이 느껴졌다.

나는 깊은 인상을 받았다. "물고기를 몇 마리나 잡은 건가요?" 내가 물었다.

그러자 알라는 피곤하다는 듯이 "타이멘이요"라고 반복하며 러시아어의 단수형에 대해 내가 제대로 알고 있는지 모르겠다는 듯 강조해서 대답했다. "물고기 한 마리요."

나는 내 앞의 다진 생선 살 더미를 다시 살펴봤다. 이 엄청난 더미가 한 마리의 물고기 살이라니 믿기 힘들었다. 내가 의심스러워한다는 사실을 알아차린 알라는 허리를 굽혀 비닐봉지에서 아주 커다란 생선 대가리 하나를 보여주었다. 내가 지금까지 본 것 가운데 가장 컸다. 그리고 알라는 생선 대가리를 높이 치켜들고 "이거 봐요, 한 마리죠"라고 다시 반복했다.

사할린타이멘은 몸길이 2미터, 몸무게는 50킬로그램까지 나가는 전 세계에서 가장 큰 연어과의 어류다.[1] 남획 때문에 심각한 멸종 위기에 처한 종이기도 하다. 이 물고기는 보바가 잡아 올리기 불과 몇 달 전에 보호종 지위를 획득했다. 2010년에는 인근 하바롭스크 주 사마르가 강 바로 북쪽의 코피 강에 타이멘의 산란지를 보호하기 위해 자연보호구역이 지정되기도 했다.[2]

집에 머물던 보바는 우리 둘과 함께 탐사를 떠나고자 했고 필요한 물건을 배낭에 챙길 시간이 조금 필요했다. 알라는 이미 만들어놓은 생선 펠메니가 가득 담긴 유리 항아리 몇 개를 건넸다. 며칠 동안 우리가 먹을 식량이었다. 당시 나는 사할린타이멘이 심각한 멸종 위기종인지 몰랐다. 아마 알았다면 먹지 않았을 것이다. 마치 물고기잡이부엉이나 시베리아호랑이를 잡아먹는 것과 다를 바가 없다. 어쩌면 보바도 그 물고기가 보호종이라는 사실을 몰랐을 수 있다. 그는 명예를 중시하는 사냥꾼이었고 멸종 위기종 지정과 같은 뉴스는 이 넓은 땅덩어리를 가진 나라의 한쪽 끄트머리에서 다른 끄트머리로 전해지는 데 시간이 걸리곤 한다.

부엌에는 보바의 아버지인 발레리라는 이름의 나이 지긋한 신사가 함께 앉아 있었다. 발레리는 이곳 국경순찰대에서 일하다가 은퇴한 인물로 난로 옆 낮은 의자에 잠자코 앉아 며느리가 일하는 동안 곁에 머물렀다. 부츠를 신던 내 머릿속에는 타이멘에 대한 생각이 가시지 않았고 발레리 노인에게 보바와 바다낚시를 간 적이 있는지 즉흥적으로 물었다. 그러자 노인은 크게 웃더니 무릎을 철썩 치며 큰 소리로 대답했다. "나는 이제 절대 물가로 나가지 않아요!" 하지만 자세한 설명을 듣기도 전에 세르게이와 보바가 나를 문밖으로 데려갔다.

암구 강에 도달하자 보바는 한 달 전까지만 해도 이 자리에 다리가 있었지만 동해에서 물이 범람해 봄맞이 청소처럼 다리를 쓸어가버렸다고 설명했다. 하지만 벌목 회사가 세르바토프카의 지금 우리가 건너려는 곳에서 수십 미터 아래에 암구 강으로 흘러들어오는 얕은 지류들 사이로 나무를 벨 준비를 시작했기 때문에, 보바는 얼마 지나지 않아 다리가 또 만들어질 것이라고 확신했다. 그전까지는 얕은 물 위를 그대로 운전해 건너야 했다.

처음 진입한 세르바토프카 지역 도로의 맨 끄트머리는 상태가 좋았다. 세르게이는 우리가 서 있는 곳이 테르니에서 시작된 옛길의 종점으로, 강 하구와 습지가 얼어붙는 겨울에만 지나갈 수 있으며 1990년대까지는 암구로 가는 유일한 육로였다고 설명했다. 하지만 이제 일 년 내내 암구의 내륙 지역에 도달할 수 있는 만큼 해안도로는 인기가 떨어졌고, 대신 벌목꾼이나 밀렵꾼에게 거의 독점적으로 사용되었다. 보바 역시 사냥용 오두막으로 갈 때 이 길을 이용했다.

길이 갈라진 후 우리는 작은 다리를 건너 한 오두막에 다다랐다. 전형적인 러시아 사냥꾼의 오두막이었다. 여덟 개의 통나무가 쌓인 높이였는데 모서리는 목재를 끼워 맞춰 만들어졌고 박공지붕 아래쪽이 트여 수납용 공간이 되었다. 이 오두막은 풀이 무성하게 자란 공터의 큰 가문비나무 아래에 자리했다. 우리는 차를 세우고 짐을 풀기 시작했다. 세르게이는 최근 들어 파란색 냉장고가 더 이상 효과가 없다는 사실을 인정하면서 마을에서 새로 구입한 고기와 치즈, 맥주 몇 캔을 보관하러 개울가로 갔다. 그리고 식료품을 알루미늄 냄비에 담아 얕은 개울물에 넣고 떠내려가지 않도록 무거운 돌로 고정했다.

보바와 나는 높이가 어깨 정도로 낮은 문을 몸을 수그려 통과하며 침낭을 오두막에 옮겼다.

이곳의 여러 숲속 오두막이 그렇듯 벽에는 쌀이나 소금을 비롯한 식재료들이 걸려 있었다. 설치류가 식량을 가져가지 않도록 썩지 않는 보급품을 지면에서 멀리 떨어뜨려 보관하는 일종의 예방책이었다. 천장에는 검게 그을음이 묻어 있었다. 세르게이가 들어서자 보바는 생선 펠메니가 담긴 유리 항아리 하나를 식탁 위에 올려놓았고, 뚜껑을 연 다음 고개를 끄덕이며 우리에게 포크를 나누어주었다. 점심 식사였다.

우리가 마을을 떠난 직후부터 비가 내리기 시작했는데 처음에는 보슬비였다가 곧 일정한 속도로 후두둑 떨어졌다. 점심을 먹고 나서 부엉이 둥지 나무를 조사하기 위해 방수 바지와 재킷을 입고 동료들과 함께 계곡에서 1킬로미터 정도 올라갔다가, 나무를 가로질러 강 쪽으로 조금 더 걸어갔다. 이곳의 숲은 대체로 침엽수림이었다. 30분 정도 걷고 나니 무릎 아래가 빗물로 푹 젖어 있었다. 숲에 흔하게 자라던 오갈피나무속의 가시 돋친 식물을 헤치며 나아가다 보니 가시가 다리를 콕콕 찔러 값비싼 비옷이 마치 체처럼 구멍이 뚫렸다. 내 러시아인 동료들을 힐끗 쳐다보았다. 그들은 이미 흠뻑 젖은 지 오래였고 폴리에스테르와 면 재질인 위장용 회색 겉옷은 잔뜩 젖어 몸에 딱 달라붙었다. 두 사람과 나의 차이가 있다면 세르게이와 보바는 옷의 방수성에 대한 기대가 전혀 없었다. 사실 이 러시아인 동료들은 내가 챙겨온 최신의 경량 장비들을 자주 조롱하곤 했다. 나는 매년 연해주의 숲에서 옷이 상할 때마다 새로운 아웃도

어 옷을 챙겨오곤 했는데, 이런 옷은 북미 국립공원의 넓고 잘 손질된 오솔길에서는 적합할지 몰라도 이곳에서는 해지지 않고 버틸 가능성이 거의 없었다.

그때 세르게이가 손을 들어 올려 우리가 둥지 나무 가까이 왔으니 조용히 다가가야 한다고 신호했다. 곧 이리저리 갈라진 가지 사이로 커다란 나무 한 그루가 시야에 들어왔다. 포플러였는데 내가 지금껏 본 둥지 가운데 가장 높은 지상 17미터 높이에 나무 구멍이 자리했다. 세르게이가 이곳에 온 게 몇 년 전이었기 때문에 둥지에 새들이 아직 살고 있는지는 알 수 없었다. 하지만 그 사실을 알아내기 위해 그가 평소에 사용하던 방식대로 기어올라 직접 확인할 수는 없었다. 가장 낮은 나뭇가지라도 지상에서 족히 10미터나 떨어진 높은 곳에 있었기 때문이었다. 때때로 세르게이는 나무에 오르기 위해 수목 재배업자나 선원들이 자주 사용하는 날카로운 징이 달린 도구를 사용해서 둥지에 접근하기도 했지만 이번에는 그 방법 역시 불가능했다.[3] 포플러의 썩어가는 나무껍질은 두텁지만 헐거워서 안전한 디딤대를 제공하지 못했다.

우리는 50미터 정도 물러서서 해가 질 때까지 빗속을 서성거리며 근처에서 이중창이 들리거나 둥지에서 울음소리가 들리기를 기다렸다. 하지만 나뭇잎을 때리는 빗방울 소리 말고는 어떤 소리도 들리지 않았다. 비가 많이 내렸던 만큼 일단 새들이 울지 않을 것 같았고 설사 운다고 해도 빗소리 때문에 우리가 듣지 못할 것이다. 우리는 결국 오두막으로 돌아와 생선 펠메니를 먹고 잠자리에 들었다. 보바와 세르게이가 두 대의 침대 가운데 하나를 같이 썼고 내가 다른 하나를 차지했다.

다음 날 아침, 우리는 비가 와서 차가워진 생선 펠메니와 뜨거운 인스턴트커피로 아침 식사를 하면서 하루 계획을 세웠다. 일단 둥지 나무의 위치는 확보했다. 이제 우리의 흥미를 끄는 부분은 그 둥지에 서식하는 부엉이 쌍이 사냥하는 장소였다. 보바는 힐룩스를 끌고 강을 따라 계곡으로 올라가면서 세르게이와 나를 오두막에서 6킬로미터 정도 상류 쪽에 내려줄 예정이었다. 나는 강 계곡의 저쪽 멀리까지 탐험한 다음, 보바의 오두막 건너편에 이를 때까지 하류 방향으로 강을 따라 내려올 것이다. 오두막 위치는 이미 GPS 좌표로 표시해두었다. 그런 다음 나는 강을 가로지를 것이다. 세르게이 또한 강의 큰 줄기를 따라가며 똑같은 방식으로 탐사할 예정이었다. 그리고 보바는 계곡 위쪽에 자리한 두 번째 오두막까지 하이킹하고 도로가 끝나는 지점을 지나 그곳에서 차량을 수리할 계획이었다.

나는 차에서 내려 강바닥에 이르는 가파른 비탈을 내려가 얕은 강물을 건너 계곡 저편으로 갔다. 셰르바토프카 강의 큰 줄기는 깊어봐야 내 허리 높이 정도여서 긴 장화를 신고서 건널 수 있는 길목을 곧 발견했다. 장화에 강물이 스며들어도 그렇게 큰일은 아니었다. 어쨌든 비가 와서 흠뻑 젖을 것이라 예상했기 때문이었다. 일단 계곡 건너편에 다다르자 나는 쓰러진 나무에 여기저기 가로막히고 수풀이 무성하게 자란 늪지대를 따라 나아갔다. 조금씩 흥분이 되었다. 흐르는 물과 적당한 개체수의 물고기 떼가 갖춰진 이곳은 부엉이들의 사냥터로 손색이 없었다.

나는 강둑을 따라 걸으며 나무에 붙은 깃털이나 땅에 떨어진 펠릿을 찾아다녔다. 이곳 숲은 낙엽수라든지 주기적으로 울창해지는 침엽 덤불로 이뤄진 흥미로운 혼합림이었다. 숲 하나를 지나치자 털 뭉치, 뼈 몇 개, 두개골이 눈에 띄기 시작했다. 그것은 노루 사체의 일부로, 일부는 물에 잠겼지만 대부분은 계곡 비탈 아래의 강둑을 따라 흩어져 있었다. 나는 꽤 많이 떨어져 있는 하얀 새똥을 보고 가까이 다가갔다. 그 흔적을 보고 처음 들었던 생각은 이게 연해주 북부에서 노루의 사체를 뒤져서 먹을 가능성이 가장 높은 맹금류인 흰꼬리수리의 똥이라는 것이었다. 겨울에 참수리도 서식했지만 흔하지는 않았다. 나는 이 새가 어떻게 나무 위의 두터운 수관을 뚫고 들어갔는지 알아보려고 고개를 들었다가 물고기잡이부엉이가 앉아 있었던 이끼 낀 수직 방향의 나뭇가지를 발견하고는 멍하게 쳐다보았다. 노루의 사체가 바로 밑에 있었다. 지면을 자세히 살펴보니 뼈에 물고기잡이부엉이 깃털이 섞여 있었다. 부엉이가 노루를 직접 죽였을 것이라 생각하지는 않았지만, 부엉이가 나무 아래에 놓인 노루 사체라는 푸드 트럭을 최대한 이용한 것은 분명해 보였다.[4] 나는 현장을 사진으로 찍고 펠릿 몇 개를 수집한 다음 GPS 좌표를 확인했다. 비가 거세져서 더 열심히 했다.

마침내 오두막으로 돌아오니 해 질 녘이 가까운 시간이었다. 나는 흠뻑 젖어버려서 보바가 이미 돌아왔다는 점에 감사했다. 오두막은 따뜻했고 난로에서 나오는 과한 열기가 빠져나가도록 문이 조금 열려 있었다. 끓인 물이 담긴 시커멓게 탄 주전자가 난로 옆 편평한 바위에 놓여 있어 언제든 차를 마실 수 있었다. 보바는 멧돼지를 봤다는 것 말고는 보고할 사항이 별로 없었다. 세르게이는 아직 돌아오지 않았지만 저녁 준비는 이미 끝나 있었다. 식탁 위에는 포크 세 개와 남은 생선 펠메니, 마요네즈 한 병이 올려졌다. 나는 옷을 말리기 위해 보바의 옷 옆에 걸어두고서 세르게이를 기다렸다. 밖에는 두터운 벽이 서듯 비가 계속 내렸다. 이윽고 세르게이가 몸에서 물을 뚝뚝 흘리며 돌아오자 보바는 식탁 위에 촛불을 켰다. 세르게이는 세르바토프카 강의 수위가 확실히 올라가고 있다고 걱정스럽게 말했다. 그 바람에 개울물에 담가 두었던 우리 고기와 치즈, 맥주도 씻겨 내려갔다. 우리는 남은 펠메니를 항아리 바닥까지 싹싹 긁어서 해치웠다. 타이멘을 먹고 있자니 보바의 아버지 발레리가 바다에 절대 나가지 않겠다고 했던 묘한 반응이 생각났다. 그래서 보바에게 여기에서 무슨 일이 있었는지 물었다.

"꽤 큰일이 있었죠." 보바가 이렇게 운을 떼고는 몸을 뒤로 젖히며 까마득하지만 중요한 기억을 떠올리듯 천장을 향해 눈길을 주었다. 오두막은 따뜻했고 촛불 하나의 부드러운 불빛에 그림자가 드리워졌다. 북을 치듯 지붕에 비가 고루 내렸고 가끔은 근처 전나무가 바람에 흔들려 나뭇가지가 머금었던 빗물이 떨어지며 후두둑 격렬한 소리를 냈다. 집 안에서는 우리가 말리려고 걸어놓은 옷에서 나온 물방울이 뜨거운 난로 위로 떨어지면서 쉭쉭 소리가 났다. 세르게이는 미소를 지으며 침대에 기댔다. 분명히 그가 전에 들었던 얘기였지만 다시 듣게 되어도 싫지 않은 기색이었다.

1970년대 초에 발레리는 낚싯배를 몰고 친구를 막시모프카 마을에 데려다줄 일이 있었다. 이 마을은 도로로 가기에는 오늘날에도 어렵지만, 모터보트를 타면 당시에도 암구에서 해안 쪽으로 30 킬로미터 정도만 가면 되었다. 하지만 발레리가 집에 거의 다다랐을 때 보트의 모터가 말을 듣지 않았다. 다시 시동을 켜려고 했지만 그럴 수 없었다. 거센 해류가 보트를 해안에서 점점 더 멀리 끌어갔다. 발레리는 당황한 나머지 노를 움켜쥐고 열심히 저었지만 물살이 너무 셌다. 딱한 처지가 된 발레리는 보트가 해안선에서 점점 멀어지며 고요하고도 두려운 탁 트인 대해로 조금씩 나아가는 모습을 힘없이 지켜봐야 했다. 발레리는 여행에서 남은 간식 한 줌과 총알이 몇 개 든 라이플, 약간의 식수를 가지고 있었다. 하지만 이틀째가 되자 식량은 그마저도 거덜 났다. 지나가는 갈매기 몇 마리를 쏘아 총알을 전부 쓰고 고작 한 마리를 죽였지만 물살이 세서 사체를 줍지도 못했다. 바다에서 표류된 지 사흘째 되던 날 발레리는 다른 배를 발견해 고함을 지르며 노를 흔들었다. 선원들이 그 모습을 보고 배의 항로를 바꿨다. 발레리는 이제 구원받았다고 생각했고 큰 배가 보트 옆에 멈췄다. 러시아 선원이 동해 한복판에서 엉망진창이 된 보트를 탄 햇볕에 잔뜩 그을린 미치광이를 흥미로운 표정으로 내려다보며 물었다. "여기서 대체 뭐 하는 거예요?"

"해류 때문에 여기까지 휩쓸렸어요." 보바의 아버지가 탈수증으로 목이 잠긴 채 대답했다.

"그러면 그 해류를 타고 다시 돌아가면 되겠네요." 선원은 웃으면서 겁에 질린 조난자를 버려둔 채 가던 길을 계속 갔다. 아마 그들은 발레리가 곧 죽을 것이라 생각했을 것이다.

나흘째 되던 날 발레리가 일어나 보니 배가 암구에 정박해 있었고 해안에서 아내가 그를 부르고 있었다. 하지만 잠시 후 자기가 여전히 바다 한가운데의 보트에 있고 거짓 환영에 거의 속아 넘어갈 뻔했다는 사실을 알게 되었다. 발레리는 정신착란과 수도 없이 싸워야 했다. 그리고 표류한 지 닷새 만에 라페루즈 해협에서 러시아 선박의 구조를 받았다.

"라페루즈 해협이라고요?" 나는 깜짝 놀라 의자에서 거의 펄쩍 뛰어올랐다. 암구에서 동쪽으로 약 350킬로미터나 떨어진 해협이었다.[5]

하지만 보바는 나의 폭발적인 반응에도 꿈쩍하지 않고 이야기를 이어갔다. 발레리를 구한 배는 그를 블라디보스토크 인근인 연해주 남부의 항구 나호드카에 내려주었고, 그곳의 구조대원들은 발레리의 설명을 토대로 그를 버리고 간 배를 확인했다. 대양에 소련 시민을 버리고 간 선원이 어떤 처벌을 받았는지에 대해 보바는 정확히 몰랐지만 분명 엄중했을 터였다. 일단 상륙하자 당국은 발레리의 사연을 동정하며 귀 기울여 듣고 신원을 확인하기 위해 여권을 요청했다.

"여권이라고요?" 발레리는 믿을 수 없다는 듯이 되물었다. "저는 막시모프카로 친구를 데려다주려고 보트를 탔을 뿐입니다. 대체 여권이 왜 필요합니까?"

"여기는 나호드카이기 때문입니다." 관계자가 말했다. "그리고 당신은 민감한 기관인 국경순찰대가 있는 암구로 보내달라고 요청하고 있죠. 그러려면 당신의 신분을 증명해야 합니다."

당시의 절차를 감안할 때 발레리의 신원이 확인되고 집으로 돌아오기까지 2주 가까이 더 걸렸다. 발레리가 집을 떠난 지 거의 한 달 가까이 되는 때였다. 그의 가족은 장례식을 치르고 죽음을 애도하고서 조금씩 치유되던 참이었다. 한편 발레리가 국경순찰대 측에 자기가 겪은 일을 보고하자 상사는 화가 난 채 차라리 바다에서 사라지는 게 나았을 거라고 말했다. 발레리의 금속제 보트가 동해에서 닷새 동안 아무에게도 탐지되지 않았다는 건 순찰대의 무능력을 증명하기 때문이었다. 그들의 임무는 당국에 등록되지 않은 보트와 선박, 즉 스파이들의 활동을 미리 알아내 체포하는 것이었다. 블라디보스토크의 중앙 사무소는 이 난처한 실패에 대해 암구의 순찰대를 지독하게 몰아세웠다.

보바는 잠시 이야기를 멈추고 한숨을 쉬고는 다음과 같이 결론을 지었다.

"저희 아버지는 어느 날 오후 바닷가로 잠깐 여행을 갔다가 지옥에서 한 달을 보냈습니다. 그래서 학을 떼고 다시는 바다에 나가시지 않죠."

밤새도록 비가 마구 쏟아졌다. 아침에 외출을 마치고 돌아와 젖은 코트를 털어낸 세르게이는 우리가 여기 갇힐 확률이 꽤 높다고 말했다. 하룻밤 사이에 강이 거의 기하급수적으로 불어났고, 이틀 전 오두막 근처에서 우리가 건넜던 개울 위의 다리는 아예 떠내려갔다. 세르게이는 담배에 불을 붙이고 연기가 빠져나가도록 문 옆에 서 있었다.

"우리에게는 탈출의 기회가 있었을지도 모르지만 이미 그 가능성마저 없어졌어요. 하지만 시도는 해봐야 할 것 같습니다. 강의 수위가 낮아질 때까지 손 놓고 여기에 머물 수만은 없으니까요. 그러면 일정이 일주일 정도 더 지체될지도 몰라요." 세르게이는 잠깐 말을 멈췄다. "그러니 지금 가야 해요."

우리는 세르게이 말처럼 정말 당장 떠났다. 힐룩스 차량에 짐을 꾸린 뒤 마을로 돌아가기 시작한 것이다. 강물은 제방을 무너뜨리고 도로를 따라 1킬로미터 넘게 흐르다가 원래 수로로 돌아갔다. 길을 따라 있던 다리가 세 개나 침수되었다. 이 다리 가운데 두 곳은 건너는 데 그렇게 문제가 되지 않았지만 한 곳은 허리까지 잠긴 채로 얼굴이 붉어져서는 길을 가로막는 통나무를 밀며 물속을 나아가야 했다. 그 통나무 때문에 트럭이 안전하게 건널 수 있는 수위보다 물이 더 깊어졌다.

이러한 장애물을 생각하면 우리가 마침내 암구 강을 건너려고 다가갔을 때 불과 며칠 전의 모습과 너무도 달라 알아보기 힘들었던 것도 당연했다. 얼마 전까지만 해도 힐룩스 차량은 종아리 깊이의 맑고 얕은 강물을 건너갔지만, 지금은 물이 탁한 데다 허리 깊이까지 와서 상당히 아슬아슬하게 지나야 했다. 우리는 너무 늦었고 이곳에 발이 묶여버렸다. 아무리 세르게이라도 이 소용돌이치는 가마솥에 트럭을 몰아넣을 수는 없었다. 하지만 세르게이와 보바는 계속해서 방법을 의논하면서 계획을 세우는 듯 손으로 어딘가를 가리키고 팔을 휘둘렀다. 그러고는 아무런 설명 없이 세르게이는 앞 좌석 글러브 칸을 뒤져 포장용 테이프를 찾았고 보바는 엔진 후드를 열었다. 두 사람은 공기 필터의 흡입 호스를 제거한 다음 열려 있는 후드 상단에 호스를 테이프로 고정했다. 차량이 강물을 따라 나아가는 동안 디젤 엔진에 물이 들어가 반쯤 건넜을 즈음 가동이 멈추는 것을 막기 위함이었다. 보바는 긴 장화에 가슴까지 오는 멜빵을 착용한 채 40미터 정도 강을 따라 올라갔다가 조심조심 강물을 피해서 대각선으로 50미터 가량 강물에 떠밀려 갔고 다시 도로가 이어지는 건너편으로 나왔다. 나는 보바가 해냈다는 데 안도의 한숨을 쉬었고, 그는 세르게이와 나에게 엄지손가락을 치켜올렸다. 하지만 도저히 이해가 가지 않았다. 물살이 이렇게 빠르고 수심이 1미터 반이나 되어 거의 집어삼켜질 뻔했는데도 강을 건너려 했단 말인가? 사마르가 강의 날레드에서 탈출했을 때보다도 더 미친 짓 같았다.

우리는 트럭에 올라탔지만 앞이 보이지는 않았다. 공기 흡입 호스가 젖지 않도록 엔진 후드를 열어두었기 때문이다. 세르게이는 운전대를 잡은 채 창문을 내리고 최대한 몸을 내밀었다. 그리고 좁은 공간에서 차를 전진, 후진, 전진하는 3점 방향 전환 방식으로 보바가 갔던 길로 차를 돌렸다. 세르게이가 차를 후진시키자 건너편에서 보바가 해군 기수처럼 반복되는 패턴으로 팔을 휘저으며 우리가 나아가야 할 각도를 보여주었다. 우리는 보바의 신호에 따라 강물 속에 들어갔다.

말도 안 되는 광경이 느린 화면으로 펼쳐졌다. 강물이 우리를 끌어당겼고 문틈으로 물이 쏟아져 들어왔다. 세르게이는 여전히 운전석 창문에서 반쯤 몸을 뺀 상태여서 방향을 짐작할 수는 있었지만, 욕설을 퍼부으면서 운전대를 앞뒤로 마구 돌리며 차를 조종해보려고 해도 통제가 불가능했다. 힐룩스 차량은 강바닥에서 튕겨 다시 올라왔는데 이것은 우리가 대부분 둥둥 떠 있었다는 뜻이었다. 바퀴는 고장 난 방향타 같아서 가끔씩만 말을 들었다. 나는 창문을 돌려 여는 손잡이를 너무 세게 움켜쥔 탓에 손가락 마디가 하얗게 변했다. 강물이 내 발 위로 쏟아졌고 잠시 뒤 바퀴가 마찰력을 얻어 안정을 찾았다. 우리는 강의 가장 깊은 곳을 우회했다. 힐룩스는 둥둥 뜬 난파선처럼 이동해 보바가 우리에게 안내했던 건너편에 닿았다. 세르게이는 성공할 줄 알았다는 듯이 웃었고 보바는 신기하다는 듯 웃음을 지었다. 나는 트럭에서 펄쩍 뛰어내려서는 강을 건너려는 시도가 재앙으로 끝나지 않았다는 사실에 크게 놀랐다. 우리는 강 근처에 어물쩍 머물다가 휘말리기라도 할까 봐 얼른 안전한 곳으로 멀리 떨어졌다.

2006년의 야외 탐사 시즌이 끝났다. 나는 블라디보스토크로 남하해서 세르게이 수르마흐와 함께 성과 보고를 받은 다음 6월 중순에 비행기를 타고 서울과 시애틀을 경유해 태평양을 횡단해서 미네소타에 있는 내 집에 도착할 것이다. 여름에는 꽤 바쁠 예정이다. 나는 4년 가까이 캐런이라는 여성과 사귀었는데, 우리는 연해주에서 평화봉사단 동료로 처음 만나 8월에 결혼하기로 했다. 그런 다음 미네소타 대학교에서 물고기잡이부엉이의 보존 전략을 짜는 데 필요한 기술을 개발하고자 수업을 들을 것이다. 또 다음 번 현장 연구 준비를 위해 맹금류 포획을 다룬 문헌을 뒤지고 관련 전문가들과 상의해야 했다. 이 5년짜리 프로젝트를 시작한 지 겨우 3개월밖에 되지 않았지만 이미 상당히 매혹적인 여정이었다. 인류 문명의 가장자리를 따라 수수께끼의 부엉이에 대한 새로운 발견이 이어지는 여행이었다. 지난 몇 달 동안 세르게이와 나는 포획에 집중할 수 있는 13곳의 부엉이 서식지를 발견했다. 우리는 이들 장소 대부분에서 부엉이 쌍의 울음소리를 들었지만 사실 그것보다 중요한 건 네 곳에서 발견한 둥지 나무였다. 다음 번 겨울에 첫눈이 내리고 강이 얼어붙으면 나는 다시 연해주로 돌아가 세르게이와 만나서 이 부엉이들을 얼마나 잡을 수 있을지 시험해볼 것이다.

| 3부 |

포획

덫을 준비하다

나는 2007년 1월 말, 수르마흐가 근무했던 블라디보스토크
의 생물토양과학연구소에서 세르게이를 만났다. 세르게이는 자신
감이 넘쳤으며 막 손질한 헤어스타일에 방금 닦은 반짝이는 구두,
깨끗이 면도된 얼굴을 자랑했다. 우리는 빛바랜 벽돌과 소련의 전통
을 자랑하는 4층짜리 건물로 들어가 엘리베이터를 기다렸다. 불이
들어오지 않는 건물 한가운데 지붕이 높은 공간인 아트리움에서 빵
을 파는 여성이 우리를 흘긋 쳐다보더니 배관공이냐고 물었다. 세르
게이는 아니라고 대답한 다음 페이스트리를 주문했다. 그때 엘리베
이터 나무문이 열리며 내부의 단단히 조여진 공간이 드러났는데, 케
이블을 따라 위로 올라가면서 계속 미심쩍게 끼익거리며 신음해 그
안에 갇힌 사람들에게 유지 보수의 필요성을 호소했다. 우리는 발소
리가 울려 퍼지는 회색 복도를 따라 내려가 수르마흐의 작은 사무실
문을 열고 들어갔다.

우리가 이곳을 방문한 이유는 다가올 현장 탐사 시즌의 마지

막 세부사항을 조율하기 위해서였다. 물고기잡이부엉이를 포획하려
는 최초의 시도이자 여러 해에 걸쳐 진행할 이 프로젝트에서 결정적
으로 중요한 단계였다. 우리는 앞으로 몇 년 동안 부엉이를 찾아낼
장소를 테르니와 암구 지역에서 미리 표시해두었고, 새들을 사로잡
을 잠재적인 장소 십여 곳을 알아냈다. 가능한 많은 새들을 잡아서
부엉이의 몸에 발신기를 부착하는 방식을 시도해 움직임을 감시할
예정이었다. 이것은 일회성 작업이 아니다. 현장 조사는 도전적이거
나 힘든 활동이 주기적으로 반복되곤 하며, 마침내 답이 나올 때까지
질문을 해결하고자 지속적으로 압박을 받는 작업이다. 일단 부엉이
의 몸에 발신기가 붙어 있다면 우리는 몇 년에 걸쳐 해당 지역을 거
듭 방문해 데이터를 수집하고, 프로젝트가 끝날 무렵에는 새들을 재
포획해 발신기를 떼야 한다. 데이터를 수집하고 처음 한두 해가 흘러
새들의 이동 경로에 대한 초기 정보를 얻고 나면, 새들이 둥지를 틀
거나 사냥한 장소에 독특한 특징이 있는지 서식지를 조사한다. 우리
가 이러한 활동이 벌어지는 정확한 위치를 아직 알지 못한다는 점은
중요치 않았다. 그것을 알아내려면 시간과 끈기가 필요했다.

　　우리는 현장 탐사 계획에 대해 논의하면서 차를 마시고 초콜
릿을 먹었다. 올해의 진행 속도는 2006년과는 매우 다를 것이다. 이
번 목표는 물고기잡이부엉이의 서식지를 찾는 것이 아니라 테르니
라는 하나의 서식지에서 포획 기술을 연습하는 것이기에 우리는 더
느리게 절차를 따르며 작업할 예정이었다. 작년에 그 지역에서 부엉
이가 가장 많이 서식하는 장소를 발견한 적이 있으므로 논리적인 출
발점이었다. 우리는 세레브랸카, 툰샤, 파타 지역의 새들과 친해져야

했고, 적어도 한 쌍이 사냥하는 장소를 찾아 덫을 놓아야 했다. 목표 구역의 20킬로미터 이내에 자리하는 야생동물보호협회 시호테알린 연구센터에 비를 피할 지붕과 따뜻하게 묵을 침대가 있기 때문에, 테르니는 초반 작업의 기초를 제공받기에 편리한 장소였다.

수르마흐는 다른 약속 때문에 이번에도 우리와 함께하지 못하지만 다양한 조류 포획 경험과 부엉이를 잡을 때 우리가 겪을 어려움에 대해 활기차게 이야기했다. 수르마흐는 욕설을 할 때 평상시 말소리보다 줄여 속삭여 말하는 친근한 버릇이 있었다. 평소에 욕을 많이 하지는 않지만 무언가에 특별히 흥분하면 말소리가 급격히 줄어들었다가 사냥하는 황조롱이의 갑작스런 울음처럼 다시 높아지곤 했다.

탐사 시즌이 끝난 동안 나는 캘리포니아의 맹금류 포획 전문가인 피트 블룸(Pete Bloom)과 논의했고, 과학 논문을 검토하며 물고기잡이부엉이 포획에 효과적일 것이라 여겨지는 몇몇 덫을 찾아냈다. 선택지는 수십 가지나 되었다.[1] 사람들은 수천 년까지는 아니라도 수백 년 동안 맹금류를 포획했다. 인도에서 처음 만들어진 발차트리처럼 오랜 세월이 흐르면서 검증된 방식도 있었고, 가재 덫처럼 그물눈이 작은 올가미 안에 설치류를 미끼로 넣고 산 채로 새를 잡는 방식도 있었다. 맹금류는 이 덫 속의 미끼를 낚아채려다가 우리에 떨어지면서 올가미에 엉킨다. '구덩이 덫'이라고 불리는 또 다른 방식은 사람들이 새를 사로잡기 위해 어디까지 견딜 수 있는지를 보여준다. 독수리나 콘도르처럼 썩은 고기를 잡아먹도록 설계된 이 덫은 땅에 사람만 한 구멍을 파고 그 옆에 죽은 소나 다른 동물을 끌어다 넣는다. 그리고 연구자들은 악취가 나는 사체에서 한두 걸음 떨어져 구덩이 속에 몸을 숨긴다. 때로는 목표 동물이 먹이를 찾아 도착하기까지 몇 시간을 기다리기도 한다. 그런 다음 새가 구덩이 가까이에 다가오면 어둠 속에서 손을 뻗어 깜짝 놀란 새의 다리를 움켜잡는다.[2]

맹금류를 포획할 때는 여러 가지 요인이 작용하는데, 물고기잡이부엉이의 경우에도 그것들을 고려해야 한다. 어떤 종은 다른 종보다 포획하기가 용이하지만 암수 성별이나 계절, 나이, 신체적 조건에 따라 개체별로 차이가 있다.[3] 예컨대 어린 매들은 순진해서 덫이나 함정을 의심하지 않는 편이며, 배부른 독수리는 배고픈 매에 비해 잡기 어렵다. 하지만 과학 논문에서 부엉이 포획에 대한 내용은 많지 않았다. 이 새들이 러시아에서 잡혀 죽었던 사례의 대부분은 우데게에서 고기를 얻기 위해 사냥했다거나 박물관에 전시하기 위해 과학자들이 총을 쏘아 죽였다는 역사적인 기록들이었다.[4] 단 하나 예외도 있었다. 몇 년 전 세르게이는 테르니에서 북서쪽으로 약 천 킬로미터 떨어진 아무르 주에 머물렀는데 그곳은 물고기잡이부엉이 서식지에서 벗어난 것으로 여겨진 장소였다. 하지만 세르게이는 그곳에서 부엉이의 흔적을 발견했고, 아무도 자기 말을 믿지 않을 것이라 여겨 덫을 만들어 그 자리에 설치했다. 세르게이의 함정은 구부러진 싱싱한 버드나무 가지가 그물에 덮여 있고 무너지기 직전의 철막대기로 입구를 틀어막은 조잡한 돔 모양이었다. 만화에서나 볼 법한 초보적인 덫이었지만 그래도 부엉이는 속아 넘어갔다. 며칠 뒤 세르게이는 부엉이를 잡았고 증거용으로 사진을 몇 장 찍은 다음 새를 놓아주었다.[5]

내가 찾아낸 부엉이 포획과 방류와 관련된 세세한 지식의 대부분은 일본에서 연구한 내용이었다. 일본에서는 성체가 아닌 새끼 부엉이들을 그물로 포획했기에 성체들의 포획에 대한 언급은 찾기 힘들었다.[6] 하지만 우리는 이번 프로젝트에 새끼들을 이용하고 싶지는 않았다. 어린 새들의 행동은 불규칙적이어서 자기 영역에서 이동하는 성체 새들의 움직임에 대한 지식을 제공하지는 못했다. 그리고 우리가 보존 계획을 세우려면 성체에 대해 알아야 했다. 나는 일본에서 부엉이를 연구하는 생물학자들에게 이메일을 보내 성체 포획에 대해 조언을 구했다. 하지만 아무런 답신도 받지 못했다. 일본 연구원들은 멸종 위기에 처한 이 부엉이들에 대한 정보, 특히 이 새를 찾거나 잡는 방법에 대한 자세한 정보를 공유하지 않으려 했다. 아마도 열정이 과한 일본의 탐조가들과 야생동물 사진작가들이 실수로 물고기잡이부엉이들의 둥지를 파괴하거나 더 잘 관찰하겠다고 새들을 교란시켰던 사례들 때문일 것이다.[7] 나는 아직 물고기잡이부엉이 연구자들의 세계에서 이름을 알리지 못한 무명의 대학원생이었다. 그랬던 만큼 이메일을 받은 사람들의 입장에서는 낯선 이가 덜컥 연락을 해와서 자기들의 가장 소중한 비법을 알려달라고 요구하는 셈이었다. 어쨌든 부엉이 포획에 대한 정보가 부족하고 이 새들이 다른 덫을 얼마나 경계하는지 알지 못하는 상황에서 세르게이와 나는 시행착오를 겪으며 직접 익혀볼 계획이었다. 우리는 그해 부엉이 네 마리를 포획하면 성공이라고 여기자고 다소 임의적으로 목표를 세웠다.

내가 가져온 발신기 여섯 개는 연구에 매우 중요한 역할을 했다. 이 조그만 장치들은 30센티미터 길이의 잘 구부러지는 안테나가 달린 AA 건전지함처럼 생겼다. 부엉이에게 부착하는 발신기는 각 날개에 하나씩 고리를 끼우고 용골을 가로지르는 끈으로 전체를 고정시키는 배낭 같은 구조였다. 이 장치가 매초마다 무음 신호를 내보내면 우리는 특수 수신기를 사용해서 그 신호를 들을 수 있었다. 그런 다음 우리는 삼각 측량법으로 부엉이의 위치를 추정했다. 작년에 내가 부엉이 울음소리가 나는 위치의 나침반 방위각으로 둥지 나무를 찾았을 때와 비슷한 원리였지만 이번에는 부엉이의 울음 대신 무선 신호 강도로 방향을 잡는 셈이었다.[8] 우리는 여러 해에 걸쳐 부엉이의 위치 데이터를 수집해 이 새들이 어떤 종류의 서식지를 선호하고 어떤 구역을 피하는지 이해할 수 있을 것이다. '자원 선택'이라고 불리는 이 과정을 통해 생물학자들이 서식지나 먹이의 풍요로움 같은 자연적인 특성(이런 것들 전체를 '자원'이라고 한다)의 중요성을 순위로 매기게 된다.[9] 그러면 주어진 종의 생태학적 요구를 보다 잘 이해할 수 있다. 예컨대 우리는 부엉이들이 강에 의존해 먹이를 구한다는 사실은 알고 있다. 하지만 이 새들이 아무 강에서나 물고기를 잡을 수 있을까? 수로의 폭, 수심, 강바닥, 아니면 특정 구간 같은 고유한 요소가 작용할까? 또 둥지가 위치하는 곳은 어디일까? 단지 큰 나무라는 점을 제외하고도 중요한 요인이 있는가, 아니면 주변 숲에 침엽수가 일정 비율을 차지하는 것 같은 특징이 만족되어야 하는가? 아니면 마을에서 일정 거리 떨어져 있어야 하는가? 우리는 많은 부엉이들에게 발신기를 부착하고 반복되는 행동 패턴을 찾아 이 새의 자원 선택에 대해 더 잘 이해할 수 있을 것이다. 이 평가는 생물 종 보존 계획의 기본이며 이 프로젝트의 핵심이었다.

현장 탐사 기간 동안 우리는 여러 가지 제한 요인을 실제로 확인할 수 있었다. 첫 번째는 날씨였다. 겨울은 부엉이를 가장 쉽게 발견할 수 있는 시기이자 부엉이가 사냥하는 장소에 가장 제한이 따르는 시기였기 때문에, 이 계절은 이 새를 포획하기에 가장 좋은 기간이었다. 하지만 사마르가에서 우리가 경험했던 바에 따르면 겨울은 예측 불가능한 시기이기도 했다. 겨울철의 폭풍은 우리의 이동에 제한을 주고 함정이 제 기능을 하는 데 방해가 될 수 있으며, 봄이 되면서 위험이 닥칠 수 있는데 그 위협은 3월까지 계속되었다. 또 다른 문제는 팀원이었다. 수르마흐 팀에서 세르게이 말고 다른 사람들은 한 번에 두 달씩 숲속에서 지낼 여유가 없었다. 생계를 잇기 위한 다른 직장이나 가족이 기다리고 있어서였다. 그래서 우리는 매년 한두 명의 현장 보조원이 정기적으로 교체 투입될 것으로 생각했는데 이들은 다들 각자 강점과 약점을 갖고 있었다. 또 우리의 모든 결정에 영향을 미치는 마지막 고려 사항은 예산이었다. 이 프로젝트의 자금은 내가 조달할 수 있는 지원금으로 제한되었는데, 우리가 사용하는 기술에는 비용이 많이 들었다. 즉, 우리가 관찰한 부엉이들에게 전부 발신기를 붙일 수는 없다는 뜻이었다. 우리는 보다 전략적이어야 했다. 예컨대 수중에 발신기가 몇 개가 있는지에 따라 부엉이 한 마리를 잡은 뒤 그 새의 짝을 잡으려고 시도하는 것보다 캠프를 걷고 다른 지역으로 이동하는 게 더 합리적일 수 있다. 부엉이의 이동 경로를 우리가 이해하기 위해서라면, 같은 지역에서 온 두 마리보다 각자 다른 지역의 두 마리가 더 나았다. 우리는 나름의 전략을 갖고 2007

년의 탐사를 시작했지만 모든 현장 작업이 그렇듯 계획은 언제든 바뀔 수 있었다. 유연하게 생각해서 중요한 결정도 상황에 따라 이리저리 변경할 수 있어야 했다.

세르게이와 나는 오전 중에 블라디보스토크를 떠났고, 몇 시간 동안 어둠과 산, 숲을 지난 끝에 그날 자정 가까이가 되어서야 테르니에 도착했다. 세르게이는 빨간색 힐룩스의 운전대를 잡고 우리가 사마르가에서 사용했던 검은색 야마하 스노모빌을 뒤에 끌었다. 나는 세르게이가 탐사를 하지 않고 쉬는 동안 힐룩스 차량에 잘 구부러지는 공기 흡입 호스를 설치한 것을 보고 기뻤다. 이렇게 하면 나중에 깊은 강물을 건널 때 테이프를 감거나 후드를 열 필요가 없을 테니 말이다.

테르니에 있는 3층 목조건물인 시호테알린연구센터는 언덕 위에 있어서 마을과 동해, 시호테알린 산맥이 한눈에 보이는 멋진 조망을 가졌다. 이 센터의 운영자는 1992년부터 연해주에 머물렀던 야생동물보호협회의 데일 미켈이었는데, 그는 내가 아는 미국인 가운데 이 지역에서 가장 오래 머무른 사람이었다. 데일은 언제든 필요하면 센터에 머무르라고 우리를 초대했다.

편안하게 밤잠을 잔 뒤 세르게이와 나는 다음 날 아침 일찍 테르니를 떠났고 일이 차질 없이 시작되기를 간절히 바랐다. 기온은 섭씨 영하 20도 중반 정도였고, 얼음에 덮인 가파르고 울퉁불퉁한 길을 조심스레 내려오는 동안 동해에서 막 떠오른 태양이 우리가 지나치는 벽돌 굴뚝에서 올라오는 흰색 연기 기둥을 더 잘 보이게 했다.

우리는 세레브럇카 강을 따라 10킬로미터 정도 서쪽으로 운전해 지난 봄 부엉이들의 울음소리를 들었던 구역으로 향했다. 그리고 도로 옆에 차를 세우고 참나무와 자작나무의 수관 아래를 걸어가 세레브럇카 강에 도달했다. 얼어붙은 고속도로를 따라 이동하면서 보니 강도 거의 얼어붙어 있었다. 물이 흐르는 구역은 길이와 폭이 겨우 몇 미터일 정도로 좁은 데다 얼마 되지도 않아, 이곳에 서식하던 한 쌍의 부엉이가 사냥터로 쓸 만한 곳이 별로 없다는 사실을 깨달았다. 덕분에 덫을 어디에 놓으면 좋을지 정확하게 고를 수 있었다. 우리는 서식지 인근을 답사한 뒤 차량으로 돌아왔고, 세르게이가 차를 마시기 위해 불을 피워 강물을 끓이는 동안 이 작업의 전망에 대해 이야기하며 해 질 녘이 되기를 기다렸다. 부엉이들은 이중창으로 우리에게 보상을 주었다. 일이 꽤 수월해졌다.

　　우리는 테르니에 있는 동안 덫을 만들었다. 세르게이와 내가 처음으로 시도하고자 했던 방식은 '올가미 카펫'이라 불리는 덫이었다.[10] 올가미 카펫은 수십 개의 낚싯줄이 마치 활짝 핀 꽃처럼 엮여 직사각형 모양의 스테인리스 그물망 위를 덮는 단순한 덫이지만 다양한 맹금류를 잡는 데 효과가 있다고 검증되었다. 새가 착지하거나 걸어다닐 것으로 예상되는 곳에 덫을 놓아두고 보이지 않는 낚싯줄에 발이 닿으면 순식간에 뒤로 끌어당겨 새가 걸려들게 한다. 덫에는 스프링이 달린 추가 줄로 느슨하게 달려 있어 새가 날아가려 할 때 저항하는 힘을 가한다. 이 올가미의 매듭은 새가 충분한 힘으로 당기면 풀릴 정도로 묶여 있는데, 새가 발가락에 피가 통하지 않아 부상을 입지 않도록 하기 위해서다. 하지만 동시에 이것은 포획된 부

샤미 강 암컷인 물고기잡이부엉이가 귀깃을 세우고 주변을 경계하고 있다.
2008년 3월에 찍은 사진으로 내가 접근하자 막 푸드덕 날아오를 참이다.

맨 위: 2016년 3월 연해주 테르니 지역 한 마을의 모습이다.
3,000명의 주민이 산과 숲, 강, 바다에 둘러싸여 있다.

———

위: 2009년 더운 봄날 사이연 강가에 설치한 우리 베이스캠프의 모습이다.
우리는 GAZ-66 트럭에 여러 주 동안 머물며 서식지에 사는 부엉이들을 포획하려 애썼다.

위: 2009년 3월 부엉이의 사냥터를 찾기 위해 종일 고생한 끝에
세레브럇카 강을 건너는 모습이다.

———

아래: 세르게이 압데육(오른쪽)과 내가 2009년 3월 쿠드야 강 서식지에서 한 시간 만에
세 번째로 새끼 부엉이를 포획해 색이 있는 다리끈을 두르고 있다. 이 끈이 있어야
몇 년 뒤에 40킬로미터 바깥이나 산맥의 반대편에서도 이 부엉이 개체를 확인할 수 있다.

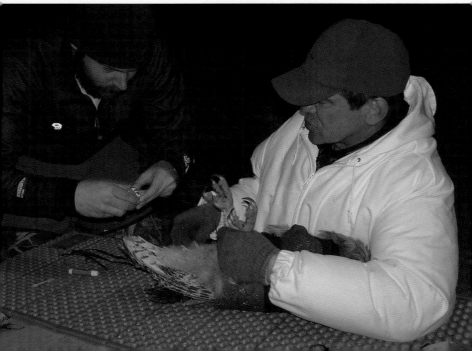

알을 품은 물고기잡이부엉이의 깃털은 주변 나무껍질의 검은색, 갈색, 회색과 거의
구별할 수 없을 만큼 비슷해 잘 섞여든다. 2014년 봄철에 발생한 화재의 연기 장막 때문에
이 부엉이 암컷은 더욱 눈에 띄지 않는다.

왼쪽 위: 2011년 목재나 얇은 베니어판으로 손질되어 중국, 일본,
대한민국에 실려 갈 예정인 암구 강변의 자작나무와 전나무.

───────

오른쪽 위: 2009년 3월 우리가 부엉이 둥지 나무를 찾으러 숲에 들어가기 직전에 닥친
폭풍을 맞은 안드레이 캣코프의 모습.

───────

아래: 2008년 4월 사이연 강 둥지에서 발견된 갓 부화해 아직 눈을 뜨지 않은 새끼들.
아래로 폭이 좁은 사이연 강이 흐른다. 두 번째 알은 부화하지 못했다.

위 : 2006년에 베트카 지역의 부엉이 암컷이 나무 횃대에 앉아 휴식을 취하는 모습이다.
이제 덩치가 닭만 해진 새끼는 근처의 둥지에서 쉬고 있다.

———

아래 : 2017년, 물고기잡이부엉이 한 마리가 송어 새끼를 막 잡아 죽인 채로
얕은 강물 위에 머물러 있다. 송어를 통째로 꿀꺽 삼키기 직전이다.

위 : 2006년 세르게이 수르마흐가
접근하면서 위협을 받은 베트카의
물고기잡이부엉이 새끼가
세르게이를 쫓아내려고 날갯깃을
세워 겁주고 있다.

오른쪽 : 슈릭 포포프가 쿠드야
강 계곡의 근처 나무에 도구 없이
손으로 기어올라 얽힌 나뭇가지
사이로 오래된 새양버들에 자리한
부엉이 둥지를 발견한 모습이다.
오른쪽에 보이는 가장 큰 나무가
둥지 나무다.

맨 위: 2008년 은둔자 아나톨리가 오두막 처마 밑에 곱사연어를 걸어 말리는 모습이다. 왼쪽에는 러시아어로 '사랑'이라는 뜻인 'любовь'를 문신으로 새겼다. 아나톨리는 우리가 모니터링 프로젝트에 나선 대부분의 현장 탐사 시즌에서 숙소를 제공해주었다.

중간: 세르게이 압데육(오른쪽)과 내가 2010년에 생선 통조림과 콩, 옥수수, 약간의 밀주로 모니터링 프로젝트의 마지막 현장 탐사가 끝나는 날을 기념하는 중이다.

아래: 2004년에 촬영된 테르니 근처의 이 계곡은 물고기잡이부엉이가 서식하는 데 필요한 조건을 다 갖춘 '골디락스 서식지'다(여러 조건을 맞춰 생명체가 살아가기에 적합한 환경을 '골디락스 영역'이라고 한다—옮긴이 주). 강물의 일부가 얼지 않아 물고기 사냥이 가능하며, 근처에 둥지를 지을 수 있는 오래된 낙엽수가 있고, 횃대로 앉을 만한 침엽수가 섞여 있다.

엉이가 덫에서 몸부림치는 시간이 너무 길어서는 안 된다는 뜻이기도 하다. 그러면 결국 탈출하고 말 것이다.

우리는 어서 간절하게 덫을 설치하고 싶었지만 지난해 겨울 아그주로 향하는 헬리콥터가 뜨기를 기다렸던 때처럼 테르니에 심한 눈보라가 쳤다. 결국 눈이 70센티미터 가깝게 쌓였다. 우리가 갇혀 있던 연구센터가 자리한 산등성이에는 눈이 허리 위까지 쌓였다. 이런 날씨에는 덫 위에 눈이 쌓이기 때문에 포획이 불가능했다. 세르게이와 나는 쪼그리고 앉아 다른 올가미 카펫을 만들고, 맥주를 마시고, 바냐에서 찜질을 하며 눈이 내리는 모습을 지켜보았다.

날씨가 개자 우리는 세레브랸카 강으로 돌아왔고 강둑에 쌓인 눈이 아무런 흔적 없이 말끔한 모습을 보고 낙담했다. 눈보라가 친 이후 우리가 생각했던 장소에서 부엉이들이 사냥을 하지 않았던 것이다. 부엉이는 아마도 깊게 쌓인 신선한 눈 때문에 강둑에 내려앉는 것이 불편해서 서식지의 다른 구역으로 옮겼을 것이다. 일본에서는 물고기잡이부엉이들이 둥지에서 3킬로미터 떨어진 곳에서 사냥을 한 사례가 있었는데 아마 비슷한 일이 벌어진 듯했다.[11] 세르게이는 우데게인들처럼 그루터기를 설치하자고 제안했다. 우리는 아그주 주민들로부터 우데게인들이 나무 그루터기를 잘라 금속 덫을 얹고 얕은 물속에 넣어두어 부엉이를 사냥했다는 이야기를 들은 적이 있다. 부엉이들은 새로운 사냥용 횃대의 매력에 이끌려 자기를 사로잡을 무서운 덫 위에 내려앉을 것이다. 물론 우리는 부엉이를 잡아먹으려는 게 아니라 단지 이 새들을 찾고 싶었을 뿐이었다. 세르게이가 전기톱으로 나무 다섯 그루의 그루터기를 잘라 얕은 강물에 넣자 나는 그루터기 위에 눈을 뿌렸다. 그러면 그 위에 무언가 앉았을 때 흔적이 남을 것이다. 이틀 뒤 확인해보니 다섯 개의 그루터기 가운데 네 개에서 물고기잡이부엉이의 흔적이 발견돼 신이 났다. 이제 덫만 설치하면 된다.

찰나에 놓치다

테르니에 도착한 지 일주일 만에 우리는 한 쌍의 물고기잡이 부엉이가 사냥을 했던 장소를 찾아서, 덫을 준비한 다음 부엉이를 잡으러 세레브랸카 강으로 차를 몰고 떠났다. 힐룩스 차량의 뒷좌석에는 우리가 준비한 올가미 카펫 덫과 캠핑 장비로 가득한 트럭용 침대가 가지런히 늘어서 있었다. 우리가 덫이 설치된 숲을 지나 강과 포획지로 가는 동안 새들이 호기심에 차서 나일론 고리를 건드리고 버드나무 가지를 잡아당긴 모습이 발견되었다. 우리는 그루터기에 올가미 카펫을 깔고 예전에 부엉이들이 착륙했던 강둑에 약 1미터 길이의 보다 큰 덫을 놓았다. 그리고 올가미 카펫을 누군가 건드리면 수신기에 무선 신호를 보내도록 각각의 덫에 발신기를 추가로 설치했다.[1] 신호를 받으면 우리는 최대한 빨리 캠프에서 스키를 타고 해당 장소로 갈 것이다.

이때 덫을 잘 숨기는 게 무척 중요했다. 부엉이들이 선호하는 물고기 잡는 구멍 주변을 누군가 건드린 흔적이 보이면 새들이 어떤 반응을 보일지 알 수 없었다. 참고로 코요테나 여우의 경우, 덫을 설치할 때 부품을 끓는 물에 소독하고 장갑을 착용해서 사람 냄새를 없애지 않으면 덫에 접근하지 않는다.[2] 우리는 부엉이들이 계략을 눈치챌까 걱정한 나머지 도둑이 흔적을 남기지 않고 도망치듯 눈 위에 발자국을 남기지 않게 조심하며 덫과 덫 사이를 오갔다. 또 우리 캠프가 부엉이들의 시야에 들어오거나 우리들의 소리가 들리면 부엉이들이 사냥을 꺼릴까 봐 걱정되기도 했다. 그래서 강에서 약 4분의 1킬로미터쯤 멀리 떨어진 곳에 텐트를 치고 범람원의 뒤엉킨 틈새를 따라 스키를 타고 각각의 덫으로 이동했으며, 필요에 따라 미리 통나무를 옮기고 나뭇가지를 치워두고서 서둘다가 자칫 발목이 잡히지 않게 주의했다.

덫 설치 작업을 마친 첫 번째 날이 저물자 우리는 나뭇가지를 모아 불을 붙였다. 캠프에는 긴장감이 역력했다. 프로젝트에서 중요한 한 고비를 넘기고 있었다. 지금껏 우리가 한 모든 일들, 그러니까 둥지나 사냥터를 찾는 작업은 세르게이의 전문 분야였다. 그는 이런 일을 10년 동안 해왔고 그런 만큼 잘 가르쳐주었다. 하지만 이제 우리 둘 다 처음 해보는 새로운 영역에 들어섰다. 포획 작업에 대해서는 알려진 바가 거의 없었다. 부엉이들이 우리의 속임수에 넘어갈까? 물고기잡이부엉이는 사로잡히면 어떤 반응을 보일까? 맹금류들의 부리는 날카로워서 무리 없이 낚싯줄을 낚아챌 수 있다. 부엉이가 이 사실을 알아차리고 즉각 덫에서 풀려날까, 아니면 겁에 질려 스스로 더 얽히게 될까?

겨울밤에 우리 눈에 보이지 않는 전파가 소용돌이치듯 흘러

나와 수신기에서 잡음이 들렸고 그런 상황은 우리에게 긴장을 유발했다. 소음에 익숙하지 않은 세르게이와 내가 움찔대는 동안 갑자기 전파가 간섭하면서 쉭쉭거리는 소리가 났다. 우리는 신호음이 울리면 언제든 출동할 마음의 준비를 했다. 하지만 그 장비는 침묵을 지켰다. 결국 우리는 날이 너무 추워져서 텐트 안으로 후퇴했고 침낭을 끌어안고 누웠다. 텐트에서 세르게이와 나는 밤새 세 시간마다 교대하며 수신기를 모니터했다. 첫 번째 차례였던 나는 무선 신호가 들려주는 이상한 음악을 감상하기 위해 가슴에 장치를 껴안고 가만히 누워 있었다. 이후 내가 쉴 차례가 되었는데도 잠은 쉽게 오지 않았다. 기온이 영하 30도에 육박했지만 차가운 공기와 우리의 몸 사이에 있는 것은 얇은 폴리에스테르 한 장뿐이었다. 텐트에서 얼어붙은 숨을 내쉬면 작은 얼음 조각들이 조금씩 위치를 바꾸어가며 쏟아져 내렸다.

　나흘 동안 이렇게 반복했지만 우리의 포획 장소에는 아무도 찾아오지 않았다. 우리는 매일 아침 올가미 카펫을 확인하고 조금씩 배치를 옮겼다. 매일 밤 부엉이들이 우는 소리가 들렸다. 그런데 왜 덫에는 오지 않을까? 물론 포획이 쉽지는 않을 것이라 생각했지만, 지속적인 추위와 불규칙한 수면이라는 추가적인 스트레스 요인은 예상하지 못했다. 낮에는 포획과 관련해서 할 수 있는 일이 거의 없었고 포획 대상인 부엉이들이 지내는 숲을 어슬렁거리며 방해하고 싶지 않았기 때문에, 세르게이와 나는 밤에 세레브랸카로 돌아가기 전에는 인근에서 부엉이들의 흔적을 찾으며 하루를 보냈다. 툰샤 강, 파타 강, 그리고 우리 포획지로부터 북동쪽으로 10킬로미터 떨어진 합류 지점 사이에 울창한 삼림이 있었다. 세르게이와 나는 작년 봄 그곳 벌목 캠프 근처에서 부엉이 한 쌍의 울음소리를 들었다. 밝은 혼합림을 거닐며 파타 강을 따라 탁 트인 강물에서 수로를 조사하다 보니 생산적인 일을 하고 있다는 기분이 들었다. 포획 작업이 다소 정체되더라도 적어도 앞으로 포획할 장소를 살필 수는 있다. 나는 부엉이를 찾는 경험이 있었던 만큼 세르게이와 헤어졌다가 해질 녘에 트럭에서 만나곤 했다. 그리고 캠프로 돌아와 얼어붙을 만큼 추운 텐트 속에 웅크리고 조용히 부엉이들을 기다렸다. 마치 울리지 않는 전화벨 소리를 한없이 기다리며 괴로워하는 구혼자들 같았다.

파타 강을 따라 수색하던 이틀째에 나는 짧게 이어진 탁 트인 수로를 발견했다. 강폭이 4미터도 되지 않고 깊이는 20센티미터도 채 되지 않는 이곳에서 부엉이의 흔적을 발견했다. 나는 흥분했다. 강 가장자리 구역은 납작한 얼음판에 눈이 깔려 있었기 때문에 오래된 흔적과 비교적 최근의 흔적 둘 다 잘 보존되고 있었다. 분명 이곳은 부엉이들에게 중요한 사냥터였다. 나는 현장을 사진으로 찍고 GPS로 위치를 기록하면서 안도의 미소를 지었다. 어느 정도 진전을 거둔 셈이다! 이곳은 앞으로 덫을 설치할 장소가 될 것이다.

나는 몇 시간 뒤에 세르게이와 다시 연락해서 서로의 소식을 공유하며 작성한 노트를 비교했다. 세르게이는 부엉이의 흔적을 발견한 곳에서 불과 500미터 떨어진 오두막집에 혼자 사는 아나톨리라는 남자를 만났다고 말했다.

"일단 좋은 사람 같아요." 세르게이가 약간 망설였다. "조금 별나긴 하지만요. 눈빛이 약간 이상하지만 악의는 없는 것 같아요.

우리가 원하면 오두막에 같이 머물러도 괜찮다고 했어요."

난방이 되는 오두막에 머무르는 것이 텐트보다는 낫겠지만 나는 경계심이 들었다. 러시아 극동 지방의 숲에는 여기저기 은둔자들이 사는데, 그들 가운데 일부는 법을 피해 도망친 범죄자들이라든지 범죄자들을 피하는 또 다른 범죄자들이었다. 그래서 숲에서 사람을 만나는 건 보통 악재였다. 이것은 블라디미르 아르세니예프가 "숲에서 마주할 수 있는 가장 고약한 존재는 인간"이라고 말했던 백 년 전부터 그랬다.[3]

세르게이는 2월 24일 새벽 1시경에도 일을 하는 중이었다. 그 때 덫에서 잡힌 삐빅거리는 신호음이 텐트를 울렸다. 발신기 가운데 하나가 작동된 것이다. 캠프에서 가장 멀리 떨어진 하류의 올가미 카펫이었다. 우리는 텐트에서 뛰쳐나와 어둠 속에서 얼음장처럼 뻣뻣해진 긴 장화에 애써 다리를 넣고는 스키를 타고 숲으로 뛰어들었다. 머리 위에 쓴 전등 불빛밖에 없었다. 그때 세르게이가 내 앞에서 자취를 감췄다. 비록 미리 길을 내어놓기는 했지만 길은 나무 사이로, 통나무들 위로, 개울 사이로 휘감기며 나아갔다. 나는 아직 이 미끄러운 판자 위에서 세르게이처럼 민첩하게 움직이지 못했다. 숲은 고요했지만 내 거친 숨소리와 스키가 내는 마찰음 때문에 불이 들어오는 여행용 가방은 끙끙대는 나무늘보 같은 소리를 내며 움직였다. 길을 나아가는 데 몇 분밖에 걸리지 않았지만 더 오래 걸린 것만 같았다. 강에 도착하자 세르게이는 이미 물속에 있었고 부엉이가 둑 위에서 몸싸움을 한 흔적을 살피는 중이었다. 나는 부엉이의 흔적과 그물코가 망가진 올가미 카펫을 발견했다. 우리는 너무 늦게 도착했다.

나는 그 광경을 자세히 들여다보았다. 우리는 작은 통나무를 무게를 전달하는 추로 사용했는데 이것을 내가 부엉이들이 보지 못하도록 눈 속에 숨겨놓았던 것이 덫이 제대로 작동하지 못한 원인일 수도 있었다. 통나무 주위에 눈이 마치 닻처럼 굳어 있는 바람에 부엉이가 날아가려 할 때 추가 바닥에 질질 끌려 비행을 방해하는 대신, 제자리에 단단히 고정되어 있었다. 그 저항을 이용해 부엉이는 매듭이 풀릴 때까지 그물코를 꽉 당겼다. 우리가 강에 도달하는 데 걸린 시간만큼 부엉이가 오래 갇혀 있을 수는 없었지만 이 짧은 억류가 어느 정도의 스트레스를 유발했는지는 알 수 있었다. 처음에 부엉이가 모습을 드러내기까지 거의 일주일이 걸렸는데 이제 이곳이 위험하다는 사실을 알았으니, 돌아오기까지 또 얼마나 걸릴까? 우리는 세레브랸카 강에서 새를 포획하려던 시도를 일시 중단하고 파타 강 유역에 다시 집중하기로 결정했다. 그곳 부엉이들은 덫이 존재한다는 사실을 몰랐고 우리가 잠을 잘 따뜻한 장소도 있었다. 우리는 덫을 닫고 텐트를 걷은 다음 스노모빌 트레일러를 힐룩스 차량에 연결하고 아나톨리의 오두막으로 향했다. 자기 집에 와도 좋다던 초대가 아직 유효하기를 바랄 뿐이었다.

오두막의 은둔자

    우리는 큰길로 돌아가서 툰샤 강 계곡을 따라 얼어붙은 땅을 내려가 아나톨리의 오두막에 다다랐다. 꽁꽁 얼어붙었는데도 도로는 1년 중 어떤 시기보다도 상태가 좋았다. 눈이 도로 중간에 파인 구멍을 메워서 표면을 고르게 했기 때문이었다. 약 10분 뒤 우리는 범람원을 가로질러 커다란 포플러, 느릅나무, 새양버들이 섞인 오래된 소나무 숲 사이로 우리를 인도하는 벌목용 도로로 방향을 틀었다. 꽤 괜찮은 물고기잡이부엉이 서식지였다. 몇 분 뒤에 우리는 툰샤 강과 파타 강의 합류 지점을 지나 숲이 중단되는 곳에 다다랐고, 툰샤 강이 내려다보이는 오두막 한 채와 훈연실, 그리고 이제 아무도 사용하지 않는 버려진 탑이 자리 잡은 공터가 나타났다.

    아나톨리는 정말 별난 인물이었다. 쉰일곱이었던 그는 10년 동안 이 숲속에서 혼자 살았는데, 제2차 세계대전이 치러지는 동안에는 툰샤 강 수력 발전소의 일부였던 오두막에서 테르니에 전력을 공급하는 일을 담당했다. 이곳은 1980년대 후반까지 소련의 청소년

캠프로 운영되었다고 한다. 강물 위에 풍화된 바위처럼 삐죽삐죽 튀어나온 콘크리트 탑 몇 개와 녹슨 기계 몇 대, 그리고 아나톨리가 현재 거처로 사용하는 방 두 개짜리 관리인의 오두막이 있었다. 그는 그 안에서 쭈그리고 앉아 있었다.

아나톨리는 보통 키와 체격에 탈모가 있었지만 구레나룻이 볼 중간까지 내려오고 머리카락을 길게 길러 가느다란 포니테일로 묶고 있었다. 끝이 뾰족한 겨울용 모자를 쓴 모습은 거의 엘프나 난쟁이 요정을 방불케 했다. 따뜻한 미소를 짓는 아나톨리의 모습을 보니 온화하고 누구에게든 환영받는 사람이라는 사실을 단번에 알 수 있었다. 악수할 때 보니 한쪽 새끼손가락은 거의 없는 상태였다.

오두막의 외관은 최근 몇 년 동안 관리되지 않은 듯했지만, 비바람에 벗겨진 부분을 보니 나무판자가 초록색으로 칠해진 적이 있는 듯했다. 굴뚝은 가장 위쪽 벽돌 몇 개가 헐거워지거나 사라진 채였다. 건물 한가운데에는 빈 공간인 아트리움이 있어 추위를 이겨내는 데 도움이 되었고, 그 너머로 문을 지나면 니코틴으로 누렇게 변색된 석고 벽과 그을음으로 얼룩진 천장이 있는 부엌이 나타났다. 금이 가고 모서리가 부서진 커다란 벽돌 난로가 부엌에서 가장 눈에 띄었다. 그래도 나무를 태워서 실내는 따뜻하고 좋은 향이 났다. 난로 맞은편 창문 밑에는 꽃무늬 식탁보 위로 어지럽게 쌓인 접시, 등유 램프, 설탕과 티백 상자들이 놓여 있었다. 창문은 추위를 막기 위해 두터운 플라스틱으로 가려진 상태였다. 부엌 구석에는 식탁 너머로 금속 스프링이 달린 길이가 짧은 매트리스가 창문 아래 놓여 있었고, 침대와 난로 사이의 공간에는 두 번째 방으로 통하는 문이 있었다. 아나톨리는 겨울에는 주로 첫 번째 방에 머무르며 따뜻한 공기가 나가지 않게 문틀에 담요를 걸었다. 하지만 지금은 우리를 맞아들이려고 담요를 내린 채였다. 그 너머로 방 양쪽에 침대 두 개가 있었고 그 사이에 통조림 상자가 쌓여 있는 책상이 있었다.

아나톨리가 숲에 올 때 얼마나 무거운 마음의 짐을 짊어지고 왔는지, 고독의 무게가 얼마나 되었는지는 잘 모르지만 이 남자는 확실히 괴짜인 구석이 있었다. 예컨대 첫날 아침에는 우리에게 땅속 요정들이 밤새 발을 간질이지 않았는지 물었다. 나는 물론 그러지 않았다고 대답했다. 함께 아침을 먹으면서 나는 아나톨리에 대해 조금 더 알게 되었지만, 어째서 그가 버려진 수력 발전소가 있는 숲속에 혼자 살고 있는지는 여전히 오리무중이었다. 게다가 이곳에서 오래 살고 있는 사람치고는 놀랍게도 겨울나기에 아직 잘 적응하지 못한 것 같았다. 오두막에서 나올 수 있는 유일한 통로는 두 개의 눈길이었다. 하나는 야외로 향하는 길이고 다른 하나는 강으로 향하는 길이었는데, 아나톨리는 그곳에서 물을 뜨고 때로는 두꺼운 얼음에 구멍을 뚫어 낚시를 하기도 했다. 그리고 판자로 스키 한 쌍을 만들었지만 그가 만든 스키는 무겁고 거추장스러웠기 때문에 별로 쓸모는 없었다. 가을에는 강변에서 곱사연어를 잡아 훈제한 다음 가끔 테르니에서 찾아오는 지인들에게 팔았다. 날이 따뜻해지는 몇 달 동안에는 때때로 땔감을 모으는 사람들 무리에 합류해 겨울을 나는 데 필요한 나무와 약간의 식비를 받았다. 몇 년 동안 그는 정원에서 채소를 재배하려고 시도했지만 농작물을 황폐화하는 멧돼지를 막을 수는 없었다. 그래도 아나톨리는 우리가 여기 머무르며 식량을 제공하는 한 요리를 해주겠다고 말했다.

아나톨리가 어떤 이유로 바깥세상으로부터 고립됐는지는 알수 없었지만, 그는 가까운 산꼭대기를 탐험하면서 발견한 8세기 발해 시대 절 때문에 툰샤 강 계곡을 서성댄다고 말했다.[1] 가끔 밤이면 그곳에서 불빛도 볼 수 있다고 주장했는데, 만약 내가 절 쪽에 있고세르게이가 그 옆 봉우리에 서 있다면 서로의 목소리를 명확하게 들을 수 있고 작은 물체를 순간 이동시킬 수도 있다고 말했다. 아나톨리는 산의 정령이 자기에게 무엇을 원하는지 몰랐지만 그 정령이 어떻게 해서든 절과 연결되어 있다는 사실을 깨달았다. 바로 그런 이유로 그는 인내심을 갖고 아래 계곡에 머무르며 인생의 목적을 스스로 깨우치기를 기다렸다.

새로운 장소에서 새 출발을 하며 기운을 되찾은 세르게이와 나는 즉시 덫을 설치할 장소를 찾아다니기 시작했다. 우리는 다시 위험을 감수하기로 했다. 얼어붙은 툰샤 강을 300미터나 거슬러 올라가 파타 강과 합류하는 지점에 이르자 숲이 그늘을 드리웠다. 이곳은 강 자체가 얕았지만 강물이 얼지 않고 흘렀다. 암구와 마찬가지로 주변에 라돈이 방출되는 샘이 있어 물이 얼지 않았을 가능성이 있었다. 300미터를 더 지나 내가 일주일 전에 부엉이의 흔적을 발견했던 강이 굽이치는 길목에 이르렀다. 이곳에는 보다 최근에 남겨진 흔적도 있었기에 우리는 될 듯이 기뻐하며 부엉이가 잘 이용할 만한 하류의 몇몇 지점에 덫이 설치된 그루터기를 놓았다. 비록 세레브랸카 강에서는 실패했지만 이제 조금씩 우리는 기세를 회복하는 듯했다.

하지만 사흘이 지나도 부엉이들은 덫에 손을 대지 않았다. 우리는 밤새 덫의 발신기 신호를 모니터했다. 아나톨리와 교대하며 짬짬이 수면을 취했다. 그리고 낮에는 파타 강의 부엉이뿐만 아니라 아나톨리의 오두막 하류 지점에서 파타 강의 한 쌍과 인접한 서식지를 차지하는 툰샤 강 부엉이 쌍을 추가로 발견할 구역을 찾아다녔다. 존 굿리치가 그 전 해에 울음소리를 들었다고 전했던 부엉이 쌍이었다.

툰샤 강에는 내가 지금껏 본 것 가운데 가장 나무가 빽빽한 삼림 지대가 있었다. 앞을 내다볼 수 없을 만큼 나무가 얽혀 있어 눈을 가늘게 뜨고 자세히 봐야 했다. 결국 계속해서 발끝에 걸리는 스키를 타고 가기보다는 그대로 걷는 게 낫겠다는 결론에 이르렀다. 하이킹하는 데 물리적으로 어렵긴 했지만 걷다 보니 정신이 정화되는 듯했다. 울창하게 얽힌 나무만큼이나 스스로에 대한 의심이 내 마음을 이끌기 시작했지만, 침묵과 신선한 공기, 몸의 움직임, 부엉이의 흔적을 찾고 있다는 흥분감은 새를 포획하지 않아도 작업이 진척되고 있다는 사실을 실감하게 해주었다. 며칠 뒤 우리는 툰샤의 부엉이들이 사용하는 사냥터 두 곳을 확인했고, 그 가운데 하나는 새를 포획하기에 이상적이었다. 조약돌이 깔린 바닥 위로 강물이 흐르는, 웅덩이 사이의 넓은 만곡부였다.

어느 날 아침 7시 30분, 라디오파의 잡음을 견디며 여느 때처럼 불안한 밤을 보내던 나는 수신기를 끄고 잠을 청했다. 그러다가 얼마 지나지 않아 옆방에서 아나톨리가 세르게이에게 아침 식사로 작은 블리니(러시아식 팬케이크-옮긴이 주)를 뜻하는 블린치키를 만들려고 한다고 말했다. 아나톨리의 특이한 점 가운데 하나는 단어 하나를 주기적으로 무한정 반복하는 것이었다. 한 시간 내내 아나톨리가 계란을 깨고 밀가루를 섞으며 프라이팬을 데우는 동안 나는 옆방에서 "블린치키, 블린치키, 블린치키" 하는 단조로운 중얼거림을 계속 들어야 했다. 결국 나는 잠에서 깨어 식탁으로 가 끓인 물을 인스턴트커피에 부었다.

"뭘 만드는 거예요, 아나톨리?" 세르게이가 내 쪽을 무표정하게 바라보며 물었다.

"블린치키." 자동으로 명랑한 답변이 나왔다.

커피를 다 마시고 블리니를 양껏 먹어 몸이 따뜻해지자 나는 스키를 메고 파타 강으로 가서 덫을 조사하고 혹시 부엉이가 근처에 착륙했는지 살펴보기로 했다. 툰샤 강을 따라 북쪽으로 걸어가는 길은 정말 아름다웠다. 강에는 바위가 노출되어 늘어서 있고 깊은 웅덩이에는 얕은 물결이 가로질렀다. 비록 포획에는 실패했지만 아름다운 풍경에 마음을 빼앗겼다. 지금껏 거의 2주 동안 잠을 설쳤는데 발견한 새라고는 세레브랸카에서 탈출한 부엉이 한 마리뿐이었다. 내 몰골은 말이 아니었다. 육체적으로 힘든 데다 스트레스를 받다 보니 체중이 줄어서 허리띠로 사용하는 밧줄이 헐렁했다. 수염은 거칠어지고 옷은 더러워졌으며 바깥에 드러난 피부는 강가를 돌아다닐 때 눈밭에서 반사되는 햇빛 때문에 황갈색으로 그을렸다.

덫을 설치한 구역으로 들어서기 전 파타 강의 마지막 만곡부를 돌 때였다. 강물에서 솟아오르는 갈색의 무언가가 눈에 띄었다. 멀리서 나를 향해 날아오는 물고기잡이부엉이였다. 나는 재빨리 포획 장소에 도착했고 다시 한 번 부엉이의 몸부림에 그물코가 부러진 덫을 발견했다. 아까 이른 아침인 7시 30분에 수신기를 껐는데 이후 한 시간 반쯤 지나 이 부엉이가 덫에 걸렸다는 뜻이었다. 내가 아나톨리가 '블린치키'라고 중얼거리는 소리를 들으면서 우리 작업이 대체 어디가 잘못되었는지 고민하다가 잠을 못 이루고 뒤척이는 동안 부엉이는 덫에 사로잡혀 싸우는 중이었다. 결국에는 가까스로 풀려났지만 말이다.

우리는 오두막에서 각자의 생각에 빠져 조용하게 점심을 먹었다. 아나톨리는 그렇게 풀 죽어 있다가는 부엉이들도 우리의 불안함을 감지할 수 있다고 말하며 기운을 북돋아주려고 했다. 우리가 태도를 바꿔 긴장을 푼다면 부엉이들이 덫에 걸려 순식간에 고민이 해결될 것이라고도 말했다. 하지만 우리는 오래 침묵을 지키며 차를 마셨다.

세르게이는 올가미 카펫 덫의 효용성을 의심하기 시작했다. 나는 그 의견을 반박하는 대신 덫은 꽤 쓸 만하기 때문에 당분간 고수할 가치가 있다고 주장했다. 문제의 핵심은 우리가 아마추어라는 점이었다. 물론 우리는 매번 실패할 때마다 문제가 반복되지 않도록 이것저것 수정했다. 어쨌든 세르게이는 결국 올가미 카펫 말고도 함정 덫을 한 쌍 더 만들어 파타 강과 툰샤 강 유역 두 곳에 두기로 결심했다.[2] 함정 덫은 세르게이가 아무르 주에서 물고기잡이부엉이를 성공적으로 포획했던 도구였다. 점점 더 절박해지는 상황이었기에 나도 동의했다. 세르게이는 강둑에서 버드나무 몇 그루를 잘랐고 돔 뼈대가 준비되는 대로 아나톨리가 창고에 보관하고 있던 어망으로 덮었다. 그리고 상점에서 산 냉동된 바닷물고기를 조약돌이 깔린 강

바닥에 가두어 발목까지 오는 물살 속에서 꿈틀대며 살아 있는 미끼 역할을 하게 만든 다음, 막대기로 그 위에 돔 뼈대를 받쳤다. 물고기는 낚싯줄을 이용해서 낚싯대에 묶어두어, 미끼가 움직이면 낚싯대가 휘어지면서 돔 뼈대가 떨어져 부엉이는 얕은 물속에 갇히게 된다. 하지만 세르게이가 이 아이디어를 제안했을 때만 해도 나는 물고기잡이부엉이처럼 신중한 새가 이런 뻔히 보이는 속임수에 당할지 의심스러웠다.

　우리는 아나톨리의 오두막에서 거의 2주 동안 머물다가 3월 초 들어 밀가루와 케첩 같은 필수품은 아니지만 그래도 필요한 식량이 부족하다는 핑계로 휴식 겸 외출했다. 세르게이와 나는 부족한 식량을 채우기 위해 20킬로미터를 운전해 테르니에 도달했다. 가게 몇 군데를 방문한 다음 차를 몰고 언덕을 올라가 존 굿리치의 집으로 가서 주인이 없어도 바냐를 데워 마음껏 사우나를 즐겼다. 그러는 동안 눈이 내리기 시작했는데, 2월에 우리의 작업을 중단시켰던 눈보라에 버금갈 정도로 조용하고 꾸준하게 쌓여 위협을 가했다. 결국 우리는 몸의 물기를 닦고 다시 트럭에 올라탔다. 마을을 벗어나는 큰길은 이미 눈이 두텁게 쌓였지만 다행히 몇 대의 벌목 트럭이 우리 앞으로 달려가 따라갈 수 있는 길을 만들었다. 하지만 큰길에서 벗어나 툰샤 강과 아나톨리의 오두막으로 향하는 작은 길에 접어들었을 무렵 우리는 엄청난 폭풍이 몰아치는 어둠 속에서 무릎 깊이의 눈을 헤치고 힐룩스 차량을 밀어야 했다.

툰샤 강에 발이 묶이다

내가 좋아하는 러시아 격언이 하나 있다. "트럭이 성능이 좋으면 좋을수록 수렁에 빠지면 그것을 잡아끌 트랙터를 찾아 더 멀리까지 가야 한다." 나는 세르게이의 힐룩스가 성능이 좋았기 때문에 눈보라가 쳐도 툰샤 강으로는 돌아갈 수 있으리라고 생각했다. 하지만 우리가 틀렸다. 큰길을 벗어나 2킬로미터쯤 지나고 아나톨리의 오두막으로 반쯤 갔을 때 트럭이 더 이상 움직이지 않았다. 눈이 너무 깊이 쌓이고 눈보라가 심해 앞으로 나아갈 수 없었다. 우리는 차량을 움직이기 위해 주변의 눈을 삽으로 펐지만 몇 번의 삽질 만에 몸은 땀과 소용돌이치는 눈으로 흠뻑 젖었다. 차량 안에는 오두막에 가져가야 할 물건들이 여럿 있었다. 세르게이는 자기가 여기서 트럭을 조금이라도 앞으로 가게 애쓸 테니 먼저 가서 스노모빌을 가져오라고 폭풍을 뚫고 크게 외쳤다.

지난 3월에도 몇 차례 심한 눈보라가 몰아치는 바람에 숲속 깊숙한 곳까지 눈이 쌓인 상태였다. 나는 그 사잇길을 따라갔다. 트럭을 벗어나 따뜻하고 건조한 오두막에 이르는 길은 거의 보이지 않았다. 그날 아침 우리가 테르니로 운전했을 때 트럭이 남긴 바큇자국이 계속 이어졌다면 내가 눈 속에 너무 깊이 빠지지 않고 효율적으로 이동할 수 있었을 것이다. 하지만 조급했던 데다 눈보라로 앞이 잘 보이지 않는 바람에 오두막까지 1.5킬로미터나 비틀대며 나아가야 했다. 나는 폭풍의 끊임없는 맹공격에 모자를 꽉 맸고 한 발씩 디딜 때마다 깊숙이 눈 속으로 가라앉았다. 머리에 장착한 헤드램프는 짙은 안개 속 자동차 전조등처럼 거의 무용했다. 어쨌든 고생 끝에 숨을 몰아쉬며 오두막에 도착했다. 아나톨리가 외투를 입고 모자를 쓴 채 밖에 나와 있었다. 내 헤드램프를 보고 우리가 돌아왔다는 사실을 알게 된 아나톨리는 어이가 없는 듯했다.

　"왜 그냥 테르니에 머무르지 않았어요? 그곳은 여기보다 따뜻한 데다 어차피 이런 날씨에는 덫도 놓을 수 없잖아요."

　우리가 테르니에 머물던 동안 나는 얼른 덫이 있는 곳으로 돌아가야 한다고 확신했다. 하지만 아나톨리의 말이 옳았다. 일단 눈보라에서 멀리 떨어져 있어야 했다. 일단 스노모빌을 운전해 숲길을 나서긴 했는데, 그것을 길에서 벗어나지 않고 모는 일 자체가 불가능했다. 길에 쌓인 눈이 고르지 않아 무거운 차량이 휘청거렸다. 속도를 줄이면 아예 눈 속에 빠져 꼼짝도 할 수 없기 때문에 한쪽으로 기울다가 다른 쪽으로 기울며 속도를 유지하려고 애썼다. 나는 세르게이의 트럭까지 돌아가는 내내 위험에 빠진 청새치처럼 이리저리 누비며 허우적거렸다. 트럭에 도착할 무렵 나는 땀에 흠뻑 젖은 채 스노모빌처럼 단순한 장비를 제대로 조종하지 못했다는 사실에 화가 난 상태였다. 세르게이는 당황했다.

　"뭐 하는 거예요?" 세르게이가 나를 쳐다보며 진심으로 혼란스럽다는 듯이 물었다. "스노모빌 전조등이 계속 사라졌다가 다시 나타나더라고요. 전등을 비추고 있었어요?"

　내가 사정을 설명하자 세르게이는 웃음을 터뜨렸고 내 미숙함을 즐거워하며 그런 눈길에서는 일어서서 스노모빌을 몰아야 한다고 덧붙였다. 나는 더 자세하게 설명하기에는 짜증도 났고 마땅한 러시아어 단어가 생각나지 않아 그냥 어깨를 으쓱했다.

　우리는 야마하 스노모빌에 짐을 실었다. 그리고 세르게이에게 길 한복판에 힐룩스 차량을 두고 가도 걱정되지 않느냐고 물었다. 누군가 발견해서 부품을 뜯어갈지도 모른다. 하지만 세르게이는 고개를 저었다. 여기서 큰길로 나가기까지 사이에 2킬로미터나 눈이 쌓였기 때문에 아무도 트럭을 발견하지 못할 것이다. 어쩌면 테르니에 머무는 게 나았을지도 모르지만 그래도 오두막에 필요한 새 물품을 가져가게 되어 기뻤다. 얼마 되지 않아 아나톨리의 오두막에 발이 묶여 나오지 못하게 될 것이다. 세르게이는 눈보라를 헤치며 빠르고 효율적으로 스노모빌을 몰았고, 내가 아까 스노모빌을 끌며 남긴 구불구불한 흔적을 바라보며 고개를 절레절레 젓더니 빙그레 웃었다. 흔적은 계속되는 눈보라에 벌써 빠르게 사라지고 있었다.

　함정 덫 작업은 잘 진행되지 않았다. 이곳에 서식하는 물고기잡이부엉이들은 우리가 미끼로 설치했던 얼린 바닷물고기에 관심이 없거나 그물이 쳐진 수상쩍은 돔 아래에 굳이 들어가려 하지 않았다.

눈보라가 멎은 지 며칠이 지난 어느 날 새벽 2시쯤 세르게이와 나는 신호음을 듣고 스노모빌에 올라타 3킬로미터를 달렸지만 가짜 신호였다. 얼음이 그물을 쳐들면서 줄을 잡아당겨 발신기를 작동시킨 것이다. 낙담하고 지친 데다 추웠던 세르게이는 돔 뼈대를 발로 차서 부순 다음 잔해를 숲속으로 던졌다. 이렇게 해서 함정 덫을 사용해보려던 실험적인 시도는 끝이 났다.

포획 상황에서 부엉이는 무척 빠르게 상황을 판단하고 학습했다. 각각의 포획 장소와 덫마다 부엉이의 흔적이 여러 번 발견되었다. 2월 말 이후로 몇 번 아슬아슬하게 성공할 뻔한 적도 있었다. 이번 탐사를 시작할 때만 해도 우리는 부엉이 네 마리를 포획하는 것이 달성 가능한 목표라고 생각했지만, 점차 이 새들을 안전하고 효율적으로 잡는 방법을 익히기만 해도 그것으로 올해는 충분히 성공이라는 사실을 깨달았다. 혹여 이번 탐사 기간 말미에 한두 마리라도 잡는다면 이렇게 숱한 실패를 겪어도 흡족할 것 같았다. 이제 탐사 기간은 중반을 훌쩍 넘겼다. 이런 날씨가 계속된다면 3주에서 4주가 지나면 더 이상 포획이 불가능하다. 그 이후에는 봄이 찾아와 얼음이 불안정해지고 물이 솟아올라 물고기잡이부엉이를 포획하기에는 부적합한 환경이 되고 만다.

부엉이를 잡지 못하는 상황에서 수면 부족과 사후 비판, 그리고 성과를 거두지 못하는 침체된 분위기가 일주일 넘게 계속되었다. 말 그대로 오도 가도 못하게 갇힌 데다 내 기분도 꽉 막혀 있었다. 세레브랸카를 떠날 때처럼 홀가분하게 양손을 활짝 펴고 떠나 새롭게 출발하고 싶어도 그럴 수 없었다. 우리 트럭이 1.5킬로미터 밖에서 눈 속에 갇혀 있었다. 그래서 나는 마음가짐을 바꾸기로 했다. 부엉이를 한 마리도 못 잡았지만 그래도 올해에는 나름 진전이 있었다고 말이다. 동북아시아에서 가장 연구가 덜 된 새를 내가 찾아내 비밀을 캐겠다고 생각했던 건 한마디로 오만했다.

내가 실패를 마음속으로 받아들였던 바로 그 무렵, 우리는 첫 부엉이를 잡았다. 아나톨리는 내 어깨를 툭 치면서 결국 해낼 줄 알았다고 말을 건넸다. 마음가짐을 바꾸기만 하면 성공하는 일이라고도 말했다. 하지만 실제로는 덫을 개선한 덕분이었다. 지금까지는 부엉이들이 내려앉기를 바라는 구역에 올가미 카펫을 깔았는데 이런 방식은 비효율적이었다. 우리는 나중에 과학 학술지에 실을 수 있을 만큼 참신한 방법으로 덫을 개선해 우리가 원하는 곳에 부엉이가 앉도록 유인했다.[1] 먼저 올가미 카펫에서 남은 재료로 길이 1미터, 높이 13센티미터의 위가 열린 그물 상자를 만들었다. 그리고 우리는 이 상자를 깊이가 10센티미터도 되지 않는 얕은 물속에 넣고 바닥에 조약돌을 깔아 위에서 봤을 때 강바닥과 구별되지 않게 위장한 다음, 가능한 한 여러 마리의 물고기를 안에 채웠다. 보통 15~20마리의 2년생 연어가 들어갔다. 그런 다음 강둑에서 가장 가까운 위치에 올가미 카펫을 하나 설치했다. 부엉이는 물고기를 보고 가까이 다가가 살피려다가 잡힐 것이다.

매년 이맘때 이 강에서 가장 흔한 어류인 송어는 연어과 물고기 가운데 덩치가 가장 작은 축에 든다. 몸집이 큰 개체는 길이 약 0.5미터, 몸무게 약 2킬로미터로 물고기잡이부엉이 성체 몸무게의 절반이 약간 넘는다. 이 송어는 태평양 연어 가운데서도 동해와 사할린, 서부 캄차카라는 몹시 제한된 서식지에서 살았다.[2] 연어과의 여러 종들과 마찬가지로 송어 새끼는 바다로 이주하기 전에 민물에서 몇 년을 보내기 때문에 연해주의 해안과 가까운 강에는 길이가 연필만 한 이 물고기가 가득하다. 어쨌든 결과적으로 이 풍부한 어종은 겨울에 물고기잡이부엉이의 중요한 식량 자원이 된다. 그뿐만 아니라 한가로운 날에 얼음낚시로 수십 마리는 잡을 수 있어서 지역 주민들의 주요 먹을거리이기도 하다. 현지어로 '페스트루시카'라고 불리는 겨울철의 조그만 송어는 여름에 알을 낳기 위해 찾아오는 성체 물고기('시마'라고 불리는)와 아예 다른 종이라고 오해를 받기도 한다. 그러다 보니 시마의 상업적, 생태학적 중요성을 안다고 해도 페스트루시카는 마음껏 잡을 수 있는 다른 종이라 여겨질 수 있어서 관리가 복잡해졌다.

우리가 이 새로운 덫을 설치한 지 이틀째 되던 날 밤, 파타 강에 서식하는 쌍의 수컷이 덫에 접근해 안에 있는 연어의 반을 먹어치운 다음 강둑의 올가미 카펫에 걸려 발신기 신호를 작동시켰다. 우리가 수력발전소에서 전기가 들어오지 않아 경유 램프 불빛을 비춰 저녁을 먹고 있는데 신호가 울렸다. 지금까지 줄곧 가짜 경보였지만 우리는 신호음이 나는 대로 항상 아주 진지하게 처리했다. 세르게이와 내가 수신기를 잠시 응시하는데 규칙적으로 크게 삐삐 소리가 났다. 우리는 서로를 잠시 쳐다보다 문밖으로 뛰쳐나갔다. 다운재킷과 긴 장화 차림을 하고 달려 나가는 동안 억제할 수 없는 긴박감이 엄습했다.

우리는 스키를 타고 수백 미터 떨어진 덫에 가까이 다가갔다. 저 앞에서 세르게이의 전등이 강둑에 앉아 우리를 지켜보는 물고기잡이부엉이 한 마리를 비췄다. 인형극을 만드는 영화감독 짐 헨슨의 음울한 작품처럼 이 새는 얼룩덜룩한 갈색 깃털을 부풀리고 등을 구부린 채 귀 깃털을 세우고 위협을 가하는 고블린 같은 모습이었다. 나는 다른 부엉이 종들이 자기를 공격하는 동물에게 더 크고 위협적으로 보이고자 이런 자세를 취하는 모습을 봤고 실제로 효과가 있는 방법이었다. 이 새는 싸울 준비가 된 생물이었다. 지금도 그렇지만 물고기잡이부엉이를 볼 때마다 그 큰 덩치에 당황하곤 한다. 한 짐승이 움직이지 않고 겨울의 어둠 속에서 노란 눈을 빛내며 우리를 노려보았고, 우리의 발걸음이 빨라질수록 세르게이가 비추는 전등 불빛에 몸이 균질하지 않게 빛났다. 눈 위에서 스키가 내는 리듬감 있는 마찰음과 숨소리 말고는 주변이 고요했다. 부엉이는 자유로워지고 싶다는 마음이 절박해 보였다.

그 순간 부엉이가 몸을 돌리면서 도망치려고 날갯짓할 준비를 해서 심장이 쿵 떨어질 뻔했지만, 올가미 카펫의 추가 새를 살며시 땅으로 끌어당겼다. 거대한 부엉이는 눈 덮인 넓은 강둑을 따라 어색하면서도 불편하게 우리 곁에서 멀어지며 올가미 카펫을 질질 끌고 나아갔다. 우리가 불과 몇 미터 떨어진 곳까지 다가가자 부엉이는 강 가장자리를 향해 등을 돌리고 우리를 향해 누운 채 발톱을 뻗고 입을 벌리면서 공격할 수 있는 거리에 있는 어떤 동물이라도 갈기갈기 찢을 채비를 했다.

나는 현장 탐사 시즌이 아닐 때 미네소타 대학교의 맹금류 센터에서 맹금류를 다루는 훈련을 받았고 자기를 방어하는 새 앞에서 멈칫하고 주저하는 건 좋지 않다는 사실을 배웠다. 그래서 팔이 미치는 거리에 들자 팔을 이리저리 휘두르며 쭉 뻗어서 새의 다리를 들어 올렸다. 몸이 아래위로 뒤집혀 혼란스러워진 부엉이는 날개에서 힘을 뺐고, 나는 비어 있던 손으로 아기를 안듯이 날개를 몸에 감싸서 안았다. 부엉이는 이제 우리 것이었다.

붙잡힌 부엉이

우리는 강둑과 인접한 얕은 강물 위에 서 있었고 네오프렌 장화가 차가운 물속에서 단열 작용을 했다. 세르게이는 계속 숨을 가쁘게 몰아쉬며 배낭에서 가위를 꺼내 새의 발톱이 걸리지 않은 그물코를 잘랐다. 하늘은 맑고 달은 뜨지 않았다. 헤드램프에 비친 강물이 잔잔하고 부드럽게 흘러가는 가운데, 나는 이 커다란 새의 큼직한 노란 눈동자를 응시했다. 사람에게 사로잡힌 물고기잡이부엉이는 어떻게 행동할까? 붙잡혔을 때 유순한 맹금류도 있지만 매 같은 맹금류는 잡히면 내내 경련을 일으키며 저항한다.[1] 흰머리수리는 긴 목을 길게 뻗어 포획자의 경정맥을 공격하려는 듯 위협한다. 그 새는 마치 제대로 쪼면 자기를 납치한 사람이 화산처럼 피를 뿜으며 겁에 질릴 것이라는 사실을 아는 듯했다. 하지만 야생의 물고기잡이부엉이를 다룬 글은 찾지 못했고 심지어 수르마흐조차 성체를 포획한 적은 없다고 했다.

밤이 추운 날씨여서 우리는 포획한 부엉이를 조심스럽게 오두막의 따뜻한 곳으로 옮겼다. 아나톨리가 우리를 위해 뒷방의 책상을 치워서 만든 자리였다. 밖이 아무리 추워도 여기서는 손이 얼지 않은 채 부엉이의 필요한 치수를 재고, 피를 뽑고, 식별 가능한 다리 띠도 맬 수 있었다. 우리가 발견한 부엉이는 일단 붙잡히자 놀라울 만큼 얌전했다. 이 새는 우리가 자기 몸을 여기저기 들쑤시는 동안 거의 아무런 저항도 하지 않은 채 누워 있었다. 이만한 크기의 새들은 천적이 거의 없기 때문에 우리가 이런 새를 포획한 것도 처음이지만 이 부엉이 또한 붙잡힌 것이 새로운 경험이었을 것이다. 안전을 위해 우리는 부엉이를 간단한 구속 조끼로 감쌌다. 맹금류 센터의 자원봉사자가 물고기잡이부엉이를 위해 맞춤으로 제작한 물건이었다.[2] 이 부엉이는 무게가 2.75킬로그램이나 되어서 평균적인 미국수리부엉이 수컷의 3배에 달했고, 날개 길이는 51.2센티미터, 꼬리 길이는 30.5센티미터였다. 보통 암컷이 수컷보다 몸집이 큰데 이런 경향성은 대부분의 맹금류에서 볼 수 있지만 물고기잡이부엉이의 무게에 대한 기록은 드물기 때문에 우리가 잡은 새가 암컷인지 수컷인지 확실하지 않았다.[3] 사실 이번이 러시아 본토에서 포획한 물고기잡이부엉이의 무게를 최초로 기록하는 사례였다. 섬에 사는 아종은 수컷 네 마리(무게 3.2~3.5킬로그램), 암컷 다섯 마리(3.7~4.6킬로그램)에 대한 기록이 전부였다.[4] 지금은 어떤 아종이 다른 아종보다 원래 몸집이 더 큰지 여부도 알 수 없었다. 우리가 잡은 새는 발표된 모든 기록보다 무게가 가벼웠지만 성체의 깃털을 갖고 있어 새끼는 아니었다. 그래서 우리는 이 새가 이곳에 서식하는 수컷이라고 생각했다. 그때 우리는 아직 물고기잡이부엉이의 꼬리 깃털에서 흰색 깃털이 차지하는 비율에 따라 암수를 쉽게 구별할 수 있다는 사실을 알지 못하던 상태였다.

다음으로 발신기를 설치할 차례였다. 대형 맹금류에 발신기를 부착하는 정해진 규칙에 따라 우리는 립스틱 크기의 발신기가 새의 등 중앙에 배낭처럼 똑바로 안착되도록 날개 위와 아래에 끈을 둘렀고, 용골을 가로지르는 측면의 끈으로 전체를 잘 고정시킨 다음 꼬리를 향해 몸통을 따라 안테나를 장착했다.[5] 처음에는 끈을 느슨하게 해서 새가 다리를 높이 들어 올리고 날개를 아래로 끌어당겨 날갯짓을 하도록 했다. 이렇게 하면 부엉이의 촘촘한 깃털 속에서 발신기와 끈이 자연스럽게 자리를 잡을 수 있다. 그런 다음 몸에 잘 맞는지 시험한 다음 발신기와 끈이 제대로 장착될 때까지 같은 과정을 반복했다. 너무 느슨하면 발신기가 어색하게 흔들려서 비행이나 사냥을 방해하고, 너무 꽉 조이면 부엉이가 살이 쪘을 때 코르셋을 입은 것처럼 용골 끈이 부엉이를 옭아맨다. 겨울이 거의 끝나가는 터라 확실히 부엉이가 살이 빠질 시기였다. 그래서 이 물고기잡이부엉이는 아마도 일 년 중 가장 야위었을 것이다. 겨울을 나고 봄, 여름, 가을이 되어 강물이 녹고 더 많은 먹이를 찾게 되면서 살이 오른다. 몸에 끈을 장착할 때 우리는 이렇게 새가 몸이 불어난다는 사실을 고려해야 했다.

우리는 이 부엉이를 포함해 이 프로젝트를 위해 잡는 다른 부엉이들을 뭐라고 부를지 아직 정하지 않았다. 포획하는 데만 너무 집중한 나머지 이름은 생각도 하지 못했던 것이다. 일부 과학자들은 새에게 이름을 붙이면 심리적으로 친숙해진 나머지 편파적인 결과를 얻을 수 있다고 주장하기도 해서 연구 동물을 뭐라고 불러야 하는지에 대해서는 연구자들 사이에 논쟁이 있었다. 예컨대 사자에게 '용감이'라는 이름을 붙이면 연구자들은 이 동물이 어린아이를 죽일 수도 있다는 점을 잊을 수도 있다. 하지만 우리 주변의 숲에는 올가, 볼로디아, 갈리아 같은 이름의 초단파 장치 목걸이를 단 호랑이들이 많은 것도 사실이었다.[6] 결국 우리는 좀 더 전통적인 접근 방식을 택했다. 우리가 포획할 새들은 한곳의 서식지에서 안정적으로 머무는 만큼 영역과 암수 성별을 기준으로 명칭을 붙이기로 했다. 그에 따라 이 부엉이는 '파타 강 수컷'이 되었다.

우리는 이 새의 무선 주파수를 다시 확인하고 식별용 다리끈에 제대로 기록했는지 살핀 다음 눈이 자근자근 밟히는 구역을 지나 아나톨리의 집 뒤 공터로 새를 데려갔다. 세르게이는 아무 소리도 내지 않는 부엉이를 우리와 마주보게 땅에 내려놓고는 뒤로 물러섰다. 당황한 파타 강 수컷은 잠시 가만히 앉아 있다가 이제 자유롭게 풀려났다는 사실을 깨닫고 빠르게 날개를 퍼덕이며 강을 향해 날아올랐다. 나는 수신기를 다시 한 번 켜서 부엉이로부터 꾸준하고 강한 신호가 나오고 있는지 확인했다. 일 년 넘게 계획을 세우고 몇 주간 실패를 거듭한 끝에 마침내 바라던 원격 모니터링 프로젝트가 시작되었다.

세르게이와 나는 서로 축하하며 악수를 나누었다. 그리고는 의기양양하게 따뜻한 오두막으로 돌아왔다. 우리는 첫 포획을 축하할 때 마시려고 보드카를 쟁여두었는데 이제 그 술을 꺼내 나눠 마실 때였다. 아나톨리는 미소를 지으며 기분 좋게 손을 비비고는 빵과 소시지를 잘랐다. 숙소 주인장도 들떴다. 세르게이와 내가 요즘 들어 기분이 좋지 않았는데 이렇게 기뻐하니 아나톨리는 축하의 분위기에 취했다. 그는 대단한 술꾼은 아니었지만 술을 마실 일이 드문 만큼 기회를 놓치지 않을 작정이었다. 우리는 먹고, 마시고, 승리를 음미했다. 그날 밤 나는 몇 주 만에 처음으로 중간에 깨지 않고 깊이 푹 잤다.

다음 날 아침, 우리는 툰샤 강 쌍이라고 부르는 부엉이들을 강 하류에서 포획하는 데 주의를 집중했다. 아나톨리의 오두막에서 2킬로미터 떨어지고 툰샤 강의 포획지에서 700미터 들어간 곳에 낙엽송 통나무로 만든 작은 사냥용 오두막이 있었다. 우리는 며칠 동안은 밤에 스노모빌을 타고 그곳으로 이동했다. 며칠 전에 우리는 강 하류를 지나다가 가지가 없어 엉킨 요새들 사이에 탑처럼 곧게 선 포플러의 8미터 위쪽에서 툰샤 강 쌍의 둥지를 발견했는데, 그곳에서 알을 품던 물고기잡이부엉이 암컷이 차갑게 우리를 쳐다봤다. 수컷만 포획이 가능하다는 의미였다. 암컷은 알을 품는 동안 밖이 얼마나 추운지와 상관없이 그렇게 멀리 나가지 않을 것이다. 첫날 밤에 강둑에서 부엉이 흔적을 발견한 뒤, 우리는 올가미 카펫 없이 2년생 연어와 곤들매기가 가득 든 먹이 울타리를 설치했다. 툰샤 강 수컷이 그것을 찾을 수 있는지 살펴보기 위해서였다. 수컷은 거의 즉시 찾아와 물고기를 전부 해치웠다. 다음 날 밤 우리는 올가미 카펫을 강둑에 설치하고 먹이 울타리에 물고기를 더 추가한 다음 강가의 구부러진 오솔길 근처에 눈에 띄지 않게 숨어 있었다. 그러자 오래 기다릴 필요도 없이 수컷 부엉이가 물고기를 발견하고는 망설임 없이 덫으로 들어섰다. 파타 강 수컷처럼 우리가 어둠 속에서 돌진하자 이 부엉이는 자기를 방어하고자 강둑에 등을 붙였고 발톱이 세르게이의 전등 빛을 반사해 반짝거렸다. 다리를 쭉 뻗고 있어 손으로 붙잡기가 쉬웠고, 그렇게 우리는 두 번째 물고기잡이부엉이를 포획했다. 행동 측면에서 이 새는 파타 강 수컷과 비슷했다. 얌전했고 너무 놀란 나머지 아무런 움직임도 보이지 않았다. 몸무게는 3.15킬로그램으로 우리가 전에 잡은 부엉이보다 무거웠다. 암컷이 둥지에 앉아 있는 모습을 보지 않았다면 이 녀석을 암컷이라고 여겼을지도 모른다. 우리는 신속하게 발신기와 다리끈을 장착하고 한 시간 뒤에 풀어주었다. 그리고 작고 비좁은 사냥꾼 오두막에서 하룻밤 더 보내는 대신 승리감에 취해 그날 밤 아나톨리의 오두막으로 돌아왔다.

이 근처에서 수컷 부엉이들을 포획한 이후 며칠 동안 우리는 지향성 안테나(특정한 방향으로 전파를 강하게 방사하거나 그 방향의 전파에 감도가 높아지는 안테나-옮긴이 주)를 활용해서 우리가 처음으로 포획했던 새들의 위치를 기록했다. 파타 강 수컷은 붙잡히기 전의 그 자리에 여전히 앉아 있었고, 암수 쌍은 계속해서 이중창을 했다. 이것은 생포된 경험이 부엉이들에게 그다지 큰 충격을 주지 않았다는 것을 보여주는 강한 증거였다. 부엉이들이 일상생활로 돌아간 모습을 보니 우리는 안심이 되었다. 하지만 이제는 둥지에서 벗어난 것처럼 보이는 파타 강 쌍의 암컷을 잡고 싶었다. 그래서 우리는 해 질 녘 파타 강의 포획지에서 울타리에 미끼를 넣은 다음 그물코를 다시 묶고 근처 숲에서 기다렸다. 결국 해가 진 지 한 시간 만에 암컷을 잡았다. 사냥감 미끼를 넣은 울타리는 새를 포획하는 데 중요한 역할을 했다. 우리가 놓쳤던 퍼즐 조각인 셈이었다. 우리는 자신감과 경험 둘 다를 얻을 수 있었다.

이 부엉이는 우리가 잡았던 이전의 두 마리보다 컸고 날개와 꼬리 치수는 비슷했지만 몸무게는 3.35킬로미터로 수컷보다 20퍼센트가량 더 무거웠다. 머리부터 꼬리까지의 길이는 68센티미터로 툰샤 강 수컷보다 약간 컸다. 하지만 이 새의 행동은 우리가 이전에 포획했던 개체들과는 확연히 달랐다. 둘 다 수컷이었던 처음 새들과는 달리 이 암컷은 모욕적인 상황에 부딪혀 저항했다. 세르게이가 부리의 치수를 재려고 손을 뻗자 암컷 부엉이는 날카로운 부리로 손가락을 쪼아 피를 흘리게 했고, 작업하는 내내 끊임없이 내 손아귀에서 몸부림쳤다. 이것은 암수 성별에 따른 차이였을까? 암컷은 자기 짝인 수컷처럼 풀려나기 전에 잠시도 멈칫하지 않았다. 기회를 엿보다가 서둘러서 즉시 탈출했다.

어쨌든 우리는 이 구역에서 예상대로 부엉이들을 전부 포획했고 3월 22일에 짐을 쌌다. 17일 동안 트럭이 눈에 갇혀 아나톨리의 오두막에 발이 묶여 있었다. 우리는 식량의 대부분을 아나톨리 몫으로 남겨두고 남은 짐을 스노모빌 썰매에 실었다. 그리고 아나톨리에게 스노모빌을 운전해 우리를 숲길 한가운데에 여전히 고립되어 있는 힐룩스 트럭으로 데려다 달라고 부탁했다. 트럭 주변에는 지나가는 노루나 붉은여우의 흔적이 보였지만 그것 말고 트럭은 거의 그대로 하얀 눈밭에 세워진 채였다. 큰길에 이르기까지 2킬로미터를 나아가기 위해 삽질하고 차량을 밀며 힘들어서 욕설을 퍼붓는 동안 거의 세 시간이 지났다. 마침내 우리는 아나톨리에게 작별 인사를 했고 그는 우리의 스노모빌을 타고 오두막으로 돌아갔다. 몇 주 안에 눈이 더 쌓이거나 아예 다 녹아서 힐룩스 트럭을 타고 오두막에 갈 수 있게 되면 세르게이가 스노모빌을 가지러 갈 예정이었다.

우리는 테르니로 돌아가 하룻밤을 쉬며 존의 집에서 바냐 사우나를 즐겼다. 그리고 세레브랸카 강 유역으로 시선을 돌리기 시작했다. 우리는 이전보다 더 차분하고 자신감에 차 있었다. 물고기가 한 박스 조금 넘게 가득 들어찬 먹이 울타리를 설치하면 부엉이들이 물고기를 발견할 때까지 제대로 수면을 취하면서 쉴 수 있었다. 우리는 인근 강둑을 따라 부엉이의 흔적이나 물고기의 핏자국을 매일 확인했고 그날 밤 올가미 카펫을 설치했다. 그리고 자기 전까지 가까운 곳에 웅크리고 앉았다가 수신기가 울리면 부엉이를 잡아 숙소에 데려올 예정이었다.

우리는 3월 말경 세레브랸카 강에 거의 열두 마리에 달하는 살아 있는 물고기가 담긴 울타리를 설치했다. 다음 날 아침 이 물고기들은 전부 사라졌고, 근처의 눈밭에는 부엉이의 흔적이 흩어져 있었다. 세르게이가 얼음에 구멍을 내고 낚싯바늘을 담가 미끼로 쓸 물고기를 잡는 동안 나는 올가미 카펫을 강둑에 설치했다. 하지만 세르게이는 그날 몇 시간이 지나도 낚시에 성공하지 못했고 나는 걱정스러워 하며 시계를 보기 시작했다. 포획할 만한 부엉이가 몇 시간 안에 이곳으로 들어올 게 확실했지만 미끼용 물고기를 한 마리도 잡을 수 없었다. 우리는 급한 마음에 강가의 바위를 뒤집어 무기력하게 겨울잠을 자는 개구리 열 마리를 잡았다. 부엉이들은 봄철이면 개구리를 잡아먹는 만큼 지금도 개구리가 괜찮은 미끼가 될 것이라 생각해서였다.[7] 개구리를 먹이 울타리에 넣자 개구리가 가장자리에 비집고 들어가 마치 어두운색의 매끄러운 돌처럼 보였다. 그런 다음 우리는 올가미 카펫이 준비되었는지, 덫이 똑바로 서 있고 매듭이 잘 미끄러져 움직이는지 다시 확인한 후 강이 구부러져 흐르는 곳으로 돌아가 어둑어둑해질 때까지 기다렸다.

오후 7시 45분이 되자 덫의 수신기에서 삐삑대는 알림이 울려 퍼졌고, 우리는 강둑을 따라 덫을 향해 돌진했다. 하지만 가짜 경보였다. 부엉이 한 마리가 여기 왔었던 흔적이 보였지만 먹이 울타리 옆으로 다가왔다가 발신기에 부딪쳐 경보를 작동시켰을 뿐이었다. 그 부엉이는 올가미 카펫에 걸려들지 않았고 우리가 가까이 다가오자 날아가버린 게 확실했다. 그래도 우리는 밤새 오래 기다릴 준비가 되어 있었다. 다만 이렇게 오래 대기할 것이라 예상하지 못했기에 준비물이 조금 미흡했다. 포획 장비가 든 배낭만 멨을 뿐, 추위와 바람을 막아줄 침낭이나 두꺼운 외투는 가져오지 않았다. 그래도 우리는 점점 어두워지는 동안 가파른 강둑을 등지고 말없이 강가에 웅크려 기다렸다. 이 부엉이가 이전의 소란에 어떻게 반응할지 알 수 없었다. 밤새 다시 돌아오기는 할까? 그렇게 거의 세 시간 동안 기다리고 밤 10시 30분이 되었을 무렵 수신기에 다시 한 번 삐삐 하고 알림이 울렸다. 세르게이와 나는 헤드램프로 어둠 속을 밝히며 일어서서 뛰쳐나갔다. 다른 부엉이들처럼 이 부엉이도 우리가 다가가자 다리를 뻗고 강가에 약간 쌓인 눈 위에 드러누웠다. 세르게이가 살짝 들어 올리자 부엉이가 팔에 안겼다. 하지만 그곳은 강둑이 너무 좁아서 편하게 작업하기 힘들었다. 그래서 우리는 포획한 부엉이를 우리가 아까 대기했던 곳으로 옮겨서 처리했다. 몸무게가 3.15킬로그램인 것으로 보아 이곳에 서식하는 수컷인 듯했다. 우리는 치수를 재고, 피를 뽑고, 끈으로 발신기를 장착했다.

세르게이가 다리띠를 묶도록 내가 부엉이를 붙잡고 있었는데 새의 가슴 깃털 사이에서 사슴파리 한 마리가 나왔다. 10센트 동전 크기의 납작하게 생긴 기생 곤충으로 길고 튼튼한 다리를 지니고 있었다. 종종 사슴에 기생하기 때문에 사슴파리라는 이름이 붙은 이 곤충은 숙주의 몸에 착지한 다음 두터운 모피나 깃털 사이로 비집고 들어가 피부에 자리를 잡고 따뜻한 체온에 피를 얻을 수 있는 작은 세계 속에서 살아간다. 나는 이 곤충을 지난 몇 년 동안 많이 보았지만 부엉이가 숙주일지도 모른다는 생각은 미처 하지 못했다. 어쩌면 부엉이를 침몰하는 배라고 여긴 채 다른 선택지를 찾고 있었을지도 모르지만 말이다.

"여기 봐요. 사슴파리가 있어요." 나는 흥미롭게 그 곤충을 바라보며 세르게이에게 말했다.

하지만 세르게이는 다리띠의 금속을 조절하는 데 집중한 나머지 방해하지 말라는 듯 웅얼거릴 뿐이었다. 그때 파리가 내 쪽으로 움직이기 시작했다. 나는 느리게 접근하는 이 곤충에 맞설 수 없었다. 한 손으로 부엉이의 다리를 잡고 다른 한 손으로는 날개를 감싸고 있었기 때문이다. 손을 놓으면 부엉이가 다치거나 세르게이의 손에 날카로운 발톱을 꽂을지도 몰랐다.

"이것 좀 어떻게 해봐요!" 파리가 부엉이의 몸에서 내 팔로 기어올라 어깨까지 올라와 목의 맨살에 닿자 내가 다시 소리쳤다. 이 시점에서 나는 거의 고함을 질렀다. 곤충이 내 턱수염으로 파고들어 턱에 둥지를 틀려고 하는 기미가 느껴졌다. 나는 알고 있는 온갖 러시아어 욕설을 퍼부으며 이제 옆에서 웃고 있는 세르게이에게 부엉이를 좀 잡으라고 애원할 수밖에 없었다. 마침내 세르게이가 그렇게 하자 나는 턱에서 파리를 떼어내 눈밭으로 최대한 멀리 내던졌다.

침묵을 지키는 수신기

현장 탐사를 시작한 이래 우리는 고군분투를 벌였지만 그래도 결국 모든 것이 놀랍게도 빨리 맞아떨어졌다. 우리가 포획한 부엉이 네 마리 가운데 세 마리는 우연히 낮 기온이 영상이었던 닷새 사이에 잡혔다. 하지만 그다음 번 폭풍은 눈 대신 비가 내렸고 올해의 포획이 끝났음을 알렸다. 봄철이 되어 얼음이 녹으면서 이동이 어려워진 데다 강물이 탁해져서 부엉이들은 더 이상 우리가 설치할 먹이 울타리 속의 미끼를 볼 수 없게 되었다.

지난 몇 달간은 확실히 예전보다 스트레스가 많았다. 나는 몇 년 동안 호랑이와 스라소니를 잡는 덫의 줄을 확인하는 일부터 새그물에서 수백 마리의 새를 끌어내는 일까지 수많은 야생동물 포획 작업에 참여했다. 하지만 늘 포획 관련 규칙이 정해져 있었고 수년, 때로는 수십 년에 걸친 사전 지식과 정보가 쌓여 있었다. 게다가 나는 항상 현장 보조나 자원봉사 일을 맡았기에 책임을 지지 않아도 되어 마음이 평화로웠다. 예컨대 호랑이가 자기 이빨을 부러뜨리거나 매가 새그물에서 희귀한 새를 낚아챘다 해도 내 잘못이 아니었다. 하지만 이 프로젝트에서는 멸종 위기에 처한 부엉이들의 삶이 달려 있고 책임은 오롯이 내 몫이었다. 올가미를 섣불리 설치하다가는 부엉이가 발가락을 잃을 수도 있다. 또 강가 관목과 너무 가까운 곳에 덫을 놓으면 새가 올가미에서 도망치려다 날개가 부러질 수도 있다. 일단 새를 포획하면 온갖 방향으로 일이 잘못될 가능성이 있는 데다 풀어 주는 과정도 완벽해야 했다. 이러한 잡념들이 탐사 기간 내내 마음속에서 끊임없이 이어졌고, 결국 스트레스를 일으켜 신체적으로는 체중 감소를, 정신적으로는 수면 부족을 유발했다.

그렇지만 그해에 부엉이를 최대한 많이 포획하게 되면서 비로소 하나의 단계가 끝난 것 같아 안심이 되었다. 겨울에서 봄으로 접어들면서 우리는 모니터링 단계로 전환했다. 테르니에서 편안한 밤을 보냈고, 평소에는 따뜻한 식사를 했으며 주기적으로 존의 바냐에서 사우나를 즐겼다. 그리고 세레브랸카 강, 툰샤 강, 파타 강 계곡을 밤낮으로 느긋하게 운전해 지나가며 꼬리표가 붙은 새들의 위치를 삼각 측량해 이동 데이터를 수집했다. 우리는 물고기잡이부엉이의 서식지와 평행하게 이어지는 도로를 따라 달리다가 가끔씩 트럭을 멈추고, 특정 부엉이의 주파수에 맞게 수신기를 작동시킨 다음 사슴뿔처럼 생긴 커다란 금속 안테나를 공중에서 천천히 흔들어 신호가 가장 강한 방향을 알아냈다. 우리는 야생동물 연구에서 흔히 행하는 이 방식이 과학적일 뿐만 아니라 예술적이라는 사실을 깨달았다. 예컨대 계곡 가장자리에 앉아 있는 부엉이가 보내는 신호는 근처의 벼랑에서 메아리쳐서 새의 진짜 위치를 가리고 오차를 발생시킨다. 그 결과 계산한 위치는 실제보다 수백 미터 차이가 나서 부엉이가 정확히 어디에 있는지 알아내는 데 도움이 되지 않는다. 반면에 부엉이가 나무 위에 높이 앉아 있는 대신 강둑에서 사냥을 하는 중이라면 신호는 훨씬 약해졌다(그러면 실제보다 멀리 있다는 결과가 나온다).

내가 별난 예술 작품처럼 보이는 것을 흔들고 있으면 벌목꾼과 어부들이 차를 타고 지나다가 속도를 늦추며 구경했고 나는 그들의 시선을 의식했다. 하지만 테르니 주민들은 다른 과학자들이 비슷한 장치를 이용해 호랑이를 추적하는 모습에 익숙해졌기 때문에 연해주 다른 지역 주민들보다는 우리의 행동을 그다지 별스럽게 여기지 않을 것이다. 사실 모든 사람들이 안테나가 호랑이를 찾는 데 효과가 있다는 사실을 알았고 우리를 본 몇몇 사람들은 친구와 가족들에게 우리 얘기를 한 듯했다. 그런 상황에서 이후 여러 주 동안 우리는 다우징 로드를 들고 수맥을 찾는 것처럼 부엉이를 찾기 위해 도로를 따라 돌아다녔고 사람들 사이에 주목받는 존재가 되었다. 그 결과 테르니에서는 호랑이가 툰샤 강 계곡으로 대거 이동했다는 소문이 돌기 시작했고 그쪽으로 가는 어부들은 조심하라고 경고를 받았다. 우리는 숲에서도 안테나를 사용한 결과 사슴과 말코손바닥사슴에 대해 새로운 생각을 갖게 되었다. 사슴뿔처럼 생긴 안테나를 들고 낮게 분포하는 초목 사이를 헤집고 다니다 보니 이런 걸 머리에 달고 강바닥을 따라 달리며 호랑이나 사냥꾼을 피해 도망치는 사슴들이 대단하다는 생각이 든 것이다.

처음 이 작업을 할 때는 이런 초기 데이터가 부엉이의 위치에 대해 중요한 정보를 알려주기를 바랐다. 그리고 실제로 그렇게 되었다. 수백 개의 새로운 위치를 확보하게 된 것이다. 우리는 물고기잡 이부엉이 서식지에 포함되는 숲과 강을 헤매기 전에 그 위치 정보를 GPS 장치에 연결했다. 그리고 부엉이들이 가장 많은 시간을 보내는 듯한 장소로 향했고 이 새들이 자기 집처럼 여기는 풍경과 친숙해졌 다. 우리는 강을 따라 분포하는 부엉이의 사냥터와 이 새들이 쉬면서 지내는 횃대를 발견했다. 툰샤 강 서식지에서는 늘씬한 버드나무 줄 기로 사다리를 만들어 강 계곡을 건너고 둥지가 있는 나무까지 나아 갔다. 그리고 그곳에서 우리는 달걀보다 20퍼센트 정도 큰 하얀 알 하나를 발견했다.[1] 부엉이처럼 별난 모습을 한 새에게 어울리지 않 는 듯한 평범한 알이었다.

숲이 겨울의 억센 회색빛에서 봄의 낙천적인 초록빛으로 바 뀌자 나는 세르게이와 마지막 식사를 함께한 뒤 4월 중순 블라디보 스토크로 향했고, 그곳 버스정거장에서 수르마흐와 만났다. 그에게 이번 탐사 시즌에 대해 설명하고 다음 시즌을 계획하느라 며칠을 보 냈다. 그리고 내가 없는 동안 꼬리표가 붙은 부엉이의 이동 데이터 를 수집하기 위해 테르니에 현장 보조원을 몇 명 배치하려고 했는데 좋은 도우미를 찾기가 쉽지 않았다. 우리가 사용했던 장비는 호랑이 도 추적할 수 있었기 때문에 믿을 만한 사람이 필요했다. 게다가 예 측 불가능한 시점에 오래 운전해야 했기 때문에 차량을 자유롭게 이 용할 수 있는 보조원을 구해야 했다. 테르니 같은 외딴 마을에서는 차량을 소유한 사람이 거의 없었기에 후보자는 몇몇 소수로 좁혀졌 지만 그들 전부가 밤새 잠도 못 자고 어두운 숲을 거니는 일을 반기지는 않았다.

　내가 미국에 돌아가게 되면서 수르마흐와 나는 앞으로의 포획 계획에 대해 몇 개월에 걸쳐 논의하기 시작했다. 나는 2008년 2월에 러시아로 돌아올 예정이었고 테르니 구역에서 이미 세 쌍의 부엉이를 포획한 상태라 암구 주변을 탐사하는 데 집중하기로 했다. 미국에 있을 때 나는 세인트폴에 있는 미네소타 대학교에서 조경 생태학, 야생동물 관련 규정, 산림 관리 같은 과목을 수강했다. 부엉이가 어디로 향하는지 알아낼 뿐만 아니라 그곳에서 무엇을 하는지 해석하고, 그 정보를 바탕으로 연해주의 숲과 이 지역의 산업에 맞는 현실적인 보존 계획을 수립하고 싶었다.

　나는 세르게이로부터 달마다 새로 업데이트된 정보를 입수했고 현장 보조원들도 부엉이들의 이동 데이터를 수집하는 임무를 수행했다. 모든 정보가 긍정적이지만은 않았다. 2007년 가을에는 세르게이가 거대한 부엉이를 쏴서 죽였다고 자랑하는 테르니 지역 사냥꾼에 대해 알려주기도 했다. 그래서 세르게이는 이 마을에서 비록 어린 나이이지만 밀렵꾼으로 명성을 떨치는 십대 청소년 한 명을 알아냈다. 처음 만났을 때 세르게이가 소년에게 들은 말은 곰쓸개를 좋은 가격에 넘기겠다는 제안이었다.[2] 세르게이가 대화 주제를 부엉이로 돌렸지만 소년은 모른다고 시치미를 뗐다. 그래도 세르게이는 끈질기게 추궁하며 우리의 관심사가 누구를 벌주려는 게 아니라 과학 지식일 뿐이라고 소년을 설득했다. 단지 소년이 사냥한 새가 물고기잡이부엉이인지 아닌지, 그리고 만약 맞다면 우리가 추적하던 개체 가운데 하나였는지 알고 싶을 뿐이었다. 결국 소년은 부엉이를 죽였다고 시인했고, 세르게이는 세레브랸카 강과 툰샤 강 서식지에서 남쪽으로 얼마 떨어지지 않은 강 계곡에서 시간이 흐른 데다 죽은 고기를 먹는 동물들 때문에 이리저리 흩어진 부엉이의 사체를 찾아다녔다. 곧 날개와 다리, 총에 맞은 흔적이 있는 두개골, 여러 종류의 깃털을 발견했다. 물고기잡이부엉이였다. 하지만 다리에는 꼬리표가 달린 끈이 없었고, 이제 굳이 정보를 숨길 이유가 없던 소년은 새를 죽일 때 다리끈이 있었더라면 분명 자기가 보았을 것이라고 말했다. 세르게이가 왜 부엉이를 쏘았느냐고 묻자 밀렵꾼 소년은 좋은 기회였기 때문이라고 대답했다. 흑담비 덫에 미끼로 쓸 신선한 고기가 필요했고 마침 부엉이가 눈에 띄었을 뿐이라고 말이다. 나는 소년이 경멸스러웠다. 자기 집 뜰에서 닭을 잡아서 사용해도 될 것을 단지 고기 몇 조각을 얻겠다고 멸종 위기종을 쏘아 죽인 것이다. 소년은 세르게이에게 듣고 나서야 물고기잡이부엉이가 멸종 위기에 처해 있다는 사실을 알았지만, 그 사실을 알게 되어도 별다른 반응은 없었다. 덫에 쓸 고기를 공짜로 얻을 기회였고, 흑담비를 잡으면 마리당 10달러까지 받을 수 있었다.

그럼 이 부엉이가 우리가 포획했던 새가 아니라는 말인데, 어디서 온 것일까? 우리가 아는 한 테르니 지역에 다리끈이 없는 물고기잡이부엉이는 세레브랸카 강 암컷과 툰샤 강 암컷 두 마리뿐이었다. 죽은 부엉이가 그 두 마리 중 하나였을까? 이 소식은 우울하고 혼란스러웠지만 내가 지구 반대편에서 할 수 있는 일은 별로 없었다. 그리고 러시아로 돌아가기 몇 달 전인 12월에 사정이 악화되면서 미네소타에 있던 나는 불안감이 더 커졌다. 부엉이들의 위치를 찾기 위해 거듭해서 노력을 기울였는데도, 현장 보조원들은 수신기에 아무런 신호가 잡히지 않았다고 보고했다. 이런 장치는 몇 년 동안 계속 사용할 수 있을 만큼 기술에 대한 신뢰도가 높았던 데다 수신기에 문제가 있더라도 모든 수신기가 동시에 고장 날 가능성은 희박해 보였다. 하지만 이런 상황에 대해 그럴듯하고 논리적인 설명이 하나 있긴 했다. 내가 무시하려고 할 때마다 마음 한구석에서 맴돌던 생각이었다. 바로 우리가 포획했던 부엉이 네 마리가 모두 죽었을 수 있다는 것이다. 2008년 2월 러시아에 도착했을 때 나의 최우선 과제는 이 수수께끼를 푸는 것이었다.

　　나는 세르게이와 현장 보조원 슈릭(2006년 사마르가 탐험대 출신), 아나톨리 얀첸코(2006년 탐사 시즌에 처음 합류)로 구성된 팀에 들어갔다. 우리의 첫 작업은 신호를 확인하고 부엉이의 울음소리를 듣기 위해 테르니의 부엉이 서식지 근방의 도로를 순찰하는 것이었다. 부엉이 포획을 돕기 위해 이번 탐사 시즌의 첫 몇 주 동안만 수르마흐가 고용한 얀첸코는 머리가 벗겨지고 냉소적인 56세의 매 사냥꾼이었다. 그는 추코트카 탄광[3]에서 24년 동안 일했는데 우울한 장소와 직업의 조합이 얀첸코를 비관주의와 위험을 회피하려는 경향으로 얼룩지게 했음에 의심의 여지가 없었다. 물론 나는 그를 좋아했고 맹금류를 잡는 실력도 뛰어나다고 들었지만 다소 따분한 동료이기도 했다.

　　테르니 외곽의 숲으로 들어가자 내 수신기는 이전 봄철에 부엉이가 강한 신호를 보냈던 모든 장소에서 먹통이었다. 가슴이 철렁

내려앉았다. 부엉이들이 정말 사라진 것이다. 해 질 무렵이 되어 나는 부엉이의 울음소리가 갑자기 들려올지도 모른다는 기적을 기대하면서 툰샤 강 서식지에서 서성거렸지만 사실 큰 기대는 하지 않았다. 연구 프로젝트가 무너지고 있고 어쩌면 내가 멸종 위기에 처한 부엉이 네 마리의 죽음에 연루되었을지도 모른다는 걱정에 휩싸였다.

하지만 그런 생각은 툰샤 강 주변 도로를 따라 부엉이 두 마리가 이중창을 들려주기 시작한 이른 해 질 녘이 되자 순식간에 사라졌다. 땅에 가까운 겨울철의 숲속에서 깊고 강력하게 울려 퍼지는 소리였다. 나는 부엉이들의 울음소리가 정확한 시간과 완벽한 조건 아래서만 들린다는 사실을 알게 되었다. 현장 보조원들이 그 조건을 놓쳤을 뿐이었다. 울음소리는 멀리 강 계곡 건너편 산기슭에서 들려왔다. 그곳에 부엉이들의 둥지 나무가 있는 게 분명했다. 나는 몇 분 동안 귀를 기울였고 겨울철 저녁의 점점 깊어가는 어둠 속에서 만면에 미소를 지었다. 부엉이들은 울음소리를 듣는 모두에게 자기들이 살아 있음을 알렸다. 그러다가 나는 아직 침묵하는 수신기가 생각나 코트에서 꺼내서 켰다. 부엉이들이 울고 있는데도 조용하기만 했다. 다행히 부엉이들은 죽지 않았지만 우리 프로젝트는 여전히 위험했다. 수신기가 왜 작동하지 않는지 알아내야 했다.

우리는 그 후 며칠 동안 파타 강과 세레브랸카 지역을 순찰하며 부엉이가 살아 있다는 증거를 찾고자 했다. 세레브랸카 서식지에서 부엉이 쌍의 울음소리를 들었지만 새와 불과 수백 미터 떨어진 곳에서도 수신기에 신호가 잡히지 않았다. 성능이 뛰어났기 때문에 만약 제대로 작동한다면 부엉이와 몇 킬로미터 떨어진 곳에서도 신호음을 들을 수 있어야 했다. 얀첸코와 나는 파타 강과 툰샤 강의 합류 지점에 있는 아나톨리의 오두막으로 차를 몰아 그가 어떤 새로운 정보나 소식을 알고 있는지 알아봤다.

아나톨리는 우리를 환영했다. 2~3월이 부엉이들이 자주 출몰하는 철이라는 사실을 알았기에 우리가 돌아오기를 내심 기다렸다고 했다. 아나톨리의 오두막은 내부가 깔끔했으며 벽과 천장은 흰색 페인트까지 새로 칠해두었다. 그해 가을 툰샤 강에서 곱사연어가 잡혔기 때문에 바빴다고 했다. 연어를 잡아 훈제하느라 훈연실에서 진하고 끈적거리는 향이 풍겼고, 햇볕이 내리쬐는 처마 아래로 붉은빛을 띠는 수십 마리의 연어가 건조되고 있었다. 툰샤 강 위쪽 절벽을 바라보니 낡아빠진 탑이 사라져 있었다. 아나톨리에 따르면 작년 여름 태풍이 불어 탑이 폭풍우에 휩쓸려 떠내려갔다고 했다.

차를 마시면서 아나톨리는 파타 강 부엉이들이 가을과 겨울 내내 주기적으로 울음소리를 냈고 때로는 오두막 맞은편의 강에 노출된 바위처럼 가까운 곳에서도 소리를 들었다고 공유했다. 가끔은 부엉이 한 마리가 오두막 지붕에 올라가 울기도 했다. 아나톨리는 그 사건을 떠올리며 껄껄 웃었다. 부엉이 울음소리가 갑작스럽게 사방에서 우레처럼 들려오는 바람에 자고 있다가 벌떡 일어나서 정신을 차릴 수밖에 없었다.

부엉이가 오랫동안 사라진 게 아니라는 소식은 안심시켰을 뿐 아니라 부엉이의 짝이 바뀌지 않았음을 시사했다. 작년에 포획했던 새들이 우리가 지금 듣고 있는 울음소리를 내는 새들일 것이다.

그렇다면 수신 장치가 고장 났던 걸까? 그리고 세르게이가 2007년 가을에 발견했던 사체는 어떤 개체일까? 우리가 알고 있는 서식지는 전부 누군가 점령한 것처럼 보였다. 꼬리표가 붙은 새 네 마리는 불과 몇 달 만에 전부 사라지고 새로운 새들로 대체되는 것은 이 부엉이들의 수명이 길고 서식지를 잘 벗어나지 않으며 새끼가 성적으로 성숙해지는 데 3년은 걸린다는 특징을 미루어보아 가능성이 낮아 보였다.[4] 만약 우리가 이곳에서 새로운 부엉이의 소리를 듣는다면 그것은 예전의 부엉이 쌍이 죽었거나, 아니면 그 쌍이 사라지고 새로운 성체로 즉시 대체되었다는 뜻이다. 이것이 사실이기 위해서는 짝을 짓지 않고 이 서식지를 자유롭게 이용할 수 있을 때까지 기다리는 부엉이 개체들이 근처에 많이 분포해야 한다. 이런 시나리오는 일본 홋카이도의 일부 지역에서는 가능했는데, 물고기잡이부엉이의 개체 수 회복을 위한 적극적인 보존 노력이 있었고 번식이 가능한 장소보다 번식 준비가 된 새들이 더 많은 곳도 있었다.[5] 하지만 그동안 테르니 지역을 조사한 결과 그 정도로 개체수가 충분하다는 증거를 찾지 못했다. 또 배낭 수신 장치가 전부 동시에 실패했다는 시나리오 역시 가능성이 희박했다. 무슨 일이 일어났는지 확실히 알 수 있는 유일한 방법은 이 지역에서 한 마리 이상의 부엉이를 다시 포획하는 것이었다. 파타 강 유역이 논리적인 실마리가 될 수 있었는데, 이곳에 사는 수컷과 암컷이 둘 다 꼬리표를 달고 있었기 때문에 둘 중 하나를 잡으면 답이 나올 것이다. 이때 가장 시급한 문제는 이 새들 중 한 마리를 다시 잡는 게 과연 얼마나 쉬운가 하는 것이었다. 몇몇 동물들은 '덫 경계심'을 가진다. 처음 포획한 뒤에 경계심이 생겨 두 번째에는 같은 속임수를 쓰기 어려워진다. 예컨대 시베리아호랑이는 어떤 지역에서 여러 해 전에 포획되었다면 일반적으로 그 지역을 회피하는 경향이 있다.[8] 물고기잡이부엉이들에게도 이런 덫 경계심이 있을까?

부엉이와 비둘기

나는 얀첸코가 맹금류를 포획할 때 즐겨 사용하는 덫인 도가 자를 실제로 보게 되어 흥분했다.[1] 이 덫은 특정한 미끼와 목표 대상인 맹금류의 예상 접근 경로 사이에 두는, 가로세로 각각 약 2미터 크기의 거의 보이지 않는 검은 나일론 망으로 만든 그물 트랩이다. 때때로 미국수리부엉이 같은 거대한 포식자가 미끼가 되기도 하는데, 서식지 내 맹금류 쌍에게 방어적인 공격을 유도하는 게 이 미끼의 목표다.[2] 다른 경우에는 작은 설치류나 비둘기 같은 먹잇감이 미끼가 되며 이동 중에 간단한 먹을거리를 찾고자 이동하는 맹금류를 덫에 집어넣기 위해 종종 사용한다.[3] 그물은 네 모서리에 각각 고리가 달려 두 개의 막대 사이에 매달려 있는데, 기둥에 부착된 가늘고 잘 구부러지는 철사 고리로 연결한다. 이렇게 그물이 불안정하게 걸려 있기 때문에 빠르게 다가와 그물에 부딪치는 대상 위로 덮쳐서 감쌀 수 있다. 먹이를 공격하려고 달려드는 대형 맹금류도 가능하다. 한쪽 끝에 추가 달린 밧줄이 그물망의 낮은 두 귀퉁이 중 하나에 고정되어 있어 새가 한 번 얽히면 빠져나가지 못한다.

　　미끼가 필요했기 때문에 얀첸코는 헛간으로 어슬렁어슬렁 걸어가서 바위비둘기 두 마리를 잡았다. "이 비둘기들은 자기가 잡힐 것이라고는 전혀 생각도 하지 않아요. 그래서 잡기 쉽죠." 얀첸코가 설명했다. 얀첸코가 그의 힐룩스 차량의 바닥을 덮고 있는 빨간 방수포를 젖히자 작은 철사 우리와 새 모이 한 봉지가 나왔다. 얀첸코는 이미 준비되어 있었고 비둘기를 잡는 게 이번이 처음이 아니었다.

　　아나톨리의 오두막으로 돌아간 얀첸코와 나는 지난겨울의 포획지까지 스키를 타고 강을 거슬러 올랐다. 우리가 처음으로 부엉이를 포획하려 시도했던 때의 긴장된 불편함과 뒤이은 쾌감이 다시 느껴졌다. 얀첸코는 비둘기 한 마리를 팔에 안고 다니며 만족스러워했다. 비록 물고기잡이부엉이는 물속에 사는 동물을 주로 잡아먹지만, 얀첸코는 먹이가 부족한 겨울철에는 쉽게 잡을 수 있는 사냥감이라면 어떤 동물이든 가리지 않을 것이라 추측했다. 그리고 우리는 지난 탐사에서 덫을 설치했던 곳 근처 물가의 노출된 나무뿌리에서 부엉이가 걸터앉는 횃대처럼 보이는 것을 발견했다. 얀첸코는 보폭으로 거리를 재어 약 20미터를 나아가 비둘기 다리에 회전하는 가죽 끈을 묶고 말뚝으로 땅에 고정한 다음 새 모이를 뿌렸다. 비둘기는 돌아다닐 수는 있지만 그렇게 먼 거리까지 가지는 못했다. 우리는 잠시 멈춰서 북방때까치가 우리 머리 위 나무 꼭대기에서 정체를 알 수 없는 명금류를 쫓아가는 모습을 지켜봤고 횃대와 비둘기 사이에 도가자 덫을 설치했다. 비둘기는 가벼운 호기심과 의심을 갖고 우리를 관찰하다가 돌아다니며 새 모이를 쪼아 먹었다. 나는 그물 끄트머리에 덫 수신기를 부착했고 오두막으로 와서 기다렸다. 만약 무언가가 그물을 밀치고 나아간다면 즉시 알 수 있을 것이다.

얀첸코와 아나톨리는 차를 마시면서 서로를 알아가는 중이었고 탁자 위의 수신기는 낮은 음량으로 웅웅거리며 우리의 대화를 방해했다. 여전히 괴짜인 아나톨리는 근처 산이 동굴처럼 속이 텅 비어 있고 그곳에 흰 예복을 입은 남자들이 살고 있다고 주장했다. 그곳에 닿으려면 12미터만 파 들어가면 되고 이 남자들이 지키는 지하 동굴 저수지가 나오는데, 아나톨리가 예전에 산 중턱에서 생활용수를 퍼 올리던 샘물의 원천이 그곳이라고 했다. 아나톨리에 따르면 옛날에는 산 위의 절에서 저수지로 통하는 계단이 있었지만 그 입구는 수백 년 동안 막혀 있었다. 나는 이런 이야기를 듣는 동안 얀첸코가 어떤 반응을 보일지 살펴봤지만 움푹 들어간 커다란 녹갈색의 냉정한 눈동자의 베일에 가려져 무슨 생각을 하는지 알 수 없었다.

"12미터는 그렇게 깊지 않아요. 한번 파보지 그래요?" 마침내 얀첸코가 굵고 단조로운 목소리로 말했다. 표정이 변하지 않은 상태라 나는 그가 단지 불편한 침묵을 채우려드는 건지, 아니면 아나톨리를 놀리고 있는지, 진지하게 묻고 있는 건지 알 수 없었다.

"깊지 않다고요?" 아나톨리가 쏘아붙였다. "땅을 12미터나 파라고요? 농담이죠?"

바로 그때 덫 수신기가 작동했다. 땅거미가 진 지 겨우 15분 남짓 지난 뒤였다. 너무 간단하게 성공을 거둔 터라 나는 이게 가짜 경보라고 내심 짐작했지만 그래도 얀첸코와 함께 밖으로 뛰쳐나가 스키를 신고 강을 거슬러 올라갔다. 그곳에는 있는 힘껏 그물에 부딪힌 뒤 담배처럼 돌돌 말려 눈 위의 도가자 덫에 얽힌 검은 형체가 있었다. 물고기잡이부엉이었고 다리끈을 보니 파타 강 수컷이었다. 비둘기는 다치지 않은 채 부엉이에게서 최대한 멀리 떨어진 곳에 가만히 서서 잠자코 지켜보고 있었다. 얀첸코가 그물을 푸는 동안 내가 부엉이를 잡았는데 예전과 마찬가지로 새는 순했다. 그리고 지난번에 비해 살이 쪘다. 무게를 재보니 3킬로그램으로 작년 겨울보다 250그램 더 나갔다. 처음에는 발신기가 사라진 줄 알았는데 촘촘한 깃털 사이에 손가락을 넣으니 피부 가까운 곳에 장치가 남아 있었다. 나는 더 자세히 관찰하기 위해 깃털을 옆으로 들췄고, 그동안 우리가 신호를 받는 데 어려움을 겪었던 이유를 즉시 알아차렸다. 발신기에는 부리에 긁힌 자국이 가득했고 안테나는 완전히 사라졌으며 기단부에서 장치가 뜯겨 나간 채였다. 이 장치는 9개월 동안 파타 강 수컷의 몸에 있었지만 이 새는 장치의 약점을 발견했다. 이렇게 망가진 이상 발신 장치는 우리에게 쓸모가 없었고 우리는 끈을 잘라 느슨하게 했다. 남는 발신 장치가 있기는 했지만 부엉이가 망가뜨린 것과 똑같은 모델이었다. 그러니 그 장치를 부착해도 동일한 문제가 발생할 것이다. 나는 대안을 찾지 못해 좌절했지만 다음 계획을 생각하는 동안 일단 새를 놓아주기로 했다.

　　몇몇 새들이 특정한 덫에 속아 넘어갈 가능성이 더 높듯이 종마다 발신기에 다르게 반응한다. 미국수리부엉이 같은 몇몇 맹금류는 가능한 한 빨리 자기 몸에서 장치를 떼어내려고 끈을 잘라버리는 경향이 있지만 다른 종은 신경 쓰지 않는다. 예컨대 2015년에는 스페인에서 백 마리가 넘는 솔개에게 꼬리표를 붙여 연구를 수행했는데 그 가운데 한 마리만이 끈을 제거했다.[4] 그리고 이제 우리는 물고기잡이부엉이가 어떤 반응을 보이는지 알게 되었다. 이 새는 발신 장치의 안테나를 공격한다. 부엉이가 장치를 망가뜨린다면 어떻게 이 새의 움직임을 모니터할 수 있을까? 새로 발견한 사실은 우리 계획에 상당한 차질을 예고했다.

파타 강 수컷을 풀어준 뒤, 우리는 안테나 없이 발신 장치가 얼마나 멀리 떨어진 곳까지 감지될 수 있는지 알아보려고 간단한 실험을 했다. 나는 손상된 발신기를 아나톨리의 집 공터 가장자리에 있는 나무에 묶고 수신기를 켠 다음 신호음이 멈출 때까지 천천히 뒤로 물러서 보았다. 약 50미터쯤 물러서니 신호음이 들리지 않았다. 이 거리는 부엉이에 부착된 고장 난 발신기를 감지할 수 있는 최대 거리였다. 하지만 불행히도 물고기잡이부엉이는 사람이 그렇게 가까이 접근하는 것을 허락하지 않으며 만약 내가 부엉이로부터 50미터 거리 안에 있다면 이미 새를 목격했을 것이다. 파타 강 암컷, 세레브랸카 강 수컷, 툰샤 강 수컷의 발신 장치도 전부 같은 이유로 고장 났다고 추측할 수밖에 없었다.

그래도 다행히 나에게는 해결책이 있었다. 최소한 부분적인 해결 방안이었다. 부엉이들이 발신기를 고장 냈다는 사실을 알기 전부터 나는 암구 지역에서는 부엉이들에게 같은 장치를 부착할 수 없을 거라는 사실을 알고 있었다. 발신기가 쓸모 있으려면 방향을 기록하고 새의 위치를 삼각 측량하기 위해 누군가가 현장에 있어야 한다. 하지만 암구 지역은 나와 팀원들이 정기적으로 들르기에는 너무 멀리 떨어져 있었다. 대신 나는 GPS 데이터 기록 장치를 세 개 구입하기 위해 얼마 안 되는 여러 지원금을 긁어모았다.[5] 이 장치는 발신기와 비슷하게 끈으로 묶어 부엉이의 등에 장착되었지만 무선 신호를 보내는 대신 하루에 여러 개의 GPS 위치 정보를 수집하며 최대 6개월까지 지속되고 충전도 가능했다. 하지만 이 장치에도 단점은 있었다. 첫째로 장치 하나에 무선 발신기의 약 10배나 되는 2,000달러 정도가 들었다. 둘째로 이 장치는 데이터만 수집하고 저장하는 기능만 있어서 보관된 정보를 되찾기 위해서는 부엉이들을 다시 포획해야 했다. 이것은 잠재적으로 심각한 문제였다. 꼬리표가 붙은 부엉이들 가운데 하나가 죽거나, 사라지거나, 덫에 경계심을 가질 경우 데이터가 날아가 버리기 때문이다.

얀첸코는 우리와 함께 오래 머물지 못했다. 블라디보스토크 근처의 집에 아내와 돌봐야 할 참매가 있었다. 그래서 발신기의 수수께끼가 풀리자 그는 내게 도가자 덫을 넘기고 트럭에 올라타 남쪽으로 떠났다. 우리는 보다 외딴곳에서 포획을 진행할 예정이어서 테르니 지역이나 아나톨리의 오두막에 있는 따뜻한 침대에만 머물 수는 없었다. 콜랴 골라크(Kolya Gorlach)가 군부대에서 쓰일 것만 같은 커다란 녹색 트럭인 GAZ-66을 몰고 테르니에 도착했다. 우리는 이 트럭을 타고 남은 현장 탐사를 계속할 계획이었다.

콜랴는 키가 크고 깡마른 체격이었으며 당시 10년 넘게 수르마흐 연구팀의 운전사이자 요리사로 일하고 있었다. 콜랴는 다소 무례했지만 악의 없이 친밀한 편이었다. 쉽게 짜증을 냈는데 기본적인 위생이나 개인적인 안위에 대해서는 인상적일 만큼 무관심했다. 젊은 시절에는 가끔 패싸움에 휘말려 경찰에 구속되기도 했다는데 몸 여기저기에 문신이 많은 사람이었다. 1970년대에는 바이칼-아무르 간선 철도 프로젝트라는 야심 찬 사업에서 숲을 개간하는 일을 했던 터라 "우리는 시베리아 땅을 평평하게 했다"는 말을 자주 했다. 미하일 고르바초프의 금주 캠페인이 벌어지던 1980년대에는 맥주 양조장 배달원으로 잠시 일하기도 했다.[6] 드물게도 러시아에서 맥주가 귀하고 세심하게 관리되는 물품 취급을 받았던 시기였다. 콜랴는 공장에서 트럭을 몰고 가게나 바에 맥주를 배달했는데 도착했을 즈음에는 마치 자신이 차가운 라거로 목을 축일 드문 기회를 간절하게 원하는 소련 사람들 무리를 이끄는 우두머리가 된 기분이었다고 말했다. 어떤 차들은 심지어 지나가던 길에 유턴을 해서 콜랴의 트럭을 쫓아왔다. 트럭이 어디로 가는지 모르지만 일단 맥주를 마시고 싶었을 뿐이었다. 한번은 도로 밖으로 쫓겨나 맥주통을 빼앗으려는 노상강도에게 총으로 위협당한 적도 있었다.

GAZ-66은 두 개의 좌석이 엔진에 의해 분리되어 있어서 마치 전투기 조종석으로 들어가는 느낌이었다. 그 뒤로는 두 개로 분리된 생활 공간이 있었다. 작은 방에는 식탁 하나와 두 명이 잘 수 있는 벤치가 있고, 큰 방에는 뒷문 옆으로 철제 난로가 보였으며 두툼하고 칙칙한 세 개의 둥근 유리창 아래 양쪽으로 벤치가 딸려 있었다. 이 벤치는 한명씩 잘 수 있을 만큼 폭이 넓었지만 필요하다면 중간에 널빤지를 놓고 최대 네 명이 자도 괜찮은 크기였다. 비록 1960년대쯤 생산된 차량 같았지만 번호판을 보니 1994년식이라 깜짝 놀랐다. 제대로 관리가 되지 않아 내부 패널은 금이 가고 누렇게 변했으며 여기저기 긁힌 곳은 콜랴가 임시로 손을 봤다가 사후 처리를 하지 않아서 영구적인 흔적으로 남았다. 생활 공간 앞쪽 벽의 버튼은 뒤에 탄 사람들이 차를 멈추고 싶으면 이를 운전자에게 알리기 위한 용도였지만 몇 년 동안 사용하지 않았거나 콜랴가 망가뜨린 듯했다. 급하게 세우고 싶을 때는 요란한 엔진 굉음 너머로 들리기를 바라며 벽을 쾅쾅 두드리는 게 최선의 방법이었다.

우리는 GAZ-66을 타고 세레브랸카 강 서식지로 이동해 세레브랸카 강 수컷을 재포획하고 고장 난 발신기를 제거했다. 그러고 나서 세르게이와 내가 이전 겨울에 머물렀던 곳 근처에 텐트를 쳤다. 새로운 야영지에 가면 항상 그렇듯 맨 처음 할 일은 트럭 뒷좌석에서 짐을 전부 꺼내 실내를 생활하기 편하게 만드는 것이었다. 콜랴가 물을 끓이기 위해 프로판 스토브를 밖에 설치하는 동안 세르게이는 식량과 보급품 상자, 각종 장비와 스키, 장작이 가득 든 배낭을 차에서 꺼냈고, 슈릭과 나는 트럭 아래에 물품을 차곡차곡 쌓았다. 일단 내부가 정리되자 차량 안은 수면 공간으로 바뀌었다. 세르게이와 나는 운전석에 가까운 작은 방을 차지했고 슈릭과 콜랴는 뒤쪽의 보다 넓은 공간을 공유했다. GAZ-66은 단열이 잘 되어서 작은 난로로도 밀폐된 공간을 빠르게 덥힐 수 있었다. 그래서 우리는 밤마다 바깥 기온과 상관없이 반팔 차림으로 자곤 했다. 하지만 겨울 추위는 우리가 잠든 사이에 밤새 차량을 에워쌌고 난로가 식으면 서리가 덩굴손처럼 틈새를 파고들어 결국 트럭의 방어를 뚫었다. 아침이 되면 차량 안쪽 벽에도 서리가 들러붙었다. 잘 때는 마치 한여름 같은 기온에서 깊이 잠들었다가 몇 시간 뒤에 다시 한겨울 같은 기온에서 깨어나는 건 독특한 수면 경험이었다. 영하 26도까지 견디는 겨울용 침낭에서 잠을 청한다면 더워서 질식할 수 있지만, 아침에는 영하 6도까지 견디는 봄, 가을용 침낭 속이 아주 추웠다. 결국 나는 두 침낭 사이에 끼어서 자게 되었다. 겨울용 침낭을 깔고 봄, 가을용 침낭을 덮은 채 잠든 다음 이른 아침 추위에 잠에서 깨면 몸을 뒤집어 따뜻한 겨울용 침낭을 덮곤 했다.

　　슈릭은 난로와 가장 가까운 곳에서 잤는데 그 자리는 장단점이 있었다. 일단 가장 따뜻했고 슈릭은 팀원 가운데 키가 가장 작아 한밤중에 실수로 몸을 길게 뻗어도 침낭에 불이 날 가능성이 낮았다. 하지만 아침에 난로를 다시 때야 하는 것도 슈릭이었다. 탐사 시즌 초반에 세르게이는 전략적으로 단열재가 가장 적은 침낭을 슈릭에게 주었다. 그 결과 슈릭은 아침에 서리가 생기면 난로에 새로 불을 지피러 일어날 수밖에 없었다. 슈릭이 급히 난로에 불을 때느라 GAZ-66이 삐걱대고 흔들리는 것으로 매일 아침이 시작되었다. 슈릭은 욕설을 퍼부으며 차갑게 곱은 손으로 불쏘시개와 자작나무 껍질로 급하게 피운 불꽃을 조절했다. 그리고 주전자를 난로 위에 올린 다음 비교적 온기가 남아 있는 침낭에 기어들었다. 그러면 우리는 다시 트럭 안이 따뜻해지기를 기다렸는데 때로는 말소리가 들리기도 했고 때로는 침낭 안에서 목소리가 묻히기도 했다. 시간이 지나 따뜻해지고 주전자의 물이 끓으면 이제 침낭 밖으로 나와도 괜찮다는 신호였다. 토끼가 굴 밖으로 킁킁대며 포식자의 냄새를 맡는 것처럼 우리는 침낭에서 얼굴을 빠끔 내밀어 얼마나 따뜻한지 간을 본 다음 만족스러우면 슈릭을 불러 주전자를 가져달라고 했다. 내가 주전자를 내 옆의 작은 탁자 위에 올려두면 나머지 팀원들은 일어나서 앞칸에 모여들어 차나 커피를 마셨다. 그렇게 우리는 하루 일과를 시작했다.

슈릭은 내가 이곳에서 필요하다고 여겼던 기술을 갖고 있었다. 나는 몸이 날렵한 슈릭에게 세레브랸카 강 근처에 부엉이 둥지로 의심되는 나무 몇 그루를 보여주고 싶어 몸이 근질근질했다. 내가 2006년에 발견한 후보 나무들은 대부분 손에 닿는 곳에 나뭇가지가 없거나 껍질이 두꺼운, 올라갔다가 언제라도 미끄러질 위험이 있는 오래된 포플러였다. 이 나무들은 오르기에 안전하지 않았다. 그래서 내가 둥지 나무로 유력한 후보를 지목했을 때, 슈릭은 거대한 목표물 주변을 어슬렁거리다가 그 근처에 오르기 쉽고 키가 큰 사시나무를 발견했다. 그는 고무 부츠를 벗은 뒤 양말만 신고 14미터 높이의 나무를 조금씩 올랐고 그곳에서 15미터 높이의 꼭대기 쪽이 주저앉은 거대한 포플러가 세레브랸카 강 서식지의 둥지 나무가 맞다는 사실을 확인해주었다.

그로부터 며칠 안에 물고기잡이부엉이가 우리의 먹이 울타리 중 하나를 방문했다. 덫을 설치하고 나서 다음 날 밤에 부엉이를 손에 넣은 것이다. 하지만 우리는 이 새가 몸무게와 털갈이의 정도로 봤을 때는 성체 수컷이지만 작년에 이 지역에서 포획했던 개체가 아니라는 사실을 확인하고 당황했다. 수컷 짝이 바뀐 것일까? 이중창을 들었기에 새들이 짝을 이룬 것은 확실했다. 우리가 이 부엉이들을 관찰한 바에 따르면 완전히 새로운 쌍일 가능성은 낮았다. 괜찮아 보이는 서식지라도, 이전에 살던 한 쌍이 사라졌다고 그렇게 빨리 대체

될 만큼 주변에 부엉이 개체수가 충분하지는 않았다. 그렇다면 작년에 잡았던 세레브럇카 강 수컷은 어디 있는 걸까?

다음 날 나는 쌓인 눈과 나뭇가지 사이로 최대한 조용히 움직이며 둥지 나무에 다가갔다. 나무에 기대어 쌍안경 든 손을 고정한 다음, 2006년에 톨랴와 내가 발견했던 횃대 나무를 조사했다. 그리고 그곳에서 나뭇가지와 긴 솔잎 사이에 숨은 물고기잡이부엉이의 형체를 발견했다. 여기가 둥지라는 강력한 증거였다. 그 수컷은 최근에 우리가 잡은 새였고, 근처 나무 구멍에서 눈에 띄지 않게 숨어 있는 암컷을 지키고 있는 게 틀림없었다. 내가 다가오는 것을 보자 부엉이는 위협이 될 것이라 생각해 귀를 곤두세우고 있었다. 그리고 소나무에서 푸드덕 날아올라 자기 짝에게 도저히 방어할 수 없는 위험이 다가오고 있다는 낮은 경고음을 냈다. 수컷이 날아갈 때 쌍안경으로 보니 희미하게 다리끈이 보였다. 분명 우리가 얼마 전에 잡았던 수컷이었다. 잠시 후 또 다른 부엉이가 둥지 나무에서 날아올랐고 이 새는 노란 다리끈을 하고 있었다. 작년에 우리가 잡은 부엉이었다. 당시에는 수컷인 줄 알았지만 사실은 암컷이었던 것이다.

성별처럼 기본적인 정보도 헷갈렸다는 것은 우리가 얼마나 물고기잡이부엉이에 대해 아는 바가 적은지를 잘 보여주었다. 당시 러시아에서는 우리가 그 누구보다 물고기잡이부엉이를 더 많이 접해왔기 때문에 더욱 놀라웠다. 이 사건은 프로젝트 전체와 우리가 포획 대상으로 삼았던 새들에게도 영향을 미쳤다. 작년에 이 부엉이를 잡았을 때 우리는 부엉이 쌍 중 암컷은 둥지를 틀고 있을 거라 추측했다. 실제로는 우리가 암컷이 둥지를 잠깐 떠난 상태였을 때 그 새를 잡았던 것이다. 둥지를 벗어나 우리에게 잡혀 치수를 측정하고 발신기를 부착했던 경험이 이 새를 두려움에 떨게 했을까? 그래서 올해 새로 둥지를 튼 것일까? 앞으로는 우리가 어떤 부엉이를 붙잡았는지에 대해 확실히 할 필요가 있었다. 몸무게만 성별에 대한 지표로 삼기에는 불충분했다.

암컷 부엉이는 100미터도 채 떨어지지 않은 상태로 빠르게 날고 있었다. 그래서 나는 재빨리 수신기를 켰고 발신기에서 나오는 신호를 들을 수 있었지만 아주 희미했다. 신호음은 새가 사라졌는데도 약하게 남아 있었는데 그때 나는 새가 날아드는 방향에서 신호가 가장 강하지 않다는 사실을 깨달았다. 잠시 혼란에 빠졌지만 둥지 나무 주변을 넓은 호를 그리며 걷다 보니 내가 어디에 있든 수신기의 희미한 신호가 나무의 정면에서 나오고 있는 것 같다는 사실을 깨달았다. 아마 그 새가 다리끈을 물어뜯어 벗겨냈을 테고 쓸모없어진 발신기는 둥지에 놓여 있을 것이다. 나는 2년 연속으로 부엉이가 추위 속에서 자기의 거처에서 멀리 떨어져 있지 않았으면 하는 마음에 캠프로 돌아와 소식을 전했다. 올겨울에는 세레브랸카 강에 머물며 덫을 놓을 필요가 없었다. 발신 장치가 망가지고 다리끈이 끊어졌으며 GPS 데이터 기록 장치도 이 지역까지 배치할 만큼 수가 충분하지 않았다. 그 장치는 전부 암구에서 사용해야 했다.

우리는 정찰을 위해 근처 툰샤 강 서식지로 이동해서 그곳에서 세르게이와 둥지 나무에 접근했다. 그곳에서 울음소리를 들었던 부엉이 쌍이 새끼를 쳤는지 알아보기 위해서였다. 둥지 나무는 툰샤 강 본류에서 30미터 정도 떨어진 낮은 강변 근처, 그리고 100년 전이 지역 중국인 거주자들에게 성스럽게 여겨진 넓은 돌 더미 사면의 맞은편에 자리했고, 도로에서 일직선으로 800미터가량 들어간 곳에 있었다.[7] 그동안 경험한 바로는 여러 장애물 때문에 나무에 직접 접근하기는 힘들었다. 뚫고 나갈 수 없는 덤불, 통나무, 가시덩굴, 중간에 가로지르는 개울이 그런 장애물이었다. 남쪽으로 빙 에둘러 장애물이 없는 얼음을 따라 접근하는 것이 더 빠르고 덜 성가셨다. 목표물에서 몇 백 미터 이내로 접근했을 때 눈과 비가 번갈아 내렸던 탓에 세르게이와 나는 옷이 푹 젖어 있었다. 둥지 나무에서 100미터도 안 되는 곳에 닿자 앞쪽에서 뭔가가 푸드덕 날아 사라졌다. 아마 툰샤 강 수컷이었을 것이다. 우리는 나무에서 50미터 거리까지 살금살금 다가갔고, 나는 쌍안경을 들어 둥지 나무의 줄기가 그리는 수직선에 수평으로 툭 튀어나온 꽁지깃을 발견했다. 만화같이 우스꽝스러운 광경이었다. 둥지 위에 부엉이 한 마리가 알을 품고 있었는데 나무 구멍은 그 엄청난 덩치를 담을 수 없을 정도로 너무 작았다. 우리는 더 이상 가까이 다가지는 않았다. 만약 새가 날아올라 도망간다면 추위에 노출된 알이 얼어붙을지도 모른다. 우리는 새를 발견한 데에 기뻐하며 조용히 물러섰다.

　　그때 갑자기 암컷이 둥지에서 벗어났다. 나는 순간적으로 카메라를 들어 새가 강바닥 근처의 나뭇가지 사이로 하류를 향해 날아가는 커다란 형상을 대여섯 장 찍었다. 그리고 그 가운데 초점이 맞는 사진이 있는지 보려고 눈을 가늘게 뜨고서 작은 카메라 화면을 바라보았다. 초점이 맞았다. 그런데 나는 도망가는 부엉이의 드러난 다리에 시선을 고정한 채 혼란에 빠졌다. 파타 강 암컷의 다리끈이 보였다. 나는 가까이 다가온 세르게이에게 더듬거리며 상황을 설명했다. 그러자 세르게이는 눈을 가늘게 찌푸리다가 다시 번쩍 뜨더니 아무 말도 않고 놀라서 입을 떡 벌렸다. 우리가 작년에 인근 파타 강 서식지에서 포획했던 파타 강 암컷이 툰샤 강 서식지에 둥지를 틀고 있었던 것이다. 우리는 캠프로 돌아와 생각에 잠겼다. 그럼 작년에 이 둥지에 앉아 있던 툰샤 강 암컷은 어디 갔을까? 밀렵꾼 소년의 총에 맞은 새가 그 암컷일까? 말이 되는 이야기였다. 그렇다면 사체는 다리끈이 제거된 채로 툰샤 강 서식지에서 하류 방향으로 고작 몇 킬로미터 떨어진 곳에서 발견된 셈이다. 하지만 파타 강 암컷은 왜 자기 짝을 바꾸었을까?

이 서식지 포기 가설을 확인하기 위해 우리는 그날 저녁 힐룩스를 몰고 파타 강 서식지로 향했다. 그곳에서는 수컷이 혼자서 울고 있었다. 암컷이 이 수컷을 떠난 것이다. 이런 행동은 물고기잡이부엉이 사이에서 흔할까, 아니면 이례적인 사건일까? 이 이야기를 들은 아나톨리는 자기가 그해 겨울 일찍이 부엉이 두 마리의 울음소리를 들었다고 했지만, 그가 한 마리의 울음소리와 두 마리의 이중창을 구별할 수 있을 리가 없었다. 사실 아나톨리는 이중창이 가능하다는 걸 인정하지 않았다. 너무 잘 짜여 있어서 두 마리의 노래라는 사실을 믿지 않았던 것이다. 그래도 아나톨리는 "가끔은 새 한 마리가 두 번, 가끔은 네 번 울었죠"라고 말했다. 우리는 파타 강 부엉이들이 일 년 내내 주기적으로 울었다는 아나톨리의 말을 듣고 파타 강과 툰샤 강 서식지가 여전히 점령된 상태라고 추정했었다. 하지만 그가 각각의 장소에서 수컷과 암컷 울음소리를 들었던 것은 아닐 수도 있다.

나는 이 부엉이들을 다시 포획하기 위해 테르니에 좀 더 머물렀으면 하고 바랐지만 우리는 애초에 여기에서 일 년 내내 작업할 계획은 없었다. 발신기의 미스터리 때문에 잠시 혼란에 빠졌지만 그 문제는 해결되었다. 우리는 암구 지역으로 초점을 옮겼다. 그곳에는 부엉이를 덫으로 사로잡을 장소가 여럿 있었고 GPS 데이터 기록 장치 세 개도 이 지역에 설치해야 했다.

테르니를 떠난 지 약 5시간 만에 우리의 캐러밴인 GAZ-66과 힐룩스는 자정이 넘어 암구에서 16킬로미터 떨어진 샤미 강 서식지에 도착했다. 내가 마지막으로 이곳에 왔을 때, 세르게이는 라돈 가스가 스며들어 강물이 따뜻한 지점을 보여준 적이 있었다. 하지만 불과 2년 만에 놀랄 만한 변화가 일어났다. 암구 지역 벌목 회사의 사장이자 마을에서 영향력 있는 고용주인 슐리킨이 이 구역을 개발해 풍요롭게 하는 데 기여했다. 슐리킨은 이곳에 세 채의 오두막을 세웠는데 하나는 온천에 인접한 한 칸짜리 커다란 건물이었다. 제대로 된 큼직한 난로가 있는 이 건물에는 벤치가 딸린 테이블과 세 명은 잘 수 있고 술 취한 상태라면 끼어서 다섯 명까지도 잘 수 있는 수면 공간이 있었다. 우리는 GAZ-66을 그 옆에 주차했다. 나머지 두 채의 작은 오두막에도 자체 온천이 있었다. 슐리킨은 굴착기를 이용해 라돈 가스가 물속에 스며드는 강둑을 파냈고 그 자리에 목재를 덧대고 지붕을 씌웠으며 통나무 벽을 둘렀다.

우리가 도착했을 무렵 온천 오두막 가운데 한곳에 누군가 머물고 있었는데 우리가 캠프를 차리자 그 사람이 나타났다. 암구가 작은 마을이기도 하고. 세르게이가 워낙 자주 들락날락했기 때문에 그는 보바 볼코프의 이웃인 그 남자를 바로 알아봤다. 보바는 2006년 우리가 범람한 암구 강을 건너도록 도왔던 사람이다. 온천욕을 즐기러 온 남자는 샤미 강 상류에서 사냥용 부지를 임대한 현지 사냥꾼으로 예전에 세르게이의 트럭 수리를 도운 적도 있었다. 우리는 인사를 나누러 다가갔다. 사냥꾼은 사냥터에서 강 상류로 올라온 지 얼마 되지 않았다고 했다. 그리고 숲속 사슴을 돌보기 위해 건초 더미를 깔아두며 오후 시간을 보낸다고 했다. 사냥철이 되면 쏘아서 잡을 동물인데 사냥하기 전까지는 편안히 지내게 해준다는 점이 흥미로웠다. 그는 세르게이에게 고기가 필요하냐고 물었고, 근처에 머무를 예정이면 며칠 내로 고기를 가져다줄 수 있다고 말했다. 이런 식으로 북부 여행에서 우리는 먹을 것을 구했다. 이곳 사람들은 서로를 돌보고 챙긴다. 우리는 밀가루, 설탕, 파스타, 쌀, 치즈, 양파 같은 식료품을 갖고 온 다음 강에서 송어를 낚거나 현지인에게 고기를 얻곤 했다.

믿고 또 믿으며 기다리기

　　우리가 덫을 설치한 장소는 캠프에서 100미터 채 떨어지지 않은 곳이었고 강가의 작은 만곡부에서 바로 눈에 띄지는 않았다. 강이 돌아나가는 깊은 웅덩이가 있고 이어서 얕은 급류가 이어져 부엉이가 웅덩이를 오가는 물고기를 매복하며 기다리기에 완벽한 장소였다. 실제로 강 가장자리에는 부엉이들의 흔적이 잔뜩이었다. 하지만 도가자 덫을 설치하기에는 강가에 관목이 너무 많아 공간이 충분하지 않았기에, 우리는 먹이 울타리 몇 개만 쳐두고는 저녁 식사를 위해 GAZ-66 내부의 따뜻한 공간으로 돌아왔다. 부엉이들이 덫을 찾는 데 얼마나 걸릴지 기약이 없었기 때문에 우리는 그날 밤 8시 30분에 샤미 강 암컷을 붙잡게 되어 정말 기뻤다. 작년에 세르게이와 내가 겪었던 어려움을 생각하면 포획 작업은 믿을 수 없을 만큼 순조로웠다. 약간의 경험이 큰 도움이 되고 있었다. 우리는 포획한 부엉이를 오두막으로 데려와서 큰 테이블이 놓인 따뜻하고 넓은 공간을 활용해 몸의 치수를 재고 다리끈을 둘렀다. 콜랴는 밖에서 발전기를 가동시켜 전선을 연결한 다음 전구 하나를 연결해 테이블 위의 벽에 걸었다. 이 개체는 나와 세르게이가 잡은 세 번째 암컷 부엉이였다. 우리는 암컷 부엉이가 수컷보다 강하다는 사실을 알게 되었다. 슈릭이 암컷이 털갈이를 얼마나 했는지 기록하는 동안 몸을 움켜쥐고 있던 손을 잠깐 풀었던 적이 있었다. 내가 다시 잡으라고 슈릭에게 경고하기도 전에 부엉이는 푸드덕 날아갔고 강력한 날개 힘으로 전구를 박살내 실내를 다시 어둠에 빠뜨렸다. 나는 칠흑 같은 오두막에서 사람 셋, 자유롭게 풀려난 물고기잡이부엉이 한 마리와 함께 있어야 했다. 다행히도 갑작스레 빛이 사라지자 부엉이는 우리만큼 혼란에 빠졌고, 슈릭이 헤드램프를 켜기 전에 세르게이와 함께 부엉이를 다시 손아귀에 넣었다. 이것은 자유를 얻기 위한 그 새의 첫 번째 투쟁이었다. 포획 조사 과정이 끝날 무렵 이 샤미 강 암컷은 결국 세르게이와 슈릭에게 둘 다 피를 보게 했다.

밖은 영하 30도에 가까웠고 이 불쌍한 새는 포획 과정에서 물에 흠뻑 젖은 상태였다. 우리가 올가미 속에 있는 새에게 다가갔을 때 강둑이 아닌 얕은 물로 날아갔기 때문이었다. 그래서 우리는 약간의 논의 끝에 이 부엉이를 밤새 판지 상자에 잡아두고 몸을 말리기로 결정했다. 아침에는 GPS 데이터 기록 장치를 달고 물고기 몇 마리를 주고서 종일 굶지 않게 할 것이었다. 그런데 우리가 축하주로 보드카를 마시며 조용히 저녁을 보내고 있을 때 GAZ-66의 금속 문에 노크 소리가 요란하게 울렸다. 다른 차량이나 손전등 불빛을 보지도 못했고 이곳은 암구에서 한참 떨어진 곳인데 무슨 일인지 알 수 없었다. 세르게이가 문을 열자 눈 속에 서 있는 두 명의 젊은이가 보였다.

20대로 보이는 이들은 갑자기 트럭 내부의 밝은 빛에 노출되자 눈이 부신지 눈을 가늘게 떴다. 암구에서 온천으로 가던 중 이곳에서 1킬로미터 정도 떨어진 곳에서 차가 고장 났다고 했다. 두 사람은 여정의 절반을 걸어오느라 몸이 꽁꽁 얼었지만 그래도 오두막에서 밤을 보낼 수 있겠다 싶었다. 그때 둘은 GAZ-66을 보았고 문을 두드려보기로 한 것이다. 두 사람은 유쾌해 보였기 때문에 그중 한 청년이 들어갈 수 있냐고 묻자 세르게이는 흔쾌히 수락했다. 둘은 우리 차에 올라타 도수가 95도인 에탄올 2리터짜리 병을 테이블 위에 놓았다.

 "마시고 싶지 않아요?" 온천으로 향하는 차갑고 어두운 길에서 줄곧 병째 들이켰다며 그 청년이 미소를 지었다. 우리는 약간의 물로 에탄올을 희석시킨 다음 꽤 많이 마셨다. 나는 슈릭이 한두 잔 마신 뒤에 더 마시지 않았다는 점에 호기심을 갖고 주목했다. 그동안 슈릭이 술을 거절하는 것을 본 적이 없었다. 하지만 나는 우리가 거둔 성공에 정신이 팔렸고 축하 분위기에 빠져 있어 그러려니 넘어갔다. 두 청년은 우리에게 샤미 강 옆에 트럭을 세우고 대체 무엇을 하고 있냐고 물었다. 대부분의 사람들이 그랬듯이 우리를 밀렵꾼이라고 추측한 듯했다. 우리 탐사의 구체적인 목적에 대해 항상 모호하게 얼버무렸던 세르게이는 우리가 블라디보스토크에서 왔고 희귀한 새를 찾는 조류학자라고 답했다. 그런 다음 세르게이는 청년들에게 물고기잡이부엉이나 '모피 코트를 달라고 우는 부엉이'를 본 적이 있냐고 물었다. 나는 처음 들었지만 기억하기 쉬운 설명이었다. 부엉이의 4음으로 구성된 이중창은 러시아어로 '슈부 하츄'로 들릴 수 있는데 이 말은 '모피 코트를 원해요'라는 의미였기 때문이었다.

두 청년은 무슨 말인지 전혀 모르겠다는 듯이 웃기만 했다. 우리는 그들에게 우리가 샤미 강에서 부엉이를 잡는다거나 트럭 안에 부엉이가 있다는 사실을 밝히지 않았다.

　　새벽에 일어나 샤미 강 암컷을 풀어주려고 나가보니 전날 밤 덫에 손님이 들른 흔적은 없었다. 아마 라돈으로 데워진 물에 목욕을 한 다음 다른 곳으로 이동했을 것이다. 우리는 풀어주기 전에 GPS 데이터 기록 장치를 부엉이에게 조심스럽게 장착했다. 이 장치는 하루에 네 개의 위치 데이터를 기록하도록 프로그래밍 되어 있었다. 그에 따라 배터리의 수명은 약 3개월일 것이라 예상 가능했다. 세르게이는 여름에 돌아와 이 암컷 부엉이를 재포획하고 데이터 기록 장치의 배터리를 충전할 계획이었다. 우리는 왠지 축 처진 듯한 부엉이에게 물고기 네 마리를 먹인 다음 풀어주었다. 상자 안에서 밤을 보내느라 정신적인 충격을 받았는지 처음에는 곧장 날아가지 않았지만 결국에는 공중으로 자취를 감췄다.

　　하지만 이번에 풀어준 부엉이는 나를 조금 불안하게 했다. 야생 조류의 등에 값비싼 장치를 매달고 강 하류로 날려 보내는 셈이었기 때문이다. 두 달 동안 현장 보조원을 고용하거나 필요한 식량을 구매하고 이번 해의 탐사 비용에 보탤 수 있을 만큼 큰 액수였다. 예산이 많지 않았기 때문에 아직 제대로 검증되지 않은 비싼 장비를 사용하는 것에는 다소 위험이 따랐다. 원래의 발신 장치를 사용하면 적어도 안심할 수는 있었다. 장치가 작동하는지 여부를 알고 싶을 때마다 확인할 수 있기 때문이었다. 하지만 이 담배 라이터만 한 장치는 제대로 프로그램되어 잘 작동하는지, 2만 킬로미터 위의 위성과 통신하는 데 문제가 없는지 그저 믿을 수밖에 없었다. 그런 다음 작은 플라스틱 상자에 데이터가 1년 동안 안전하게 저장되고 그 상자를 달고 다니는 부엉이를 그 기간 동안 재포획할 수 있으리라고 믿어야 했다. 믿고 기다리는 것밖에 할 수 있는 일이 없었다.

그날 아침 나는 원인을 알 수 없게 머리가 깨질 듯 아팠다. 세르게이도 두통이 있었다.

"전날 그렇게 많이 마시지 않았는데 왜 이렇게 머리가 아프죠?" 세르게이가 불을 붙이지 않은 담배를 손가락 사이에 이리저리 굴리며 신음했다.

"그건 사람이 마시라고 만든 에탄올이 아니었어요. 청소용으로 쓰는 낮은 등급의 에탄올이었죠." 슈릭이 말했다.

"나쁜 건 줄 알면서도 우리가 마시게 내버려뒀다고요?" 세르게이는 화를 냈다. 나는 전혀 눈치채지 못했다. 내 입맛에는 전부 독처럼 느껴졌기 때문이었다.

"난 또 다 알면서도 신경 쓰지 않는 줄 알았죠." 슈릭이 어깨를 으쓱했다.

우리는 왠지 길게 머물면 몸에 나쁠 것 같은 라돈 온천에 잠깐 몸을 담근 뒤 짐을 싸서 동쪽으로 이동했다. 그리고 해안에서 가까운 암구 강의 작은 지류인 쿠드야 강으로 향했다. 2006년 봄에 우리가 암구 강을 건널 때는 정말 고생했지만 이번에는 표면이 콘크리트처럼 단단해서 쉽게 지날 수 있었다. 그런 다음 우리는 얇은 띠처럼 분포하는 강가 숲을 따라 차를 달려 길이가 1킬로미터, 폭이 150미터 정도 되는 공터로 이동했다. 눈 속에 숨겨진 풀이 대부분이고 가끔씩 관목과 자작나무가 눈에 띄는 공간이었다. 이 길쭉한 들판의 북쪽에는 탁 트인 낙엽송 숲이 자리했고, 남쪽에는 젖은 셔츠처럼 쿠드야 강가에 달라붙어 있는 오래된 숲이 있었다. 세르게이와 나는 2006년에 이 구역에서 부엉이의 울음소리를 들은 적이 있지만 당시에는 근처를 자세히 탐사하지 못했다. 이제 여기서 무엇을 발견할지는 아무도 몰랐다.

우리는 쿠드야 강 근처의 적당히 평평한 자리를 골랐고 차를 모는 콜랴가 캠프를 차리는 동안 나는 세르게이와 슈릭과 함께 스키를 타고 다른 방향으로 탐사를 떠났다. 우리는 러시아에서 부엉이에게 GPS 데이터 기록 장치를 처음으로 매달았다는 사실에 의기양양했고 새로운 구역을 탐험하게 되어 흥분한 상태였다. 샤미 강에서 일직선으로 6킬로미터밖에 떨어지지 않았는데도 이곳의 풍경은 눈에 띄게 달랐다. 쿠드야 강은 강이라기에는 개울에 가까웠으며 얕게 서로 얽히는 수로 양쪽이 스키용 폴 정도의 두께인 버드나무 숲으로 꽉 막혀 있었다. 덩치 큰 물고기잡이부엉이들이 이렇게 폐쇄된 공간에서 어떻게 사냥을 했는지 알 수 없었다. 나는 아래에 낮게 깔린 초목을 뚫고 지나느라 너무 고생한 나머지 결국엔 긴 네오프렌 장화를 신은 채 스키를 어깨에 메고 얕은 강물을 걸어서 지났다. 몇 시간 지나 우리는 캠프에 모였고 콜랴는 불을 피워 차를 끓일 물을 준비하고 점심 식사를 만드는 중이었다. 서로 이야기를 나눠보니 우리 모두가 이번 외출에서 성과를 거뒀다는 사실이 금세 드러났다. 세르게이와 나는 둘 다 강을 따라가면서 부엉이의 사냥터를 찾았고, 슈릭은 더 중요한 둥지 나무를 발견했다. 캠프에서 쿠드야 강 하류로 불과 수백 미터 떨어진 곳에 자리한 오래된 새양버들이었다. 슈릭이 다가가보니 나무 구멍의 입구 부근에 낡은 깃털이 있었기에 부엉이들이 올해 둥지를 틀지는 않았으리라 예상되었다. 정말로 최고의 성과를 얻은 기분 좋은 날이었다.

우리는 덫을 놓을 준비가 되어 있었지만 초목이 이리저리 얽힌 쿠드야 강의 특성을 감안하면 올가미 카펫이나 도가자를 설치하기는 쉽지 않을 것 같았다. 이 덫들은 부엉이들이 몸부림을 쳐도 장애물이 없는 탁 트인 공간을 필요로 했다. 그물이 얽히거나 덫이 새에게 위험을 줘서는 안 되었다. 그래서 우리는 물고기잡이부엉이들이 사냥터로 이동하는 강 위의 통로 쪽에 새그물을 매달았다. 얇은 검은색 나일론으로 만들어진 새그물은 기둥 사이에 매달려 있다는 점에서 겉보기에는 도가자 덫과 유사하지만, 끊어지지 않고 미끼를 사용하지 않는다는 점이 달랐다. 이 그물은 새의 이동 경로를 따라 수직으로 매달려 있었다. 새그물은 보편적으로 사용되는 새 포획 도구로 새가 보이지 않는 얇은 그물의 벽에 부딪혀 느슨한 그물로 만들어진 여러 '주머니' 안에 떨어지게 한다.[1] 그러면 매달린 새의 무게 때문에 주머니는 닫힌다. 이전과 마찬가지로 우리는 그물에 덫 발신기를 추가해 무언가 여기 부딪치면 신호가 가도록 했다.

하지만 새그물은 대상을 무분별하게 잡아들이는 특성이 있어 이후 24시간 동안 우리는 부엉이가 아닌 여러 동물들을 잡았다가 방류해야 했다. 그 가운데는 물까마귀와 번식기의 깃털이 빛나는 원앙, 참매, 그리고 회갈색의 깃털과 핏빛이 도는 인상적인 주황색 눈동자

를 지닌, 북아메리카귀신소쩍새와 닮은 보다 작은 새인 깃소쩍새도
있었다. 우리가 밤의 일과에 적응하자 덫 발신기가 다시 작동하기 시
작했다. 슈릭과 나는 온기가 도는 트럭에서 뛰어내려 어둠 속을 헤집
고 그물을 향해 돌진했지만 괴로워하는 꽥꽥 소리로 보아 꽤 멀리서
도 오리라는 것을 알 수 있었다. 가보니 청둥오리 암컷이었는데 우리
가 불빛을 비추자 울음을 그치고서는 새그물 주머니 한곳에서 거꾸
로 뒤집혀 매달린 채 이쪽을 응시했다. 또 다른 가짜 경보였다. 슈릭
이 오리 쪽으로 움직였고 나는 손전등을 되는 대로 휘저어 남은 그물
을 헤쳐 나갔다. 그런데 그때 손전등 불빛에 반대편 그물 위쪽 주머
니에 갇힌 갈색 형상이 눈에 띄었다. 부엉이도 걸려들었다. 나는 암
컷 청둥오리가 너무 소란을 피운 게 쿠드야 강 부엉이 쌍 가운데 한
마리의 관심을 끌어 유인한 것이 아닐까 추론했다. 덫에 걸린 물고
기잡이부엉이를 처음 보는 슈릭은 의기양양함과 두려움이 함께 몰
려와 제정신이 아니었다. 세르게이와 내가 부엉이를 캠프에 데려온
이후에야 슈릭은 자기가 잡은 새를 제대로 마주했다. 이제 그물에서
새를 빼내는 작업을 도와야 할 때였다.

　　부엉이는 허리 깊이의 웅덩이 바로 위에 설치된 덫에 부딪혀
걸렸는데 새를 꺼내주려면 얼음처럼 차가운 물속으로 걸어 들어가
는 것 외에는 방법이 없었기 때문에 별로 내키지 않는 위치였다. 내
가 부엉이에게 다가가는 동안, 슈릭에게는 청둥오리를 풀어주게 했
다. 숨 멎을 듯 차가운 물이 장화에 쏟아져 들어왔고 벨트 높이까지
차올랐다. 슈릭은 청둥오리를 하류 쪽으로 풀어준 다음 같이 강으로
들어왔다. 이번에 잡은 부엉이가 암컷인지 수컷인지 알아내려고 애

썼다. 세레브랸카 강에서의 실수를 되풀이하고 싶지 않았다. 행동으로 미루어 볼 때 암컷이라고 추정했다. 이 새는 다른 암컷들과 마찬가지로 사나웠으며 우리의 손길에 몸을 움츠리면서도 바늘처럼 날카로운 발톱과 부리로 덤벼들었다. 결국 우리는 새를 그물에서 풀어주고 그물 전체를 해체해서 그날 밤에는 다른 새들이 걸려들지 않게 했다. 그런 다음 부엉이를 GAZ-66으로 데려갔다.

슈릭과 내가 캠프로 한동안 돌아오지 않자 세르게이는 우리가 부엉이를 잡았다고 생각해 트럭 뒷칸에 미리 작업할 공간을 확보해두었다. 슈릭과 내가 젖은 바지를 갈아입는 동안 세르게이는 새를 감싸 안으로 들였다. 슈릭은 새를 직접 다뤄본 경험이 상당히 많았는데, 성별에 대해서는 내 추측과는 반대로 배설과 교미를 위해 사용하는 다목적 구멍인 총배설강을 살핀 결과 수컷이라고 말했다. 나는 오리나 뇌조를 비롯한 몇몇 새들의 성별을 이런 식으로 감별할 수 있다는 사실은 알았지만 부엉이에게도 적용되는지는 몰랐다. 사실 물고기잡이부엉이의 성별을 나누는 기준으로 체중은 이미 일관성이 없다는 점이 판명되었기에, 암컷과 수컷 특유의 깃털을 갖지 않는 맹금류의 성별을 정확하게 알아내는 유일한 방법은 내가 알기로 성적으로 흥분시키는 것밖에 없었다. 그 결과 새가 사정을 했다면 수컷이고 그렇지 않으면 암컷이다.[2] 일단 우리는 이 부엉이에게 GPS 데이터 기록 장치 세 개 중 두 번째 것을 장착했고 몇 가지 수치를 측정한 다음 혈액 샘플을 채취했다. 그런데 우리가 작업을 하는 동안 이 부엉이의 짝인 다른 한 마리가 나무에서 울음소리를 냈다. 그 부엉이는 우리를 따라 캠프에 들어왔고 그렇게 원래 부엉이의 짝도 포획하게 되었다.

처음 포획한 새의 몸무게는 3.8킬로그램으로 꽤 몸집이 큰 개체였다. 그래서 나는 이 새의 성별을 확신하지 못하고 잠시 멈칫했다. 우리가 잡은 수컷은 전부 섬에 분포하는 아종의 알려진 몸무게인 3.2~3.5킬로그램보다 가벼웠다. 하지만 이 부엉이는 그 범위를 초과해서 암컷의 범위인 3.7~4.6킬로그램 안에 들었다. 섬이 아닌 본토 아종의 몸무게 범위에 대해 아직 많이 알려지지 않은 상황에서 슈릭의 추정은 내 원래 생각을 뒤집었다. 이 새는 수컷이었다. 우리는 쿠드야 강에서 하루 더 머물며 두 부엉이가 정상적으로 울음소리를 내는지 확인한 다음 사이연 강으로 이동하기 위해 짐을 꾸렸다. 이 부엉이를 다시 포획하고 이동 데이터를 다운로드하기 위해 한 달 안에 다시 돌아올 작정이었다.

우리는 사이연 강 서식지로 북상하는 길에 암구의 주유소에 들렀다. 내가 처음으로 물고기잡이부엉이 둥지 나무를 발견한 곳이었다. 이곳은 거리가 거의 500킬로미터에 달하는 테르니와 스베틀라야 사이에서 기름을 넣을 수 있는 유일한 곳이었다. 다른 여러 일상적인 일들이 그렇듯 러시아 극동 지역에서는 연료 탱크를 채우는 단순한 일도 쉽지가 않다. 기름이 아예 없을 때도 있고 이번처럼 그냥 연료를 내주지 않겠다고 거부할 때도 있다. 카운터 뒤의 여자가 기름을 원한다면 벌목 회사의 슐리킨과 얘기를 해보라고 세르게이에게 소리 질렀다. 다행히 세르게이는 100리터의 연료를 추가로 가져오는 선견지명이 있었기에 그 기름을 투입해 지체 없이 사이연 강 서식지로 향할 수 있었다.

사이연 강 북쪽까지 찾아오는 외부인은 드물었다. 가끔 라돈
이 함유된 온천에 치료 효과가 있다며 테르니, 달네고르스크, 심지어
카발레로보에서 사람들이 순례하듯 이곳을 찾기도 했지만 말이다.
이들은 며칠에서 일주일 정도 물속에 몸을 담그고 자연 속에서 휴식
을 취했다. 하지만 이런 피서객들은 주로 내 일정과는 정반대로 여
름에 오기 때문에 그동안 나는 다른 사람들을 거의 보지 못했다. 그
래도 이들은 흔적을 남겼다. 내가 사이연 강에 마지막으로 왔던 거
의 2년 전에는 파헤쳐진 구덩이 위로 정교회 십자가가 어렴풋이 보
였고, 몇 걸음 떨어진 곳에 작은 통나무 오두막이 있었다. 지금 보니
십자가는 그대로 있었지만 근처 사이연 늪지대에서 뭐라도 주워 어
떻게든 불을 피우려던 방문객들이 뜯어가는 바람에 오두막의 지붕
과 벽 두 개는 사라졌다. 남겨진 두 개의 벽은 부자연스럽게 기울어
져 있었고 한때 나무 난로가 있던 공간에는 눈 더미가 쌓였다. 우리
가 여기에 캠프를 차릴 때 콜랴는 오두막이 해체된 것을 알아차리지
못한 듯 남은 벽 옆에 금속 접이식 테이블을 놓기 위해 문이 있던 곳
으로 걸어 들어갔고, 테이블 위에 우리가 거처하는 동안 식사 준비
에 사용할 휘발유 버너를 올렸다. 그 정도 남은 벽이라도 커다란 바
람막이 정도는 되어줄 것이었다.

우리는 스키를 신고 탐험을 시작했다. 세르게이와 슈릭은 부
엉이들이 물고기들을 어디에서 잡는지 알아내려고 강을 따라 남쪽
으로 향했고, 나는 사이연 강 쌍의 둥지 나무를 찾기 위해 버드나무
가 있는 북쪽으로 나아갔다. 둥지가 가까운 곳에 있을 텐데 방향을

잡기가 어려웠다. 엉망진창으로 얽힌 강가 관목을 뚫고 나아갈 때 방향을 잘못 튼 게 분명했다. 둥지 나무는 어디 있을까? 나는 눈 덮인 커다란 통나무를 지나기 위해 스키를 벗다가 문득 이미 내가 둥지를 발견한 것일 수도 있음을 깨달았다. 바로 통나무 아래쪽 쪼개진 그루터기로 가보았다. 폭풍에 쓰러진 나무였다. 물고기잡이부엉이들에게는 귀한 자원인 이 썩어가는 커다란 나무는 생명의 마지막 단계에 들어섰기 때문에 바람과 추위가 몰아쳐도 예전처럼 쉽게 복구되지 못했다. 부엉이가 살 정도로 나무가 자라는 데에는 수백 년이 걸렸지만, 둥지에 맞는 나무 구멍은 단지 몇 번의 계절 동안만 존재할 것이다.[3]

슈릭도 귀중한 발견을 했다. 강을 따라 이어진 믿을 만한 부엉이 사냥터를 찾았기 때문이었다. 강물이 적당한 면적으로 바닥에 깔린 조약돌을 씻으며 얕게 흘러가는 곳이었다. 그 위에는 부엉이 횃대로 완벽한 커다란 나뭇가지가 자리했다. 슈릭은 강둑에 부엉이의 오래된 흔적과 최근의 흔적이 모두 흩어져 있다고 보고했다. 나는 솜털이 채워진 부드러운 하얀색 양털 겉옷을 입고 부엉이를 직접 만날 수 있을지 나의 행운을 시험해보기로 했다. 비록 내가 거대한 마시멜로처럼 보일 테지만 땅거미가 지고 가만히 앉아 잔가지 사이에 숨어 부엉이를 기다리고 있으면 눈에 잘 띄지도 않고 따뜻할 테다.

해가 지고 얼마 되지 않아 부엉이 한 마리가 소리도 없이 강 상류 쪽으로 날아와 낚시 구멍 위 횃대에 내려앉았다. 나는 꼼짝도 않고 앉아서 바라보았다. 그 새는 몇 분 동안 고요한 어둠 속에 머무르다가 부드러운 첨벙 소리와 함께 얕은 물속으로 들어갔다. 뭔가를 잡은 듯했다. 그때 근처에 있던 다른 부엉이의 울음소리가 들려 깜짝 놀랐다. 그 부엉이가 다가오는 것을 눈치채지 못하고 있었다. 물 속에 있던 새는 쉭쉭 소리를 내며 대답하더니 땅으로 올라왔고 깃털 달린 트롤처럼 몸을 구부려 부리로 물고기를 꽉 잡았다. 두 번째 부엉이는 10미터쯤 떨어진 곳에 내려앉았다. 그 새는 날개를 높이 들고 힘차게 퍼덕이면서 지저귀듯 소리를 내더니 걸어서 앞으로 나아갔다. 마치 강가의 상황이 궁금해 끌리기도 하고 동시에 걱정되기도 하는 듯했다. 그림자들은 점차 가까워지다가 맞닿기 직전에 멈췄다. 첫 번째 부엉이가 부리를 내밀어 물고기를 내놓자 두 번째 부엉이는 물고기를 받아들어 삼킨 뒤 근처 나무 위로 날아올랐다.

높은 소리를 지르고 날개를 퍼덕이며 먹이를 주는 것은 구애 행위였다. 수컷은 암컷이 둥지에 앉아 알을 품거나 새끼를 따뜻하게 품는 동안 암컷에게 먹이를 공급하고 자신의 사냥 능력을 과시하기 위해 이런 행동을 한다. 나는 이 새들을 연구한 지 이미 3년째였지만 먹이 사냥이나 성체 새들 사이의 상호작용을 직접 관찰한 것은 이번이 처음이었다. 그나마 물고기잡이부엉이들의 생활을 살짝 엿볼 수 있었던 이유는 바로 몇 년간 현장에서 경험을 쌓은 덕분이었다. 이제는 어디에 앉아서 기다려야 할지 정확하게 알고 있었고, 추위 속에서 한 시간을 버텼다. 그리고 영화 속 마시멜로 맨으로 분장하는 것도 감수했다.

사이연 강에서 포획은 아주 손쉬울 것처럼 보였다. 올가미 카펫이나 도가자 덫을 쉽게 설치할 수 있는 넓은 강둑이 한곳 있었고,

부엉이 두 마리가 이곳을 방문한 게 분명했으니 말이다. GPS 데이터 기록 장치가 이제 하나밖에 남지 않아서 두 마리 가운데 어떤 개체를 잡든지 상관없이 장착하면 되었다. 그리고 곧 선택지가 하나로 줄어들었다. 세르게이가 강둑에서 멀지 않은 곳에 있는 오래된 둥지 나무를 조사한 결과 암컷이 움직이지 않고 굳건히 앉아 있었다. 나는 이 새를 둥지에서 마지막으로 나온 날 밤에 봤던 게 틀림없었다. 그래서 우리는 사이연 강 수컷을 단번에 잡고 마지막 데이터 기록 장치를 장착했다. 이제 여기서 할 수 있는 일을 끝마쳤기 때문에 우리는 GAZ-66에 짐을 싣고 다음 몇 주 동안은 암구 근처의 다른 부엉이 서식지 후보군을 조사하기로 했다. 더 이상 데이터 기록 장치는 없었기 때문에 나중에 새들을 포획할 장소를 미리 봐두기로 했다. 우리는 2006년 세르게이와 함께 보바 볼코프의 오두막에 머물렀던 세르바토프카 강 서식지 근처로 가려고 했지만, 벌목 회사가 그곳으로 통하는 길을 가로지르며 거대한 흙 둔덕을 잇달아 세우고 있었다. 밀렵꾼이 접근하지 못하게 하려고 고안된 흙 둔덕이었지만 부엉이 연구자들을 가로막는 역할도 했다.

그러다가 어느 한곳에서 밤새 캠프 가장자리에서 몇 미터 떨어진 곳까지 왔던 수컷 호랑이가 새로 남긴 흔적을 발견했다. 거대한 고양잇과 동물의 존재는 콜랴에게 심각한 불안을 유발했다. 콜랴는 한밤중에 화장실을 가다가 목숨이 위험할 수도 있는 사태를 방지하기 위해 현장 탐사의 나머지 기간 동안 저녁에 차를 마시지 않았다. 다른 곳에서는 새그물에 북방올빼미가 잡혔다. 이 올빼미는 작은 포유류와 새, 곤충을 잡아먹는 덩치가 작은 포식자로 북아메리카에도 같은 종이 있다. 초콜릿색 깃털을 지녔고 머리가 크고 편평하며 눈 아래에 은색 눈물 무늬가 있는 북방올빼미는 심각한 표정의 컵케이크 같았다. 하지만 물고기잡이부엉이를 새로 잡지는 못했다.

쿠드야 강으로 돌아가기 전까지 시간이 좀 남았고, 그 전에 GPS 꼬리표가 붙은 새를 재포획해서 데이터를 다운로드해야 했다. 그래서 우리는 사이연 강 서식지로 돌아가서 암컷을 날아가게 한 뒤 둥지를 확인했다. 암컷은 75미터 정도 짧은 거리를 날아가서 나무 위쪽 가지에 앉은 채 우리를 노려봤다. 둥지 구멍은 높이가 낮아서 세르게이와 슈릭이 만들어서 근처에 숨겨뒀던 얇은 버드나무 사다리를 이용해 쉽게 접근할 수 있었다. 이 둥지 안에는 부엉이 알과 최근에 부화한 새끼가 있었다. 새끼는 태어난 지 며칠 되지 않아 아직 눈도 뜨지 못했고 밝은 흰색 솜털에 뒤덮인 채였다. 새끼는 어미가 급히 둥지를 떠나자 내 존재를 감지하고 내가 따뜻한 온기와 먹이를 제공할 수 있다고 착각했는지 부드럽게 쉿 소리를 냈다. 나는 사진을 몇 장 찍고 사다리로 내려갔다. 주변에 까마귀와 매가 많았기 때문에 새끼가 혼자 너무 오래 있으면 위험했다. 세르게이와 슈릭이 GAZ-66으로 돌아가자 나는 암컷이 돌아오기 전에 둥지가 습격당하지 않도록 약 50미터 떨어진 곳에서 서성거렸다. 덤불 밑 통나무 옆에 숨어서 기다리며, 둥지 근처에 호기심 많은 까마귀가 보이면 서둘러 나갈 작정이었다. 멀리서 아직도 꼼짝 않고 있는 암컷 부엉이의 거대한 형상이 보였다. 약 20분이 지나도 암컷은 움직이지 않았다. 어째서 새끼에게 돌아가지 않을까? 암컷이 나를 잊은 건 확실했다. 나는 쌍안경을 천천히 들어 쳐다보았고 암컷의 꿰뚫어보는 듯한 눈빛을 열 배 확대해서 마주했다. 내가 떠나지 않기 때문에 암컷은 둥지로 돌아가지 않는 것이었다. 나는 일어나서 조용히 멀어졌다.

우리는 쿠드야 강으로 돌아와 꼬리표가 붙은 부엉이를 포획한다는 목표를 달성하고 이 부엉이의 한 달치 이동 데이터를 다운로드한 다음 데이터 기록 장치를 충전하고 남쪽의 테르니로 향했다. 우리는 지난 2월 슈릭이 발견한 둥지 나무에서 가깝고 물에 쉽게 접근할 수 있는 탐사 시즌 초반과 같은 장소에서 캠핑을 했다. 둥지 나무를 방문한 결과 나무 구멍은 깨끗이 치워졌지만 텅 비어 있었다. 부엉이들은 때때로 해가 지나면 다른 둥지 나무로 돌아가며 이사를 하곤 한다. 둥지 나무가 예고 없이 쓰러질 수도 있다는 사실을 확실히 인지한 듯했다. 그래서 부엉이들은 다른 나무를 찾아다녔고 우리도 또 다른 둥지 나무를 찾기 위해 떠났다. 다행히 오래 찾아다닐 필요는 없었다. 슈릭과 나는 강 저편의 우리 캠프에서 500미터도 떨어지지 않은 장소에서 느릅나무 하나를 발견했다. 슈릭이 이 거대한 나무에 올라가본 결과 12미터 위의 부서진 구멍 속에 앉아 있는 부엉이 암컷과 눈이 마주쳤다고 말했다. 좋은 소식이었다. 이는 이곳의 쌍이 둥지를 틀었고 우리의 단기적인 목표를 충족할 수 있다는 의미였다. 데이터 기록 장치가 있는 쿠드야 강 수컷이 이곳에서 포획 가능한 유일한 새였다.

덫을 설치한 두 번째 날 밤에 우리는 덫 하나에서 물고기잡이 부엉이를 잡았지만 그 새는 우리가 포획할 수 있을 만큼 오래 머물지 않았다. 먹이 울타리에서 물고기를 가져가고는 자기 깃털만 남기고 떠났다. 쿠드야 강 서식지에서 일주일을 보냈지만 부엉이를 가까스로 잡을 뻔한 경우는 그때뿐이었다. 이제 겨울은 거의 다 끝나 마지막 숨을 헐떡거렸고, 날레드와 그 결과로 생성된 얼음 댐은 사마르가 강에서 탐사했던 때부터 응당 받아야 할 벌처럼 다시 돌아와 우리의 먹이 울타리를 쓸모없게 만들어버렸다. 슬러시같이 변한 얼음 때문에 하룻밤 사이에 강의 수위가 올라가고 먹이 울타리에 물이 넘쳤으며 그 속의 미끼 물고기가 자유롭게 풀려나버렸다. 게다가 이른 봄철의 숲속에서 개구리 울음소리가 들리기 시작했고, 우리는 이 소리 때문에 이곳에 서식하던 부엉이들이 새로운 사냥터로 옮겨가면서 더는 이 강에서 물고기를 잡으러 돌아다니지 않게 된 게 아닌지 의심했다. 먹이 울타리를 사용할 수 없으니 전략적으로 배치한 새그물에만 의존해야 했고, 부엉이만 빼고 오만 가지 동물이 다 잡혔다. 어느 날 저녁에는 물까마귀 네 마리, 수컷 원앙 세 마리, 독거성 뱀 한 마리, 그리고 호사비오리 한 마리가 잡혔다.

비오리는 흥미로운 새다.[4] 이 누더기를 걸친 듯한 물고기 포식자의 전 세계 개체군 대부분이 연해주에서 번식하며, 물고기잡이부엉이들과 마찬가지로 물고기가 풍부하며 둥지를 틀 수 있는 강가 나무 구멍에 의존해 살아간다. 한번은 수르마흐가 구멍 하나에는 물고기잡이부엉이 둥지가 있고 다른 구멍에는 비오리 둥지가 있는 나무를 발견하기도 했다.[5] 이렇듯 우리가 찾는 부엉이와 서식지가 겹치기 때문에 이른 봄 강이 녹으면서 우리는 종종 호사비오리들을 볼 수 있었다. 이 새들은 중국 남부의 월동지에서 막 돌아온 참이었다.

우리는 예상보다 쿠드야 강에 오래 머물렀고, 그 바람에 세르게이와 슈릭은 담배가 떨어졌다. 그리고 부엉이를 포획하지 못하는 상황에서 니코틴 금단 현상은 긴장된 분위기를 증폭시켰다. 슈릭은 아침 내내 소중한 담배 한 대를 찾겠다고 주머니와 서랍, 카 시트 아래를 뒤지며 욕설을 퍼부었다. 반면에 세르게이는 딱딱한 사탕을 강박적으로 와그작와그작 씹으면서 금단 현상을 조금 더 품위 있게 처리했다. 차를 몰고 암구에 간다면 이 위기를 해결할 수 있을 테지만 그런 굴복은 세르게이가 그동안 인정하지 않았던 니코틴 중독 증상에 대한 패배를 알리는 신호탄일 것이다. 하지만 저녁이 되자 세르게이는 마음이 바뀌었고 계획 하나를 세웠다.

"슈릭은 암구 강에 가서 강둑을 따라 이어지는 바위들의 위치를 지도에 표시하고 싶어 하죠." 세르게이가 진지한 목표를 달성하려는 듯이 말했다. "그러면 강물의 수위가 어떻게 변하는지 시간차를 두고 비교해볼 수도 있어요. 그러니 내가 슈릭을 강까지 태워다 주고, 거기까지 간 김에 상점에도 들러야겠어요. 뭐 필요한 것 있나요?"

차량을 사용하는 것에 대한 이유를 만들고 동시에 담배도 편리하게 사올 수 있는 상당히 복잡한 계책이었다. 역시 그는 뭐든 능숙한 사람이었다.

우리는 여전히 목표 대상인 물고기잡이부엉이를 잡을 수 없었고, 그래서 쿠드야 강 암컷을 둥지에서 떠나게 한 뒤 알을 얼마나 많이 품고 있는지 살펴보며 생활에 활력을 찾기로 했다. 이제 날씨가 훨씬 따뜻해졌기 때문에 둥지를 잠시 비운다고 해도 알이 그다지 위험하지는 않을 것이다. 우리는 조용히 다가갔는데 나는 횃대 근처의 펠릿 몇 개에 정신이 팔렸다. 대부분 물고기와 개구리 뼈로 이뤄진 펠릿이었다. 일곱 개의 펠릿 가운데 오직 하나에만 포유류의 잔해가 있었다. 내가 고개를 들자 슈릭은 이미 둥지가 있는 높이의 중간까지 몸통을 따라 올라간 상태였고, 그때 암컷이 푸드덕 날아갔다. 나는 사진을 몇 컷 찍을 수 있을 만큼 천천히 카메라를 들어 올렸다. 슈릭은 아래쪽을 향해 둥지에 알 두 개가 있다고 외쳤다.

물고기잡이부엉이의 번식 속도는 내 호기심을 자극했는데 그것은 수르마흐도 마찬가지였다. 둥지의 알에서 부화하는 새끼의 수가 이보다 더 많다는 증거도 있다. 1960년대에 자연학자 보리스 시브네프(Boris Shibnev)는[6] 비킨 강 유역에서 새끼 두세 마리를 발견했고, 10년 뒤에는 유리 푸킨스키가 새끼 두 마리가 있는 둥지를 주기적으로 관찰해 기록하기도 했다.[7] 하지만 수르마흐와 내가 그동안 보았던 둥지에는 새끼가 대부분 한 마리였다. 그래서 쿠드야 강 서식지의 둥지에 알이 두 개 있다는 점은 흥미로웠고, 나는 내년에 이곳을 다시 찾을 때 새끼가 몇 마리나 발견될지 기대가 되었다.

하지만 둥지에서 날아가는 암컷의 사진을 살피던 나는 다리끈을 보고 충격을 받았다. 이 새가 우리가 잡으려고 했던 쿠드야 강 수컷이었다. 하지만 실제로는 암컷이었고 눈에 잘 띄지 않는 곳에 숨어 있었다. 나는 부엉이에 대한 우리의 성 감별 실력이 얼마나 형편없었는지에 대해 아연해졌다. 부엉이들의 꼬리 깃털 사진을 비교해보니 수컷보다 암컷의 꼬리가 훨씬 더 하얗게 보였다. 이때는 슈릭이 새의 총배설강을 검사한 것에 근거해 판단을 내렸다. 비록 나는 행동학적으로 보다 공격적인 새를 암컷이라고 여겼지만 말이다.

이 혼란스러운 결과를 감안해서, 8일에 걸친 포획 시도가 물거품으로 돌아간 우리는 패배를 인정하고 쿠드야 강 서식지에서 후퇴하기로 결정했다. 알을 품고 있는 암컷을 다시 잡아 스트레스를 주어 둥지를 망가뜨리는 일은 없어야 했다. 유일하게 후회되는 일은 우리가 4월 초에 도착했을 때 바로 암컷을 둥지에서 날려 보냈던 것이었다. 그러지 않았다면 시간과 노력의 낭비뿐만 아니라 좌절감을 상당히 줄일 수 있었을 것이다. 암컷의 등에 달린 GPS 장치는 적어도 5월 말까지는 위치 데이터를 수집할 것이다. 세르게이는 내가 러시아를 떠나면 그달 말에 암구 강 유역으로 돌아가 샤미 강과 사이연 강의 부엉이들을 다시 사로잡을 계획을 세우고 있었는데, 여기에 쿠드야 강 부엉이들을 명단에 추가했다. 풀리지 않은 놀라운 수수께끼가 있다면 쿠드야 강 수컷이 어디에서 밤을 보냈는가 하는 것이었다. 수컷이 자기 짝과 울음소리를 냈기 때문에 수컷이 있었던 것은 분명한데 어디에서 사냥을 했는지 전혀 알 수 없었다. 쿠드야 강 근처가 아닐지도 몰랐다.

물고기 전문가

데이터 수집 장치가 없는 상태에서 부엉이를 더 이상 포획할 이유가 없었다. 탐사 시즌은 막을 내렸다. 우리 팀은 남쪽으로 흩어 졌다. 나는 팀원들과 함께 테르니까지 갔고, 거기서 빈둥거리며 이번 탐사를 마무리 짓고 물고기잡이부엉이의 서식지를 탐방하다가 블라 디보스토크 공항을 거쳐 미네소타로 돌아갔다. 집에 돌아와서는 대 학에서 '숲 관리 계획'이라는 강의를 수강했다. 벌목의 여러 종류와 벌목이 야생동물에 미치는 영향을 줄이기 위해 벌목 사업의 관행을 통제하는 방법에 대해 알아보는 내용이었다. 나는 대학에 있는 벨 박 물관에서 수집품 관리자로 일하면서 민물에 사는 쌍각류 홍합들을 목록으로 정리하고 대형 물고기 수집품을 재정비하며 학교 등록금 과 생활비를 벌었다. 원칙대로라면 박물관에서 일하기 위해서는 봄 학기를 수강해야 했지만 그 계절에 나는 항상 러시아에 있었다. 다 행히 물고기 컬렉션 큐레이터인 앤드루 시먼스는 내 사정을 이해해 주었고 내가 현장에서 돌아온 뒤 여름 몇 달 동안 일하도록 허락했다. 7월과 8월을 대학의 지하실에서 보내는 동안 내 업무 가운데 하나는 표본을 보존하는 데 사용하는 포름알데히드를 에탄올로 바꾸는 것이었다. 어떤 물고기는 연못송어만큼 덩치가 컸고 표본이 100년 가까이 되었다. 나는 스스로 조류학자라고 여겼지만 이곳 미네소타에서 내가 자주 다루는 생물은 물고기였다. 단지 부엉이에게 먹이를 주기 위해 다운재킷을 입고 네오프렌 장화를 신은 채 펄펄 뛰는 2년생 송어를 잡는 대신 보안경과 마스크를 쓰고 포름알데히드 통에서 나온 100년 된 송어를 그물로 잡을 뿐이었다.

가을에 접어들자 세르게이 수르마흐에게 연락이 왔다. 세르게이는 계획대로 샤미 강, 쿠드야 강, 사이연 강 유역으로 돌아와 우리가 포획했던 부엉이들을 다시 사로잡는 데 성공했다. 그리고 새들의 데이터를 다운로드하고 장치를 충전했으며 더 많은 데이터를 수집하기 위해 새들을 다시 풀어주었다. 쿠드야 강에서는 암컷을 재빨리 포획했는데도 강이 심하게 범람하는 바람에 몇 주 동안 암구 강 건너편에 발이 묶였다. 물론 그가 처음으로 겪는 봄철 홍수는 아니었다. 그래서 세르게이는 그런 불편함에 익숙했다. 그는 텐트를 치고 강물의 수위를 지켜보면서 예상치 못하게 얻은 자유 시간을 이용해 최대한 자주 강에 부엉이의 먹이가 얼마나 많은지 밀도를 측정했다. 친구가 홍수로 고립되자 보바는 담배를 비롯한 필요한 물건을 세르게이에게 가져다주기 위해 주기적으로 마을에서 불어난 강을 건너 찾아왔다. 물이 빠지고 자료를 이메일로 전달받으면서 나는 세르게이가 그만큼의 공을 들일 만한 가치가 있었다는 사실을 즉시 이해했다. 부엉이의 등에 장착된 장치로부터 얻은 정보를 통해 암구 강에 있는 둥지 나무에서 수 킬로미터 떨어진 중요한 사냥터 정보가 드러났다. 그 계절에 우리가 수컷을 잡지 못한 이유가 바로 그 사냥터 때문이었을 것이다. 수컷은 우리가 덫을 놓은 곳과는 전혀 다른 장소에서 물고기를 사냥하고 있었다. 이 GPS 데이터가 없었다면 우리는 둥지 나무와 멀리 떨어진 곳에서 사냥터를 찾으려는 생각은 하지 못했을 것이다. 이것은 어떤 서식지가 물고기잡이부엉이에게 중요한지에 대한 관점을 넓혀주었다. 처음에는 둥지와 사냥터가 밀접하게 연결되어 있다고 여겼지만, 지금과 같은 패턴이 다른 부엉이들에게도 적용된다면 둥지를 찾아서 주변 서식지를 보호하는 것만으로는 부족할 것이다.

다른 부엉이들의 데이터 역시 나에게 통찰을 주었다. 정확도가 10미터 이내인 GPS 데이터를 보면 이 새들은 각각의 강 유역에서 너무 멀리 벗어나지 못하게 마치 보이지 않는 무거운 납으로 묶여 있는 것처럼 보였다. 예컨대 꼬리표가 붙은 암컷은 낮은 둔덕을 빠르게 건너 좁은 샤미 강 계곡에서 암구 강 유역에 이르는 대신 계속 근처를 맴돌았다. 그리고 사이연 강 수컷은 1킬로미터 건너편의 계곡을 점령하고 있었고 강의 수로 근처에만 머물고 있어서 이 새의 GPS 데이터만 갖고 있다면 강이 흐르는 경로를 꽤 정확하게 스케치할 수 있을 정도였다. 이 정보와 쿠드야 강 암컷의 사냥 데이터를 통해 나는 부엉이 서식지에 무엇이 필요한지 더 잘 이해하게 되었다. 물고기잡이부엉이 종의 보전 전략이 구체적으로 드러나기 시작했다.

시간이 갈수록 점점 더 많은 사람들이 물고기잡이부엉이에 대한 우리의 연구에 주목했다. 2008년 봄 테르니의 지역 신문에 이 프로젝트에 대한 기사가 났고,[1] 크리스마스이브에는 밀워키 교외에 있는 처남의 집에 있다가 침실에 틀어박혀서 〈뉴욕타임스〉 기자와 부엉이에 대해 인터뷰를 했다.[2] 나는 등 뒤에서 신난 조카들의 말소리를 듣지 않으려고 귀에 손가락을 쑤셔 넣은 채 기자에게 물고기잡이부엉이의 추적, 현장 상황, 울음소리에 대해 이야기했다. 당시 나는 일개 대학원생일 뿐이었고 이 모든 관심이 과한 게 사실이었지만, 언론에서 그것을 다뤄준 덕에 지원 보조금을 더 많이 확보할 수 있도록 우리의 프로젝트를 광고하는 것이 더 중요했다. 결국 우리는 다음 탐사에 사용할 GPS 데이터 기록 장치 다섯 대를 사기에 충분한 자금을 모았다. 그것도 각각 이전 버전보다 수백 달러씩 비싼 장치들을 구입할 수 있었다. 배터리가 더 큰 장치로 우리가 2008년에 사용했던 기록 장치보다 네 배나 길게 최대 1년 동안 데이터를 저장할 수 있었다. 그러면 데이터를 보다 효율적으로 수집할 수 있고 부엉이를 반복해서 포획해야 할 필요성이 줄어든다.

또한 내가 개선하고자 했던 지난 탐사 시즌의 문제는 포획 방식이었다. 지난 두 시즌에는 러시아 동료들과 함께 주로 추운 어둠 속에서 강둑에 머물며 위장을 하고 앉아 얼음 깨지는 소리나 나뭇가지가 바스락거리는 소리에 움찔거리며 덫에 걸리거나 아직 덫에 걸리지 않은 부엉이를 기다려야 했다. 그래서 2008년에서 2009년 탐사 시즌 사이에 나는 우리의 포획 방식을 보다 쾌적하게 만들 방안을 궁리했다. 먼저 가림막 역할을 할 튼튼한 겨울용 텐트를 샀고, 수염을 기른 카메라맨 톨랴가 두터운 단열 펠트 커버를 꿰맸다. 그리고 우리는 사람들이 매장용 보안 카메라로 활용하는 무선 적외선 카메라를 시험해보았다. 이 카메라를 사용하면 부엉이가 덫에 걸리기를 기다리는 동안 추위에 노출되지 않아도 된다.

나는 다음 현장 탐사가 어떨지 기대하며 미소를 지었다. 우리는 비교적 따뜻한 가림막 안에서 뜨거운 차가 든 머그잔을 움켜쥔 채 침낭 밖으로 얼굴만 내놓고 깜박이는 흑백 화면을 통해 덫에서 벌어지는 일을 실시간으로 지켜볼 수 있을 것이다. 부엉이가 미끼를 탐색하러 다가오면 우리는 즉시 알아차리고 달려 나갈 것이다. 더 이상 어둠 속 수상쩍은 소리에 대해 추측만 하거나 팔다리 동상 걱정을 하지 않아도 된다. 하지만 편리할 것만 같았던 이런 장비가 얼마나 불편을 주는지에 대해서는 당시에는 결코 몰랐다.

격렬한 겨울 눈보라가 이틀 만에 2미터 깊이의 눈을 쏟아낸 지 불과 몇 주 지나지 않은 2009년 1월 중순, 나는 연해주로 돌아왔다. 그 후 폭설은 폭우로 바뀌어 마치 포격처럼 땅 위를 강타했다. 물방울이 땅 위의 눈에 스며들어 단단히 얼기 시작할 정도로 강한 폭우였다. 하지만 마을은 이런 공격에 전혀 대비가 되어 있지 않았다. 아무도 거리를 치우지 않았고 일하러 가는 사람도 없었으며 몸을 쓸 만한 이웃들은 발이 묶인 연금 수급자 노인들 집의 눈을 치웠다. 이런 일이 벌어지고 며칠이 지나자 플라스툰에 있는 벌목 회사가 사람들의 요청이 없었는데도 북쪽으로 60킬로미터 떨어진 테르니로 트럭 한 대를 보냈고, 거리를 전부 치운 다음 고맙다는 인사도 듣지 않고 남쪽으로 돌아갔다. 그로부터 열흘 뒤 나는 테르니에 도착했는데 마을은 마치 제1차 세계대전 당시의 서부 전선을 떠올리게 했다. 도로는 높다란 눈 벽이 죽 늘어서 연결된 참호들의 그물망으로 가득했다.

이 폭풍은 테르니 지역뿐만 아니라 이곳에 서식하는 유제류 개체군에도 재앙을 가져왔다. 사슴과 멧돼지가 자유롭게 이동할 수 없게 되면서 탈진과 집단 기아 현상이 벌어졌다. 설상가상으로 테르니에 서식하는 다른 동물들에게도 나쁜 소식이 닥쳤다. 상당수의 사슴들이 당시 눈을 치워 유일하게 통행이 가능했던 도로로 내몰리면서 평소 사냥을 하지 않던 사람들도 동물들을 손쉽게 잡을 수 있다는 것에 도취된 듯 길가를 돌아다녔다. 그리고 지친 동물들을 쫓아가 총이며 칼, 삽에 이르기까지 모든 무기를 동원해 죽였다. 이렇게 자행된 대학살은 스포츠도 아니고 명예도 없었다. 마을의 야생동물 조사관 로만 코지체프는 지역 신문과의 인터뷰에서 냉정한 어조로 숲속 동물들이 씨가 마르기 전에 잔뜩 찌푸린 눈썹에서 피를 닦고 제정신을 차리라고 주민들에게 요청했다.

나는 팀원들보다 일주일 먼저 테르니에 도착해 올해의 포획 전망이 어떨지 가늠했다. 먼저 서식지를 살피는 작업부터 시작이었다. 처음에는 파타 강에 가서 아나톨리의 오두막에 들러 덫을 만들 기초 작업을 할 작정이었다. 아나톨리가 여전히 그곳에 머무는지 아닌지는 모르는 채였다. 그 길로 스키를 타고 16킬로미터를 나아가 숲속에 도착했다. 몇 개월 만에 숲으로 돌아오니 환영받는 느낌이었다. 나무들 사이에서 혼자 차가운 공기를 마시며 익숙한 지형지물을 지나다니다 보니 무척 편안했다. 내가 지나가자 딱따구리와 동고비들이 잠시 멈칫했다. 나는 어떤 포유동물이 이 근처를 지나갔는지 눈 위를 훑어보았다. 겨울 숲을 많이 경험해봤기 때문에 동물의 흔적이 얼마나 오래된 것인지 판단할 수 있었다. 밤사이나 새벽녘에 생긴 흔적은 날카롭고 섬세한 반면, 아침 햇살이 산등성이에 떠올라 계곡 위로 내리쬐면 눈이 부드럽게 누그러진다. 이런 환경은 미네소타의 가로등, 아스팔트, 예측 가능성과는 지리적으로나 정신적으로 아주 달랐다. 나는 미국에서도 편안함을 느끼지만 이곳도 내 집이었다.

넓은 간격으로 늘어선 포플러와 느릅나무, 소나무를 지나 계곡을 건너 1킬로미터쯤 지나니 아나톨리의 오두막 북쪽에 자리한 파타 강이 나왔다. 강 하류에서 바위투성이의 높은 곳에 누군가 있기에 쌍안경을 들어 살펴보니 아나톨리가 소형 망원경으로 내 쪽을 바라보고 있었다. 그는 미소를 지으며 망원경을 들지 않은 손을 흔들며 내게 인사했다. 나는 얼어붙은 강 위를 걸어 아나톨리에게 갔고 우리는 오래된 올빼미 깃털과 뱀가죽으로 장식된 문을 거쳐 그의 오두막으로 들어갔다. 나를 기다리고 있었다고 아나톨리가 말했다.

나는 아나톨리와 함께 차를 마시며 파타 강 부엉이에 대한 소식이 있는지 물었다. 그는 주기적으로 부엉이들을 목격하고 울음소리를 들었다고 했지만 계속 캐묻자 한 마리의 울음소리인지 이중창인지는 구별할 수 없었다고 털어놓았다. 나는 오두막에서 덫 만들기 작업을 할 수 있을지 허락을 받은 다음, 따로 필요한 물품이 있는지 물었다. 그는 우리 팀원들이 온다는 사실에 기뻐하며 계란, 갓 구운 빵, 밀가루를 조금만 달라고 했다. 그리고 그가 이집트인들이 피라미드를 건설하기 위해 공중부양 기술을 활용했다는 이야기를 늘어놓는데 귀를 기울여 들어주었다. 그는 또 아틀란티스 대륙과 에너지,

특별한 진동에 대해서도 자세히 이야기했다. 그러다 테르니로 돌아가는 차를 타기 위해 떠날 시간이 되어 내가 스키를 신자 아나톨리는 나에게 사슴고기 한 덩이와 곱사연어 한 마리를 챙겨주었다. 나는 숲속을 따라 벌목용 도로를 1킬로미터, 큰길을 500미터쯤 걸어 숲을 둥글게 가로질러 통과했고 붉은사슴, 시트카사슴, 노루, 붉은여우의 흔적을 만났다. 그리고 눈 속을 깊게 헤집고 다니며 물을 마시는 야생돼지 한 마리도 마주했다. 길에서는 사마르가 강 탐사가 끝나고 부두에서 만났던 젠야 기즈코와도 마주쳤다. 그는 내게 아나톨리를 보러 왔냐고 물었다.

"아나톨리를 아세요?" 나는 호기심이 동해 물었다.

"사적으로 친하지는 않지만 알긴 해요. 그 사람이 한동안 테르니에 살았거든요. 블라디보스토크에서 무서운 사람들과 사업을 했죠. 하지만 거래가 틀어지는 바람에 이후 10년 동안 숲속에 숨었대요." 기즈코가 대답했다.

이제야 나는 아나톨리가 툰샤에 틀어박힌 이유를 알게 됐다.

나는 이후 며칠 동안 부엉이 울음소리를 들으며 밤을 보냈다. 세레브랸카 강 서식지에서는 이중창을 들었고 툰샤 강에서는 부엉이의 흔적과 둥지 옆에 붙은 깃털을 발견했다. 이것은 적어도 부엉이가 한 마리는 서식한다는 뜻이었다. 나는 목표 지역을 빠르게 탐색했고, 우리가 세레브랸카 강과 파타 강 서식지에서 부엉이를 재포획하고 GPS 데이터 기록 장치를 달아주기 적당한 위치에 있다고 생각했다. 툰샤 강 부엉이들에 대해서는 포획이 쉬울지 확신하지 못했는데 테르니 지역의 서식지 가운데 가장 접근하기 어려웠던 만큼 항상 우선순위에서 가장 아래였다.

나는 테르니로 돌아와 지난 봄 내가 러시아를 떠난 이후 물고기잡이부엉이 현장 탐사를 맡았던 안드레이 캣코프(Andrey Katkov)를 기다렸다. 캣코프는 세르게이가 GPS 꼬리표가 달린 부엉이를 다시 붙잡도록 도왔다. 그는 먹이 울타리를 기본으로 하는 새로운 부엉이 덫을 개발했고 현장에 적용해보고 싶어 했다. 새로운 방식의 포획이 시작될 예정이었다.

새로운 동행인

50대의 나이에 턱수염을 기른 안드레이 캣코프는 로마 시대 쾌락주의자들처럼 배가 불룩 나와 통통했다. 그는 약속보다 열두 시간 늦게 테르니에 도착했다. '고래의 갈비뼈' 고갯길을 운전해서 오다가 도로에서 벗어나 경사 때문에 불편한 언덕에서 추운 밤을 보내야 했기 때문이다. 결국은 윈치로 트럭을 고정시켜야 했다. 하지만 나는 캣코프가 경찰관이었으며 노련한 낙하산 선수이기도 했다는 사실을 알고 있었다. 그러니 분명 규율과 안전을 중요시하는 성향일 것이라 판단해 일단 이번에 그가 겪은 일은 이례적인 사건으로 여기기로 했다.

하지만 나는 캣코프가 빙판길을 벗어나 달리는 것을 운전 시 생기는 불가피한 불편 정도로 여긴다는 사실을 알게 되었다. 그는 놀라울 정도로 침착한 상태에서 자주 그렇게 운전했는데, 안전을 등한시하는 이런 점이 현장에서는 부담이 되었다. 우리는 그동안 눈보라나 홍수 같은 자연재해로 인해 충분히 많은 어려움을 겪었다. 이

런 상황에서 팀원 내부의 문제까지 겪는 것은 힘든 일이었다. 게다
가 그는 함께 지내기 녹록치 않은 성격으로, 거의 병적으로 말이 많
았고 잠자리도 멀지 않아 아무래도 평화롭게 지내기는 힘들 듯했다.

　　그중에서 가장 비극적인 건 캣코프가 코골이 챔피언이라는
점이었다. 현장의 팀원들 모두 코를 골기는 했지만 캣코프는 정말 엄
청났다. 보통의 코 고는 사람이 내는 가쁜 숨의 리드미컬한 패턴은
결국 옆에서 자는 사람이 적응하게 마련이지만, 캣코프는 놀라운 음
역대의 펑펑 터지는 소리, 쉭쉭대는 숨소리, 날카로운 외침, 신음이
뒤섞여 고조된 결과물을 계속 들려줬다. 그래서 우리가 같이 지내는
동안 숙면은 이미 힘든 일이 되었고 특히 이 사람과 가까운 곳에서라
면 안락한 수면이 거의 불가능했다. 이런 특성들이 합쳐져서 캣코프
는 현장에서 함께 지내기 영 어려운 사람이었다. 그런 인물과 내가
7주나 함께 지내야 할 상황이었다.

　　도착한 첫날 아침 캣코프는 시호테알린연구센터의 주방에서
게걸스럽게 아침을 먹으며 고양이가 열기를 쬐는 것처럼 보일러실
과 맞닿은 따뜻한 벽에 등을 대고 기지개를 켰다. 우리는 그가 가져
온 비디오 장비를 살폈다. 무선 적외선 카메라 네 대, 수신기 한 대,
소형 비디오 모니터 한 대였다. 그리고 캣코프는 전력을 공급할 12
볼트짜리 자동차 배터리와 작은 발전기, 그리고 12볼트짜리 배터리
를 충전하는 데 필요한 가솔린 12리터, 포획 과정을 녹화할 휴대용
캠코더도 가져왔다. 이전 탐사 시즌보다 장비가 훨씬 더 많아졌고 게
다가 대부분의 장비가 지나치게 무겁기까지 했다. 발전기와 자동차

배터리만 합쳐도 150킬로그램이 넘었다.

처음부터 짐의 무게가 그렇게 염려된 건 아니었다. 아나톨리의 오두막에서 덫 작업을 시작할 계획이었는데 이전에는 그곳까지 운전하는 데 큰 문제가 없었다. 그렇지만 최근에 알아본 결과 눈이 허리까지 쌓이고 길을 치우지 않아 편하게 지나기가 어려워졌다. 테르니에 도믹 트럭을 세워둔 채 큰길로 나가서 계곡을 가로질러 800미터나 걸어야 비로소 아나톨리의 오두막에 도착할 수 있었다. 처음에는 그다지 멀지 않게 느껴졌고 이제 사냥용 스키를 타고 꽤 효율적으로 이동할 수 있겠거니 여겼다. 캣코프와 나는 강 계곡을 가로지르며 여러 번 탐사에 나서면서 모든 장비를 끌고 다닐 예정이었어서 트럭에서 짐을 전부 내려 숲으로 끌고 갔다. 우리는 스키를 메고 들고 갈 수 있는 짐을 집어 들고서는 걷기 시작했다. 나는 차가운 공기를 들이마셨다. 처음에는 스키가 짐의 무게 때문에 눈 속으로 깊이 가라앉았지만 이후에 다닐 때는 예전 흔적으로 눈이 잘 다져져 미끄러지며 움직일 수 있었다.

하지만 그 후 세 시간 동안은 계곡의 한쪽 끝에서 다른 쪽 끝으로 짐을 전부 실어 나르기 위해 여덟 번이나 왔다 갔다 해야 했기 때문에 처음의 흥분은 가라앉았다. 캣코프와 나는 결국 각자의 속도대로 따로따로 걸었고 가다가 가끔 마주치면 잠깐 쉬면서 목에 흐르는 땀을 닦고는 왜 썰매를 가져올 생각을 하지 않았냐며 욕설을 퍼부었다. 그중에서 가장 무거운 자동차 배터리와 가솔린이 든 금속 통은 이렇게 장거리를 운반하도록 만들어진 물건이 아니었다. 짐에 달린 가느다란 끈이 내 손가락을 파고들었고 계속해서 무거운 것을 운반하다 보니 손이 구부러져 딱딱하게 굳고 피부가 까졌다. 어둠이 내려앉고 나서야 우리는 일을 끝내고 아나톨리의 따뜻한 오두막에 도착해 쓰러졌다. 아나톨리는 우리의 도착을 축하하기 위해 블린치키를 만들었다.

다음 날 우리가 뭉그적대며 인스턴트커피와 어제 남은 블리니를 먹고 나자 아나톨리는 우리를 자신의 낚시 구멍으로 안내했다. 수력 발전 댐의 철근 콘크리트 잔해 사이에 자리했는데 강 얼음이 농구공 둘레만큼 둥글게 녹아 흐르는 곳이었다. 아나톨리는 주기적으로 도끼로 얼음을 깨서 물이 계속 흐르게 했다. 캣코프는 낚시를 좋아했기 때문에 자기 도구를 꺼내 얼린 연어 알을 미끼로 낚싯줄을 드리웠고, 그러는 동안 나는 오두막으로 돌아와 카메라를 배치할 계획을 세웠다. 늦은 오후까지 캣코프는 물고기를 수십 마리 잡았고 우리는 이 물고기를 상류 쪽으로 700미터에 걸쳐 조심스럽게 운반해, 예전에 파타 강 수컷이 들른 구역의 먹이 울타리 두 곳에 풀어두었다. 이곳에 우리가 가져온 카메라며 배터리를 실어 나르고 설치한 뒤, 제대로 작동하는지 확인하는 데 다음 날까지 상당 시간이 소요되었다. 그런 다음 우리는 두 덫 사이의 중간 지점을 대략적으로 찾아 가림막을 설치하고 수신기와 모니터를 놓았다. 그래야 각각의 무선 카메라가 신호를 수신할 수 있기 때문이었다. 시험해보니 모든 장비가 잘 작동했고 무선 신호가 강하게 잡혔다. 그날 밤 우리는 모든 일이 잘 될 거라고 믿고 장비를 최종적으로 시험하기 위해 가림막 안에 자리를 잡았다. 두터운 울 모자를 쓴 채 침낭을 뒤집어쓰고 보온병에서 따른 달콤한 차를 마시고 있자니 기분이 썩 유쾌했다. 물론 나는 지금이 탐사 시즌의 여러 시기 가운데 가장 즐거운 밀월 단계라는 사실을 인지할 만큼 현장 경험이 충분했다. 영하의 텐트에서 긴 밤을 보내는 낯섦이 피로를 잊게 해주었고, 이 좁고 추운 공간에서 증폭될 수밖에 없는 개개인의 특이한 습성마저 이 단계에서는 쉽게 무시되곤 했다.

기대에도 불구하고 장비에 대한 시험은 실패로 돌아갔다. 레크리에이션용 장비가 영하 30도의 숲에서 작동할 것이라는 가정은 순진했다. 처음에 세르게이와 팀원들은 이 장비를 따뜻한 가을철에 시험했는데 그때는 밤낮으로 모니터에 선명한 이미지가 나타났다고 한다. 하지만 겨울이 되자 낮에는 화질이 좋았지만 해 질 녘이 지나 숲에 혹한이 닥치자 장비는 완전히 먹통이 되었다. 밤 기온이 떨어지는 것과 동시에 화면이 검은색으로 어두워졌고 시스템 전체를 사용할 수 없었다. 엎친 데 덮친 격으로 발전기의 점화 코일에도 결함이 있었다. 다시 말해 비디오 모니터링 시스템이 계획대로 작동했더라도 12볼트짜리 배터리를 충전할 수는 없었을 것이다. 게다가 우리는 일주일 뒤에 파타 강 서식지에서 할 일이 다 끝나면 이 모든 쓸모없는 장비들을 도로로 끌고 가야 했다.

하지만 다행히 들고 온 캠코더가 제 역할을 했다. 그래서 우리는 남은 탐사 기간 내내 이 장비에 의존했다. 우리는 20미터짜리 비디오 케이블을 캠코더에 연결했고 다른 용도로는 사용하지 않았던 12볼트 배터리 가운데 하나로 전원을 공급했다. 그 결과 가림막 안에서 포획지에 어떤 일이 벌어지는지 실시간으로 관찰할 수 있었다.

나는 아나톨리의 과거 이야기를 들으며 일이 틀어진 안타까운 마음을 다른 곳으로 돌리고자 했다. 저녁 식사를 하면서 캣코프는 아나톨리가 해외에서 어떤 경험을 했는지에 대해 내가 몰랐던 얘기를 들려주었다. 아나톨리는 1970년대 초 소련 상선에서 선원으로 일하면서 KGB의 정보원으로 일했던 것으로 보였다. 당시 소련 시민들, 특히 해외에 나가는 사람들에게 당국이 각종 정보를 요구하는 일은 드물지 않게 벌어졌다. 실제로 1991년 소련이 붕괴했을 때 최대 500만 명이 정보원으로 간주될 수 있다고 추정되기도 했다.[1] 아나톨리가 그런 평범한 일을 했는지 아니면 조금 더 조직적인 스파이 활동을 했는지는 확실하지 않았다. 다음 날 내가 캐묻자 아나톨리는 "그건 옛날 일"이라며 웃어넘길 뿐이었다. 왼손 새끼손가락을 어쩌다가 잃게 되었냐고 물었을 때도 비슷하게 얼버무린 적이 있었다.

　파타 강에서 보낸 4일째 밤이었다. 이틀 밤 내내 해 질 녘부터 울음소리를 내던 파타 강 수컷은 마침내 우리의 먹이 울타리 한곳을 발견하고 물고기를 절반 정도 먹어치웠다. 캣코프와 세르게이는 곧장 먹이 울타리를 기반으로 설계한 기발한 덫을 만들었다. 간단히 말하면 이 덫은 먹이 울타리 가장자리에 설치된 올가미 모양의 낚싯줄 한 가닥으로 이뤄졌는데, 부엉이가 울타리 안에 들어가면 올가미를 치도록 철사가 달려 있었다. 다음 날 저녁 7시 20분에 파타 강 수컷은 세 번째로 우리 손에 잡혔다. 우리는 이 새에게 첫 번째 GPS 데이터 기록 장치를 장착했다. 약 1년 동안 11시간마다 위치를 기록하는 장치로 총 다섯 대가 있었다. 나는 이 새로운 모델이 효과가 있을 것이라고 확신했다. 이전에 작은 규모로 이 장치를 현장에서 시험해 보았는데 성능이 뛰어났다. 배터리가 크면 다음 해 겨울이 오기 전까지는 이 새를 다시 사로잡아 괴롭힐 필요가 없기에 다들 스트레스가 덜했다. 물론 다시 포획하려면 일단 다음 겨울까지 살아남아야겠지만 말이다.

당분간 파타 강에서 우리가 할 일은 없었고 시간은 느리게 흘러갔다. 나는 캣코프의 코 고는 소리에 도저히 익숙해지지 않았다. 하나의 리듬에 적응한 순간 그는 뒹굴면서 다시 다른 리듬으로 바꾸곤 했다. 나는 테르니에 돌아가 편안하게 잘 수 있기를 간절히 바랐다. 파타 강 수컷이 풀려난 이후 아나톨리의 오두막에서 사람들의 분위기는 엇갈렸다. 캣코프와 나는 새를 사로잡아 기분이 괜찮았지만 아나톨리는 시무룩했다. 손님들이 곧 떠날 것이 분명하고 이제 그의 유일한 동반자는 다시 발을 간질이는 땅속 요정과 고요한 산이 될 것이어서였다. 나는 아나톨리가 우리가 떠날 것이라는 사실을 인지하자 정신 나간 소리를 평소보다 많이 쏟아낸다는 점을 알아차렸다. 그는 긴 시간 동안 큰 목소리에 긴박한 말투로 다양한 주제에 대해 떠들었다. 예컨대 고대인들은 우리가 수 세기에 걸쳐 잃어버린 신비로운 지식을 갖고 있었는데, 카드놀이나 러시아의 성화, 삼각형 같은 특정한 도상의 진정한 의미를 제대로 해석하면 그 비밀을 풀 수 있다고 했다. 아나톨리의 이런 생각에 대한 내 반응은 그날 우리 일이 얼마나 잘 풀리느냐에 따라 달랐다. 포획이 어려웠던 시기에는 그가 우리 팀의 부정적인 분위기를 비난하거나 하얀 옷을 입은 남자들이 머무는 동굴까지 파 내려가는 걸 도와달라고 했을 때 화가 벌컥 났다. 하지만 지금처럼 포획과 방출이 성공적으로 이뤄지고 나자 나는 아나톨리의 이야기를 경청했다. 그는 마음속 깊이 이런 믿음을 간직하고 있었지만 그것에 대해 누구와도 얘기할 기회가 없었다. 나는 아나톨리를 숲에 혼자 두고 오는 것이 미안했다. 다음 날 우리는 큰길에서 위성 전화를 사용해 우리가 탈 차량을 준비했고, 캣코프와 나는 다시 한 번 스키를 타고 툰샤 강 계곡을 여러 번 가로질렀으며 몇 시간에 걸쳐 고장 난 발전기와 사용하지 않는 자동차 배터리를 비롯한 장비들을 끌어당겼다. 이제 테르니로 향해 세레브랸카 강 서식지에서 포획을 시도할 예정이었다.

세레브랸카 강에서의 포획 작전

여러 부엉이 포획지 가운데 세레브랸카 강 계곡이 내게는 가장 편했다. 테르니에서 가까웠기 때문에 나는 여러 해 동안 이곳에서 카약으로 강을 건너고 바닷가에서 하이킹도 하고, 협곡이 내려다보이는 경사면에서 호랑이나 곰을 추적하기도 했다.[1] 그랬던 만큼 파타 강 서식지에서 교묘한 장치로 부엉이를 포획한 이후, 정작 세레브랸카 강에서는 미끼로 쓸 물고기조차 전혀 잡지 못하자 나는 일종의 배신감을 느꼈다. 나는 나사송곳을 어깨에 메고 막대기를 손에 들고서 빨간 원색 재킷과 네오프렌 장화 차림으로 얼어붙은 강을 헤매며 사흘을 보냈다. 많은 시간을 허비하며 아무것도 먹지 못하고 얼음 구멍을 숱하게 뚫는 동안, 얼음 낚시꾼으로서 내가 무능한 이유도 있지만 이 구역에서 무언가 벌어지고 있다는 사실이 명백해졌다. 나는 주변 사람들에게 테르니에서 왜 물고기가 잡히지 않는지 묻기 시작했다. 세레브랸카 강이 매년 이맘때면 유령도시와 맞먹는 강이 된다는 것이 일반적인 의견이었다.[2] 아마도 물고기들이 단거리 이주를 하기 때문인 듯했다. 캣코프와 나는 툰샤 강에 있는 아나톨리의 낚시터로 돌아가는 것이 최선의 방법이라고 결론지었다. 그곳에서는 물고기가 확실히 잡혔기 때문이었다. 우리는 빈손으로 잘 다져진 길을 따라 스키를 타고 800미터를 이동해 물고기가 그득한 양동이를 들고 서둘러 돌아온 다음, 세레브랸카 강의 덫으로 달려가 먹이 울타리에 미끼를 풀어놓곤 했다.

우리는 툰샤 강에 한 번 갈 때마다 물고기를 40마리 넘게 잡았고, 우리가 빠르게 흔들리는 낚싯줄을 앞에 두고 몇 시간이나 앉아 있자 아나톨리는 뜻밖의 동료를 만나 기분이 좋았다. 장소를 오가는 데 시간이 꽤 걸렸는데 캣코프는 이동하는 동안 꼭 시끄러운 음악을 틀었다. 그는 특히 늑대 관련 주제의 러시아 노래가 실린 믹스 테이프를 좋아했는데 첫 주 동안 우리는 그 테이프만 주구장창 들었다. 결국 나는 그 음악에 싫증을 느끼고 다른 선택지를 찾기 위해 글로브 박스를 뒤졌지만 쓸 만한 테이프가 거의 없었다. 카펜터스의 사랑 노래가 들어 있는 댄스 리믹스 테이프밖에 없어서 "당신은 나를 개라고 생각했지만 나는 사실 늑대야"라는 가사에 으르렁거리며 길게 울부짖는 소리가 섞인 노래가 차라리 견딜 만했다.

우리는 차를 타고 오가며 신경이 날카로워지는 때를 제외하고는 대부분의 시간을 명상과 운동으로 보냈다. 스키를 타고 강 계곡을 건너며 물고기가 가득 찬 양동이를 나르면서 몸에 활력이 생겼다. 최근 몇 년 들어 몸매가 가장 좋았고 정신적으로도 건강했다. 지난 탐사 시즌에는 스트레스를 많이 받았지만 지금은 현장의 사정에 익숙해진 데다 부엉이를 잘 알게 되었고 포획 방식도 손에 익었다. 우리는 침착해졌다. 내게 필요한 것은 인내심과 물고기뿐이었고 나머지 문제는 알아서 해결되었다. 우리가 지금 하는 작업에는 목표가 있었다. 물고기잡이부엉이에게는 자기를 대변할 사람이 필요했고 이 새의 비밀을 끄집어내는 과정에서 우리는 그 역할을 할 수 있었다.

결국 그동안 세레브랸카 강 서식지에서 흔적을 전혀 남기지 않던 부엉이가 이틀 뒤 먹이 울타리에서 1미터도 채 떨어지지 않은 곳에서 사냥을 한 것으로 드러났다. 하지만 밤새 내린 서리 탓에 먹이 울타리가 꽁꽁 얼어붙어서 부엉이는 눈앞에 꿈틀거리는 물고기에 접근하지 못했다. 하지만 우리는 그다음 날 밤 부엉이가 이곳을 다시 탐색하러 돌아올 것이라 예상했기 때문에 카메라를 설치하고 장비가 얼어붙지 않도록 그 사이에 두터운 솜으로 감싼 일회용 손난로를 끼워 넣었다. 그런 다음 캠코더의 20미터짜리 케이블을 가림막 안에 있는 비디오 모니터와 연결했다. 기본 리모컨으로 영상을 확대할 수는 있어도 대상을 따라다니며 찍지는 못했지만 그래도 이 정도면 충분했다. 부엉이가 다가오는 것을 눈으로 본 다음 다리끈을 확대해서 우리가 목표로 하는 개체인지 확인할 수 있기 때문이었다.

하지만 캣코프는 끊임없이 속삭이며 수다를 떨려고 했고 나는 결국 참지 못하고 조용히 있자고 거듭 간청했기 때문에 가림막 텐트 안에서 기다리는 시간은 모두에게 무척 답답했다. 다행히도 우리는 곧 완전히 집중하고 침묵에 빠졌다. 잠시 뒤 모니터 한구석에 어두운 형체가 하나 나타나 강둑의 높이 쌓인 눈 위에 내려앉았다. 마치 무대 공포증이 있는 배우가 보이지 않는 손에 의해 스포트라이트를 받는 것처럼 등장이 무척 어색했다. 부엉이는 잠시 가만히 앉아 주변을 살피며 정신을 가다듬은 다음 소용돌이치는 눈보라를 뚫고 편평한 얼음 가장자리 먹이 울타리 쪽으로 나아갔다. 화면을 클로즈업해보았더니 다리끈이 보였다. 세레브랸카 강 수컷이었다. 그 새는 한동안 잠자코 있더니 목을 길게 빼고 먹이를 덮치려는 호랑이의 자세로 물고기를 뚫어져라 쳐다보았다. 그런 다음 발을 먼저 뻗으며 뛰어내렸는데 물수리가 물에 뛰어드는 것처럼 날개를 머리 위로 한껏 펼치고서는 발만 겨우 적실 정도로 얕은 물속으로 한 걸음 내디뎠다. 그 과정은 마치 다이빙 선수가 제대로 자세를 취하고 어린이 풀장에 뛰어드는 것처럼 우스꽝스러웠다. 전 세계에서 가장 큰 부엉이인 만큼 보다 크고 대단한 동작이 나오기를 내심 기대했기 때문이었다. 나는 작년에 사이연 강에서 수컷이 물고기를 잡아 암컷에게 가져다줄 때 이 부엉이가 사냥하는 모습을 본 적이 있었지만 당시는 간접적인 관찰이었다. 부엉이들이 그림자에 가려져 있었기 때문이었다. 그에 비해 이번에는 흑백텔레비전에서 고화질 컬러텔레비전으로 옮겨간 듯했다. 부엉이가 우리의 적외선 카메라에 선명하게 초점이 잡힌 채 모습을 드러냈다.

부엉이는 먹이 울타리에 있었다. 날개를 여전히 높이 든 채 잠시간 천천히 퍼덕이다가 몸통 뒤로 접어 넣었다. 나는 캣코프의 올가미가 왜 이 새들에게 효과가 있는지 알 수 있었다. 부엉이가 사냥에 완전히 빠져들어야만 덫이 작동했고 그런 방식으로 두 다리가 올가미에 완전히 사로잡혔다. 부엉이는 얕은 물속에 발을 담근 채 잠시 울타리 안에 머무르다가 누가 자기를 감시하고 있지는 않은지 살피기라도 하는 듯 주변을 둘러봤다. 그런 다음 발을 들어 비틀거리는 연어를 움켜쥐면서 발톱을 드러냈다. 이윽고 고개를 숙여 물고기를 부리 사이로 옮겨서 몇 번 물어서 죽이고는 홱 잡아채는 동작과 함께 물고기를 천천히 통째로 삼키더니 머리를 위로 쳐들었다. 부엉이는 호기심에 차서 발 주위에 흐르는 물을 뚫어지게 바라보다가 다시 예전과 같은 자세로 먹잇감에 덤벼들었다. 이번에는 새로 얻은 포상을 들고 물가로 걸어가 우리를 등지고 물고기를 먹어치운 다음 다시 강을 향해 몸을 돌렸다.

우리는 세레브랸카 강 수컷이 먹이 울타리에서 여섯 시간 가까이 머무는 동안 넋을 잃고 지켜보았다. 그동안 우리는 가림막 텐트에서 편안하게 지냈고 캣코프는 뜨거운 차가 가득 담긴 커다란 보온병을 가지고 왔으며, 우리가 자세를 바꾸거나 속삭여도 강이 흐르는 소음 때문에 묻혀 부엉이가 눈치채지 못했다.

나는 이런 장면이 동북아시아 전역에서 펼쳐지고 있다는 생각이 들었다. 연해주는 물론이고 북쪽으로 2,000킬로미터 떨어진 마가단에 이르기까지, 심지어 일본에서도 물고기잡이부엉이가 드문드문 흩어져 얼어붙은 강가에서 몸을 움츠리고 앉아 있을 것이다. 그리고 추위에 맞서 커다란 깃털과 발톱은 꼭 싸맨 채 조용히 강물에 집중하며 물고기의 존재를 드러내는 반짝임이나 물결이 보이기를 기다릴 것이다. 나는 이 부엉이들과 비밀을 나누는 듯한 기분이 들었다. 새벽 2시가 되자 물고기가 전부 사라졌다. 부엉이는 먹이 울타리를 싹 비우고도 언제 다시 이 마법 같은 물고기 상자에 간식이 채워질지 궁금해하는 듯 철망과 나무로 된 상자를 바라보며 한 시간 넘게 강둑에 머물렀다. 우리는 다음 날 밤에 덫을 다시 만들 예정이었다.

우리는 포획을 준비하기 위해 툰샤 강 낚시용 얼음 구멍에서 물고기를 더 잡아야 했고, 모니터에 전원을 공급하는 12볼트짜리 배터리를 교체한 뒤 해지기 전에 세레브랸카 강 서식지로 돌아가 덫을 놓고 부엉이가 돌아올 때까지 가림막 텐트 안에서 기다려야 했다. 이렇게 써놓고 보면 별것 아닌 것 같지만 실제로는 꽤 고된 과정이었다.

우리가 가장 먼저 한 일은 테르니에서 툰샤 강 계곡으로 차를 몰고 가서 스키를 타고 아나톨리의 오두막에 도착해 물고기를 잡은 다음 세레브랸카 강 서식지로 다시 가져가는 것이었다. 이른 오후였고 작업은 계획대로 착착 이뤄졌다. 하지만 세레브랸카 강에서 테르니로 돌아가는 길에 도믹 트럭이 멈췄다. 마을에 도착하려면 6킬로미터 남았는데 기름이 다 떨어졌다. 세르게이가 GAZ-66을 타고 테르니를 향해 가던 길이었지만 암구에 더 중요하고 긴급한 포획을 하러 가던 참이라 캣코프와 나를 데리러 올 수 없었다. 오늘 밤은 몹시 중요했다. 이번에 기회를 놓치면 다시는 그 새를 사로잡지 못할지도 모른다.

캣코프는 트럭에 남아서 누군가 그들의 연료 탱크에서 깔때기와 호스를 이용해 우리에게 연료를 나눠주기만을 바라고 있었고, 나는 테르니에 가기 위해 히치하이킹을 시작했다. 몇 대의 차량을 만났지만 나를 지나칠 뿐 정차하지 않아서 조금 놀랐다. 나는 이곳에서 히치하이킹을 하는 것에 익숙했다. 따뜻한 몇 달 동안은 테르니 지역의 어부와 비슷한 차림을 하는 편이어서 벌목 트럭의 운전사들은 나를 어부로 알고 어떤 물고기가 어디에서 잘 잡히는지 말해주기를 바랐다. 그리고 대부분은 내가 비늘 달린 생물이 아니라 깃털 달린 생물을 목표로 한다는 것을 알고 무척 실망했다.

나는 테르니까지 걸어간 다음 언덕을 올라가 시호테알린연구센터까지 비디오카메라를 작동시키는 데 필요한 매우 무거운 자동차 배터리를 옮겼다. 그러기까지 몇 시간이 걸렸는데 그곳에 도착하고 나서야 오래된 배터리는 도믹 트럭에 두고 테르니에 있는 내 짐에서 새 배터리를 꺼내오면 되었다는 사실을 깨달았다. 자동차 배터리를 6킬로미터나 끙끙대며 운반할 이유가 전혀 없었던 거다. 차를 얻어 타는 데만 정신이 팔려 다른 생각을 제대로 하지 못했다.

시간이 모자랐다. 해 질 때까지 한 시간 정도가 남아 있었다. 나는 새 배터리를 집어 들고 포획용 장비를 더플 백에 집어넣었다. 이제 마을 반대편으로 6킬로미터 거리에 있는 주유소까지 누가 날 태워다 주면 연료통을 도믹 트럭으로 가져가야 했다. 몇 번의 시도 끝에 제나라는 젊은 남자와 통화를 하는 데 성공했다. 그는 시베리아호랑이 프로젝트를 위해 잠시 일했고 한때 부엉이를 찾는 작업을 도왔줬던 사람이다. 현재는 테르니의 산림 담당 부서에서 일했다. 내 목소리에 담긴 급박함을 알아차렸는지 제나는 선뜻 도와주겠다고 했다. 그리고 주유소에 들러 연료를 싣고서 나를 중간에 태우고 도믹 트럭까지 태워주었다.

우리는 땅거미가 질 무렵 캣코프가 있는 곳에 도착했다. 나는 트럭을 돌려 나가려는 제나의 손을 잡고 기름값과 이번에 해준 일에 대해 보답하고자 맥주를 사겠다고 말했다. 제나는 나에게 미소를 짓고 손을 흔들어 인사하며 모험에 동참하게 되어 기뻤다고 답했다. 캣코프와 함께 다시 강으로 돌아가 올가미를 설치하고 있는데 부엉이 한 쌍이 둥지 나무가 있는 방향에서 울기 시작했다. 부엉이가 있는 곳에 아주 가까이 접근한 셈이다. 언제든 새들의 울음소리가 멈추면, 분명 수컷이 물고기가 있는지 살피기 위해 먹이 울타리로 날아오고 있다는 뜻이다. 나는 압박감을 느끼면 실수할 수 있다는 사실을 알기에 매듭과 올가미의 배치를 이중, 삼중으로 확인하고 캣코프에게도 봐달라고 부탁했다. 다 괜찮아 보였다. 우리는 가까운 가림막 텐트 속에 숨으려고 눈 속을 뚫고 달렸다.

　　우리가 아드레날린으로 가득 차서 텐트에 웅크리고 앉아 숨을 헐떡이는 동안 부엉이들이 멀리서 계속 울고 있었다. 새들은 60초마다 한 번씩 울었는데 이 1분의 간격이 2분으로, 이어 5분으로 벌어지자 나는 카운트다운이 시작되었음을 눈치챘다. 수컷의 저녁 사냥이 시작된 것이다. 우리는 이쪽으로 다가오는 물고기잡이부엉이의 숨길 수 없는 휙휙대는 날갯짓 소리를 들었다. 이번에는 캣코프에게 좀 조용히 하라고 얘기할 필요도 없었다. 나처럼 그도 이 순간을 위해 그동안 열심히 발로 뛴 사람이었다.

　　수컷이 선명하지 못한 모니터 화면 속에 나타나자 나는 긴장했다. 그 이후로 날갯짓 소리가 더 나지 않은 걸 보면 아마 강 위로 미끄러지듯 날아온 듯했다. 심장 소리가 귀에 쿵쿵 울렸다. 부엉이는 가까스로 멈춰서더니 강둑에 착륙하자마자 먹이 울타리를 향해 달려들었다. 불과 20미터 떨어진 곳에서 고무줄이 풀리면서 올가미를 조이는 소리가 들렸지만 화면에서는 새가 강둑 쪽으로 몸을 움츠리며 놀란 듯 주위를 둘러보는 모습만 보였다. 나는 부엉이가 즉시 발

근처에 있는 줄로 주의를 돌려 부리로 쪼기를 기대했지만 이 새는 먹이 울타리를 쳐다보기만 했다. 우리는 놀라서 아무런 행동도 하지 못했다. 그러다가 캣코프가 모니터로 보이는 부엉이의 발 근처에 흰 눈을 배경으로 한 어두운 색 줄을 가리키며 씩씩거렸다. 부엉이가 올가미에 걸려 있었다! 우리는 텐트 지퍼를 서둘러 열고 눈을 흩날리며 강으로 달려갔고, 수컷이 날아가려고 할 때마다 고무 스프링이 그를 다시 땅으로 잡아끄는 모습을 지켜보았다. 세레브랸카 강 수컷은 우리 손에 들어왔다. 이제 위치 데이터를 수집하는 장치가 달린 부엉이가 두 마리가 되었다.

세르게이, 콜랴, 슈릭은 다음 날 늦게 테르니에 도착했다. 하지만 엔진을 새로 달고 사람이 머무는 공간을 완전히 개조하는 작업을 포함한 크고 중요한 수리를 마쳤는데도 GAZ-66은 이후 24시간 동안 큰 문제가 세 차례나 발생했다. 그러는 통에 결국 출발이 지연되었다. 나는 차량 자체나 수리에 대해 잘 몰랐기 때문에 무엇이 문제인지 완전히 이해할 수 없었지만 팀원들이 문제를 해결하기 위해 들인 노력을 보면 꽤 심각한 상황이란 걸 가늠할 수 있었다. 첫 번째 문제는 손을 조금 놀려 빠르게 해결되었고 두 번째 문제는 철사 조각으로 그럭저럭 때울 수 있었지만 세 번째 문제를 처리하려면 반경 150킬로미터 안에서 구할 수 없는 새로운 부품이 필요했다. 게다가 그날은 공휴일인 세계 여성의 날이 낀 주말이어서 대부분의 상점이 문을 닫았다.

세계 여성의 날인 3월 8일은 1917년 이래로 러시아에서 꽤 중요한 휴일이었다.[3] 전 세계적으로 휴일이기는 했지만 러시아와 구 소련 국가, 쿠바 등 공산주의 나라에서 가장 큰 활기를 띠었다. 러시 아에서는 '3월 8일'이라고도 불리는 이날에 사람들은 꽃과 초콜릿, 그리고 여성들에 대한 찬사로 휴일을 보낸다. 위스콘신 대학에서 진 행된 최근의 교류 행사에 따르면 이 감사의 말은 과장법이 심한 탓에 문화적 차이로 인해 번역이 어려울 정도였다. 행사에서 러시아 학생 들은 세계 여성의 날을 맞아 미국 여성의 출산 성공을 기원하며 강인 한 여성들의 인내심에 감사를 표했는데, 당시 참가한 여성들은 매우 불쾌함을 느끼며 어떻게 대응해야 할지 확신하지 못하고 그 러시아 인들을 성희롱으로 신고할 뻔했다.

어쨌든 테르니 주민들의 관심이 여성들에게 쏠려 있다는 점 을 감안할 때 마을 어딘가에 있는 또 다른 GAZ-66의 부품을 떼어내 서 재사용하지 않고서는 우리가 이곳을 떠날 방법은 없어 보였다. 콜 랴, 세르게이, 슈릭이 GAZ-66을 고치고 부품을 찾아내는 작업을 하 는 동안, 캣코프와 나는 툰샤로 차를 몰고 가서 그해에 서식하던 부 엉이 한 쌍이 새끼를 낳았는지 알아보았다. 캣코프가 도믹 트럭을 배 수로 쪽에 슬쩍 주차하고 우리가 내렸을 때는 눈이 심하게 내리고 있 었다. 우리는 스키를 타고 계곡을 가로질러 둥지 나무로 향했다. 바 람은 거칠고 눈은 무겁고 축축하게 내리는 바람에 계곡 중간쯤부터 스키가 뚝뚝 소리를 내며 갈라지기 시작했고 이미 그것에 신경이 쓰 이던 차에 더 스트레스를 받았다. 그래도 우리는 계속 나아갔다. 캣 코프는 내가 스키를 어깨에 걸치고 눈 속을 헤매며 뒤처지는 동안 참 을성 있게 기다려주었다. 그렇게 우리가 다시 찾은 둥지 나무는 이후에 사용되지 않은 듯했다. 툰샤 강 쌍이 올해 번식을 하지 않았거나 다른 곳에서 둥지 나무를 발견했거나 둘 중 하나였다. 도로로 돌아가는 길에 날씨가 더 나빠졌다. 눈보라가 쳐서 앞이 안 보이는 상황에서 차를 몰고 테르니로 향하는데, 귀에서 피가 날 정도의 큰 소리로 실연의 아픔을 한탄하는 카펜터스의 노래를 참지 못하고 나는 캣코프에게 늑대에 관한 노래를 듣자고 제안했다.

암구 지역의 부엉이 세 마리

세르게이는 달네고르스크에 있는 친구에게 전화를 걸어 필요한 GAZ-66 부품을 버스 기사에게 부탁해 북쪽으로 보내달라고 했다. 기사들은 마을과 마을 사이에서 우편배달부 역할을 하며 약간의 돈을 벌곤 했다. 러시아의 우체국보다는 훨씬 빠르고 믿을 수 있는 수단이었다. 마침내 테르니를 떠날 수 있었을 때는 이미 예정보다 며칠은 늦은 3월 둘째 주였다. 언제든 봄이 올 수 있었다. 이후 암구로 가는 길에 GAZ-66이 결함을 보인 것은 얼음처럼 차가운 케마 고개에서 한 번뿐이었다. 어둠 속에서 갑자기 트럭이 이유 없이 경적을 울리기 시작했고, 콜랴가 화가 나서 차를 세우고 철사를 분리해버릴 때까지 꺼지지 않았다.

이번 탐사 시즌의 목표는 내가 미네소타에 있는 동안 세르게이와 캣코프가 잡은 암구 지역(샤미 강, 쿠드야 강, 사이연 강)의 GPS 꼬리표가 달린 부엉이 세 마리를 재포획하는 것이었다. 그들의 등에 달린 장치에서 정보를 다운로드한 뒤, 남은 데이터 기록 장치 세 대를 장착해야 남은 1년치의 이동 정보를 다시 수집할 수 있었다. 암구 쓰레기 폐기장을 지나 마을로 들어서자 눈 아래에 파묻혔다가 얼마 전 바닷바람으로 드러난 개의 사체를 흰꼬리수리 두 마리가 열심히 뜯어먹고 있었다. 그 새들은 우리를 보자 놀라서 무거운 날개와 축 처진 발톱을 이끌고 공중으로 날아올랐다. 저 높이 쏜살같이 내려오는 까마귀들로부터 귀한 식량을 지키기 위해 방향을 틀었다가 빙 돌아올 만큼 충분한 기운을 얻은 상태였다. 암구에 갈 때마다 나는 이 변두리 마을의 험준한 환경에 당황하곤 했다. 집에서 바느질해 지은 코트를 입은 턱수염 기른 남자들이 장작을 패거나 필터가 없는 담배를 피우고 있었고, 펠트 부츠를 신은 여자들은 솔을 두르고 우리가 지나가는 모습을 지켜보면서 길가에서 물러났다. 웬만한 물건은 내다 버리지 않는 풍습이어서 마당에는 온갖 잡동사니와 함께 사냥개들이 짖어댔고 마구잡이로 지어진 헛간 벽에는 어망이 걸려 있었다.

우리는 암구 서쪽 샤미 강 가장자리의 온천 근처에 캠프를 차렸다. 작년에 서식하던 암컷을 포획한 곳이었다. 우리는 그 암컷을 다시 사로잡아 장치에서 데이터를 뽑고 암컷의 짝인 수컷을 붙잡아야 했다. 먹이 울타리에 신선한 물고기를 채운 뒤 샤미 강 서식지의 둥지 나무를 찾기 위해 강바닥을 이리저리 돌아다녔다. 슈릭은 한 시간도 채 안 되어 둥지를 찾았다.

둥지에 앉아 있는 암컷 부엉이들은 언제 봐도 필요 이상으로 차분해 보인다. 그 새들은 어떻게 해서든 인간을 피하느라 꽤 많은 시간을 소비하는 만큼, 우리같이 자신들을 잡으려드는 무서운 악마들과 직접 마주하면 패닉에 빠지는 게 당연한 반응일 테다. 하지만 이 부엉이들을 마주할 때면 그 새들은 오히려 모든 일에 대해 다소 무심해 보인다. 슈릭은 지난해, 쿠드야 강 서식지에서 둥지 나무 옆의 나무에 올라가 한 달 전쯤 다리끈을 달았던 새끼를 품은 암컷과 눈을 마주친 적이 있었다. 암컷은 잠시 슈릭을 바라보다가 할 일이 생각났다는 듯 시선을 옆으로 돌렸다. 그리고 지금, 우리가 오래된 커다란 황철나무 밑동에 서서 목표물이 있는 위쪽 틈새를 들여다보자 암컷은 꼼짝도 하지 않고 숨어 있었다. 나무 구멍 가장자리로 살짝 드러나 산들바람에 흔들리는 북슬북슬한 귀깃으로만 존재가 드러날 뿐이었다. 우리는 둥지를 찾았지만 우리가 절실하게 잡고 싶어 했던 암컷은 알을 품고 있어 포획할 수 없었다.

GAZ-66으로 돌아온 우리는 샤미 강에서의 예전 경험에 대해 이야기했다. 이 지역은 오랫동안 우리에게 해결해야 할 과제였다. 세르게이와 나는 2006년에 샤미와 암구 강바닥에서 서식하는 부엉이 쌍을 쫓아다녔지만 둥지 나무를 찾는 데 실패했다. 세르게이와 슈릭은 내가 부엉이 연구를 시작하기 몇 년 전에 다케나카 다케시라는 부엉이를 연구하는 일본인 생물학자와도 이곳에 온 적이 있는데, 그때도 지금과 다르지 않았다. 세르게이는 슈릭이 위쪽이 꺾인 오래된 황철나무를 맨손으로 오르던 당시의 탐험 이야기를 들려주었다. 두 사람은 그것이 둥지 나무라고 꽤나 확신했다. 슈릭은 높이가 10미터쯤 되는 어두운 나무 구멍에 다다랐을 때 '털'을 발견했다고 외치며 세르게이가 살필 수 있도록 몇 개를 떨어뜨렸다. 하지만 세르게이가 그 털은 반달가슴곰의 털 덩어리가 분명하며 슈릭이 겨울잠을 자고 있는 곰의 머리를 찌르고 있다는 사실을 깨달았을 즈음, 슈릭은 나무 구멍을 통해 따뜻한 공기가 빠져나오고 있다고 외쳤다. 세르게이는 곰이 깨지 않기를 바라며 슈릭에게 최대한 빨리 나무에서 내려오라고 외쳤다.

반달가슴곰은 아메리카흑곰과 덩치가 비슷하지만 털 가장자리가 좀 더 거칠다. 이 곰은 덥수룩한 검은 털을 가졌고 가슴 위쪽에 하얗게 반달 모양 무늬가 있으며 귀가 통통하고 둥글어서 미키마우스 모자를 쓴 것처럼 보인다. 귀엽게 생겼다고 생각할 수도 있지만 무척 위험한 동물이다. 큰곰을 비롯해 연해주에 사는 덩치 큰 사촌이나 다른 곰과 동물들보다 더 공격적이고 인간을 공격할 가능성도 더 높다. 이 곰은 멸종 위기종은 아니지만 아시아에서는 간 질환부터 치질까지 모든 병에 효험이 있다고 알려진 발바닥과 쓸개 때문에 귀하게 여겨진다.[1] 슈릭처럼 황철나무에서 곰을 우연히 발견한 밀렵꾼들은 밑동에 작은 구멍을 낸 다음 인화성 물질을 밀어 넣고 혼란에 빠진 곰이 연기를 피하기 위해 나무 꼭대기로 기어 나오도록 하고서는 총을 겨누고 기다린다.

둥지에서 샤미 강 암컷을 발견한 다음 날 저녁, 나는 마시멜로 같은 외투를 입고 둥지 나무에서 20미터 정도 떨어진 곳으로 조용히 걸음을 옮겼다. 그리고 해 질 녘에 들을 수 있으리라 예상되는 이중창을 녹음하기 위해 마이크를 준비하고 몸을 숨겼다. 이렇게 가까이에서 물고기잡이부엉이의 울음소리를 녹음할 기회가 그동안 없었다. 오후 6시 15분이었다. 30분 정도 지나도록 꼼짝하지 못해 몸이 쑤시고 조급함을 느낄 즈음 수컷이 들이닥쳤다. 수컷은 둥지가 보이는 이웃 나무의 수직으로 뻗은 굵은 가지에 착지했다. 알을 품고 있는 암컷이 재채기 같은 소리를 냈다. 까마귀나 여우 같은 포식자가 근처에 있을 때 이런 소리를 듣곤 했는데, 암컷이 수컷에게 나에 대해 경고하고 있었다. 암컷은 둥지에서 나를 볼 수는 없었지만 30분 전에 내가 다가오는 소리를 들었고 그 사실을 기억했다. 그때 수컷이 몸을 구부리자 목의 흰색 얼룩이 튀어나와 보였고, 이윽고 차가운 저녁 공기 속으로 낮은 울음소리를 내뱉으면서 이중창이 시작되었다. 암컷은 둥지 구멍 때문에 소리가 조금 묻히기는 했지만 제때 응수했다. 이중창은 1분마다 한 번씩 거의 30분 동안 계속되었는데 그러다가 암컷이 두 번 연속으로 울음소리를 이례적으로 단축시켰고, 잠시 뒤 구멍에서 날아올라 25미터 정도 떨어진 나뭇가지에 앉았다. 수컷도 암컷 근처에 앉았다. 주변이 어두웠기에 하늘을 배경으로 실루엣으로만 두 마리의 새를 볼 수 있었다. 둘은 수평으로 뻗은 굵은 가지에서 마주 보았고 한 번 더 이중창을 한 다음 수컷이 날개를 펄럭이며 재빨리 암컷 위에 올라탔다. 두 마리는 교미를 했다. 그리고 둥지로 돌아오기 전 암컷은 부리를 몇 번 부딪쳐 딱딱 소리를 냈다. 아마도 숨어서 지켜보는 나를 향한 공격적인 행동이었을 것이다. 암컷이 둥지로 돌아가자 두 마리는 이중창을 다시 시작했고 울음소리는 15분 동안 계속되었다. 암컷의 모습은 나무 구멍의 튀어나온 가장자리에 가려졌고, 수컷은 어둠 속에 가려져 둘 다 눈에 띄지 않았다.

우리는 첫날 밤에 잡았던 샤미 강 수컷 말고도 쿠드야 강 암컷으로부터 수집한 GPS 데이터를 활용해 쿠드야 강의 부엉이 세 마리(수컷, 암컷, 한 살 된 새끼)를 한 시간 만에 모두 포획했다. 지난 탐사 시즌이 끝났을 때 GPS 데이터를 분석한 결과 우리가 탐색했던 구역에서 2킬로미터 떨어진 곳에 사냥터가 있다는 사실을 알게 되어, 세르게이와 나는 샤미 강에 캠프 기지를 두고 있는 동안 그곳을 정찰했는데 차량으로 꽤 가까이까지 접근할 수 있음을 파악했다. 실제로 볼코프의 오두막으로 향하는 암구 강 다리를 기준으로 상류 50미터 지점의 얼음 덮인 섬에서 수십 개의 부엉이 흔적과 물고기의 핏자국을 발견했다. 우리는 샤미 강에서 작업을 마친 뒤 장소를 옮겨서 강으로 이어지는 어부들의 오솔길 끝에 캠프를 쳤는데, 그 건너편에 있는 자작나무와 떡갈나무는 가파른 경사에서 강물과 맞닿아 있었다. 우리는 이곳에 먹이 울타리 몇 개를 설치하고 해가 질 때까지 기다렸다.

　　부엉이들은 미끼를 놀라운 속도로 빠르게 발견했다. 해가 진지 불과 몇 분 만의 일이었다. 그리고 더욱 놀라운 점은 우리가 텐트에서 부엉이의 사냥 과정을 방해물 없이 제대로 관찰할 수 있었다는 것이다. 그리고 새 한 마리가 아니라 하나의 가족이었다. 이곳에 서식하는 한 쌍과 그들의 한 살배기 새끼로, 새끼는 깃털이 성체와 닮았지만 얼굴이 좀 더 어두운 색을 띠었다. 슈릭이 작년에 둥지에서 알을 두 개 발견했다고 했지만 두 번째 새끼는 나타나지 않았다. 두 번째 알은 어떻게 되었을까? 나는 얼른 사이연 강으로 돌아가 작년에 갓 부화한 새끼와 알을 발견했던 둥지에 새끼 두 마리가 남아 있는지 확인하고 싶었다.

　　이 가족이 선택한 사냥터는 놀랍게도 우리가 캠프를 친 다리 근처였다. 그곳에서 쿠드야 강 부엉이 가족은 컹컹대는 마을 개들, 우르릉거리는 벌목 트럭, 그리고 고요한 바다를 배경으로 저녁 사냥을 시작했다. 암컷이 먼저 강 위로 낮게 미끄러져 날았다가 물 위로 솟은 자작나무 가지에 올라앉았다. 곧 쉴 새 없이 수컷의 실루엣이 지나갔고 다리 바로 옆 하류 쪽으로 50미터쯤 떨어진 곳에 앉았다. 마지막으로 새끼는 높은 소리를 지르며 어미 옆에 조급하게 착지했다. 잠시 동안 그들은 움직이지 않고 앉아 주변 상황을 살폈던 것 같다. 그러다가 밤이 깊어지자 이들의 실루엣은 눈과 나무의 배경 속으로 사라졌다. 두 성체는 거의 동시에 암구 강의 얼어붙은 강둑에 내려앉은 뒤 물가로 걸어가 물고기를 찾았다. 한 살배기이지만 덩치가 거의 성체 정도인 새끼는 어미 곁으로 날개를 펄럭이며 내려갔다. 하지만 어미에게 간청을 해도 소득이 없자 새끼는 수컷이 있는 하류 쪽으로 날아갔다. 그곳에서 수컷은 새끼에게 최근에 발견된 먹이 울타리의 물고기를 주었다. 부엉이 가족은 해 질 녘 이후 한 시간가량 활발하게 사냥을 했다. 일단 배가 부르자 이 새들은 자기들이 선택한 낚시 구멍 위의 둑에 앉아서 한가하게 강물을 훑어보며 물고기를 찾았다.

　　부엉이 가족의 상호작용과 사냥에 대해 전례 없이 자세하게 관찰한 것 외에 또 놀라운 사실은 부엉이들이 우리가 그곳에 있는 것을 거의 신경 쓰지 않았다는 점이다. 부엉이들은 확실히 알고 있었다. GAZ-66의 소음과 우리의 캠프파이어에서 나오는 탁탁 소리는 크게 들렸을 것이다. 심지어 콜랴는 셰르바토프카 다리 한가운데에 서서 더 잘 보기 위해 걸어 내려갔으며 그곳에서 수컷이 횃대에서 물속으로 두 번 잠수하는 것을 지켜보았다. 여기가 마을과 아주 가까운 곳이기 때문에 이곳 부엉이들이 다른 개체들에 비해 사람에게 더 익숙해진 것일까? 우리는 다음 날 덫을 설치하고 한 시간 안에 세 마리를 전부 포획했다. 성체들에게는 데이터 기록 장치를 달았지만 새끼는 치수를 측정하고 혈액을 채취한 다음 다리끈을 달았다. 이 어린 새는 앞으로 1년 안에 자기가 태어난 곳을 떠나게 될 것이기에 나중에 다시 찾을 수 없는 부엉이에게 비싼 데이터 기록 장치를 달아주고 싶지는 않았다.

추방당한 캣코프

우리는 사이연 강을 향해 북상했다. 이제 데이터 기록 장치는 한 대 남아 있었는데, 이곳에서도 쿠드야 강 서식지와 마찬가지로 부엉이 쌍이 서로 다른 장소에서 사냥을 한다는 것을 알고 기뻤다. 그러면 포획이 더 쉬워지기 때문이었다. 한 살배기 새끼가 성체들과 함께 사냥했다는 사실도 흥미로웠다. 아마도 내가 작년에 둥지에서 사진을 찍었던 그 새끼였을 것이다. 두 번째 새끼의 흔적은 보이지 않았다. 우리는 캠프에서 100미터 정도 떨어진 곳에 먹이 울타리 하나를 설치했다. 사이연 강 라돈 온천으로부터 따뜻한 물이 유입되어서 얼음이 녹아 강이 계속 흐르던 곳이었다. 그리고 하류 쪽으로 700미터 떨어진 곳의 둥지 나무 옆에 두 번째 먹이 울타리를 설치했다. 우리는 수컷을 먼저 포획하고 싶었다. 수컷은 우리의 예전 데이터 기록 장치를 가지고 있었고 새를 잡으면 데이터를 다운로드받고 재충전을 할 수 있었기 때문이다. 물론 암컷에게 장착할 장치도 준비되어 있었다.

　　우리는 온천을 숙소로 정했다. 이전 겨울 우리가 도착했을 때 파괴된 상태였던 인근 오두막은 중간중간 새 벽과 통나무 지붕으로 보수된 듯했다. 몇몇 사람들이 그 건물을 원래 모습으로 복원하는 데 신경을 썼지만 온천을 찾는 사람들 대부분은 그 건물을 편리한 장작감 정도로 보는 듯했다. 우리가 3월 말에 도착했을 때 오두막은 도저히 사람이 살 수 없는 상태였다. 문과 창틀, 그리고 벽의 통나무 몇 개가 이미 도둑맞았다. 사이연 강의 물은 샤미 지역의 온천만큼 따뜻하지는 않아서 땀에 젖은 하루를 보낸 뒤 미지근한 물에 몸을 담글 수 있었다.[1] 거머리들은 맑은 물속에서 바닥의 작은 돌 위를 헤엄쳐 다니는 흔한 목욕 친구였다. 좀 불안하기는 했지만 거머리들은 주로 가로세로 2미터인 구덩이의 구석에 머물렀고 우리는 구덩이 한가운데에 머물렀다.

　　우리 다섯 명은 GAZ-66에서 거의 2주 동안 살고 있었다. 세르게이와 나는 앞쪽 칸에서 자고 캣코프, 슈릭, 콜랴는 뒤쪽 칸에 동면하는 곰처럼 둥지를 틀었다. 심하게 코를 골았던 캣코프는 두 사람 사이에서 잠을 잤다. 세 사람은 지금까지 아무런 다툼 없이 그 자리를 유지해왔지만, 전날 저녁 식사 때 슈릭이 멍한 눈빛으로 이제 자기는 인내심을 잃었다고 선언했다. 얼굴과 불과 20센티미터 떨어진 곳에서 코골이의 폭발음을 견뎌야 했을 뿐 아니라 캣코프가 잠결에 심하게 몸을 뒤척이며 팔을 휘두른다고 했다. 그래서 설령 슈릭이 불협화음을 내는 소음을 무시할 수 있다고 해도 무작위한 구타에서 벗어날 수는 없었다. 우박이 내릴 때 바위 더미 위에서도 잘만 잘 것 같던 콜랴 역시 동의했다.

하지만 캣코프는 이 공격을 묵살했다. "여러분이 잠을 잘 수 없다면 심리 치료사를 만나보는 게 좋을 거예요. 여러분의 심리적인 문제는 나와 아무런 상관이 없어요."

그러자 슈릭은 탁자를 손바닥으로 쾅 치며 상스러운 욕설을 퍼붓더니 세르게이에게 개입을 요청했다. 이후로 우리는 세 명 중 한 사람이 아래쪽 포획 장소의 가림막 텐트에서 밤을 보내며 현장을 더욱 잘 모니터링하면서, GAZ-66에 더 편히 잘 수 있는 공간을 확보하기로 합의했다. 우리는 투표를 했고 가까운 미래에 텐트에서 잘 사람은 캣코프가 될 예정이었다.

우리는 사이연 강 수컷을 재빨리 포획했다가 풀어주었고 수컷에게 달아둔 예전 데이터 기록 장치를 풀어 암컷에게 달려고 했지만 3월 말이 되어 눈보라가 몰아치며 GAZ-66을 뒤흔들었고 나뭇더미와 힐룩스 차량을 눈 속에 파묻었다. 이런 상황에서 오두막에 갇히면 큰일이기 때문에 일단 트럭으로 피신했다. 최근 들어 동료들에게 외면당한 캣코프는 텐트에 머물며 식사 시간에만 모습을 드러냈다. 게다가 눈보라만이 유일한 폭풍이 아니었다. 나는 심각한 장염으로 고통받았다. 다른 사람들은 모두 괜찮아 보였기에 원인이 콜랴가 준비한 음식은 아니었을 것이다. 나는 내가 최근에 했던 위험한 행동을 떠올리며 머릿속으로 빠르게 긴 목록을 만들었다. 먼저 눈보라 속에서 100미터를 걸어가 양동이에 강물을 떠오는 사람이 없는 바람에 라돈이 섞인 물을 섞어 술을 마시고 요리를 했다. 서양인의 민감한 장을 가진 내 몸이 과도한 방사선에 어떻게 반응할지는 분명하지 않았다. 둘째로 나는 GAS-66의 지저분한 바닥에 굴러떨어진 둥그런 소시지 하나를 주워 먹은 적이 있다. 셋째로 나는 발견한 죽은 개구리의 배를 칼로 열었고, 넷째와 다섯째로 그때 내 손과 칼을 씻지 않았다. 그리고 여섯 번째와 일곱 번째로 그대로 빵을 자르고, 먹었다. 이렇게 복기하니 아침부터 배가 아팠던 것도 당연했다.

폭설로 발이 묶인 채 GAZ-66 뒤에 기대앉아 카드놀이를 하고, 차를 마시며 쿠키를 먹고 있는 나머지 팀원들에게 나의 불편함은 엄청난 즐거움의 원천이 되었다. 내가 서둘러 스노팬츠를 꿰어 입고 트럭에서 뛰어내려 얼어붙은 늪을 가로질러 덤불 사이의 간이 화장실로 달려갈 때마다 엄청나게 낄낄댔다. 그곳에서 나는 비참하게 웅크린 채 한참을 있어야 했고, 그사이 등에는 눈이 소복이 쌓였다.

다음 날 오후가 되자 두 폭풍이 모두 지나갔다. 나는 오솔길을 700미터 걸어가 캣코프가 망명 생활 중인 아래쪽 현장으로 갔다. 그곳에 사이언 강 암컷을 잡기 위한 덫을 설치할 계획이라, 해 질 무렵부터 새벽까지 두 사람씩 각각의 현장을 모니터링하기로 했다. 슈릭이나 세르게이는 캣코프와 하루에 12시간 가까이 붙어 지내는 것을 견딜 수 없을 듯해 내가 자원했다. 잠버릇이 엉망이고 깨어 있을 때는 끊임없이 수다를 떨기는 했지만, 나는 캣코프가 마음에 들었고 그가 이 일에 진심으로 관심을 쏟아붓는 데 감사했다. 캣코프가 머물던 텐트 안에서는 악취가 풍겼고 무척 어수선했다. GAZ-66에서 잠을 자지 못하고 쫓겨난 캣코프는 이곳도 엉망진창으로 해놓았다. 그는 단단한 땅이 나올 때까지 파고 내려가는 대신 눈밭의 표면에 바로 텐트를 세웠기 때문에 시간이 흘러 가끔씩 부탄 난로를 사용하면서 눈이 녹아 바닥이 울퉁불퉁해졌다. 그래서 관찰용 모니터, 12볼트 배터리, 침낭, 보온병처럼 안에 있는 모든 물건들이 텐트를 잡아먹을 듯 위협하는 구덩이의 가장자리에 위태롭게 자리 잡았다. 텐트의 가장자리와 한가운데는 바닥 높이가 40센티미터 정도 차이가 났다. 게다가 그 구덩이에는 물까지 고여 있었다.

"대체 여기서 어떻게 잤어요?" 나는 깜짝 놀라서 물었다.

캣코프는 어깨를 으쓱했다. "구덩이 가장자리에 웅크리고 자요."

하지만 텐트 안은 의외로 앉아 쉬기에 편했다. 중간에 구덩이가 파였기 때문에 물웅덩이 위에서 장화를 신은 채 벤치에 앉아 있는 것과 비슷했다. 해 질 녘이 되자 우리는 먹이 울타리에 덫을 놓고 기다렸다. 네 시간씩 교대로 일하면서 한 사람은 화면을 보고 나머지 한 사람은 쉴 작정이었다. 캣코프는 자기 얘기를 들어줄 이곳에 발이 묶인 동료를 만나게 되어 기뻐했지만 현장에서 쾌적하게 지내고 있지 못하다는 점을 인정했다. 텐트로 유배당하는 처지를 불평 없이 받아들이기는 했어도 주변에 아무도 없자 피해망상이 도지기 시작한 것이다. 예컨대 그는 슈릭이 자기의 소지품을 숨기거나 버렸다고 비난했다. 그리고 전날 밤에는 세르게이가 자기를 괴롭히기 위해 텐트에 눈덩이를 던지고 있다고 믿었다. 단지 거센 바람이 불면서 위쪽의 나뭇가지에서 텐트로 눈덩이가 떨어졌을 뿐이라는 사실을 나중에 깨닫긴 했지만 말이다. 한번은 밤에 밖에 있는 적외선 카메라의 빨간 불빛을 보고 카메라가 아니라 세르게이가 몰래 다가와 자기가 잠자고 있는지 확인하는 것이라고 여기기도 했다. 이런 식으로 캣코프는 잠도 자지 않은 채 나에게 가까이 기대어 의식의 흐름대로 주절주절 이야기했고 한 번 터진 시끄러운 수다는 지치지 않고 강물처럼 흘렀다. 캣코프는 소시지와 치즈로 말을 계속할 연료를 보충한 다음, 텐트의 좁은 공간에서 지독한 냄새가 나는 트림을 했다. 부엉이를 관찰하지도 못하고 내 근무시간이 끝나 캣코프가 다음 번 모니터링 업무를 넘겨받는 동안, 나는 구덩이의 가장자리에서 몸을 구부리고 자보려고 했지만 그 자세로는 편하게 긴장을 푸는 게 거의 불가능하다는 사실을 알게 되었다. 다음 날 나는 텐트에서 나와 캣코프와 함께 텐트를 옮기고 아래쪽 눈을 파내 바닥을 편평하게 만들었다.

다음 날 밤, 캣코프는 자기가 처음으로 물고기잡이부엉이를 봤던 때를 회상했다. "세르게이가 그 새들이 어떤 모습인지 나에게 설명했죠." 캣코프는 큰 소리로 쉭쉭거리듯 말했다. 나름 속삭이려고 했지만 속삭임이 아니었다. "나는 그 부엉이가 눈 덮인 소나무 가지에 앉아 있다가 큼직한 연어를 잡기 위해 산줄기의 맑은 계곡물에 잠수할 거라고 상상했어요. 가장 깨끗한 환경에만 깃들어 서식하는 장엄한 생명체라는 이미지를 갖고 있었죠." 그리고 캣코프는 잠시 말을 멈추고 웃음을 터뜨렸다. "내가 그 부엉이를 언제 처음 봤는지 알아요? 지난봄에 세르게이와 함께 쿠드야 강 암컷을 재포획하기 위해 암구 강으로 운전하고 있을 때였어요. 자정이 다 된 시간이었고 비가 억수같이 쏟아졌죠. 암구 고개 기슭에서 마지막으로 길이 크게 커브 길을 이룰 때 헤드라이트에 부엉이가 비쳤어요. 버려진 트럭 타이어 위에 있던 그 새는 쏟아지는 빗물 탓에 깃털이 납작했는데, 개구리 한 마리를 눌러 죽이는 중이었어요! 내가 기대했던 모습이 아니었다고요. 생각만큼 멋지고 위엄 있지 않았어요!"

몇 시간 뒤 내가 침낭에 있을 때 캣코프가 텐트 건너편에서 나에게 발길질을 하며 뭔가 잡혔다고 소리쳤다. 나는 텐트에서 뛰쳐나와 올가미를 향해 비틀거리며 나아갔고 부엉이 새끼 한 마리가 강둑에서 날개를 펄럭이고 있는 모습을 발견했다. 혼란에 빠진 새끼를 잡아 가림막 텐트 안으로 데려왔고, 캣코프는 밖에서 접이식 테이블을 펼쳤다. 이 부엉이는 내가 마지막으로 본 이후로 상당히 자라 있었다. 우리가 지난 4월에 둥지에서 발견한 바로 그 새였다. 당시에는 태어난 지 겨우 며칠 된 상태로 솜털에 싸여 눈도 못 뜨고 아무것도 하지 못했다. 하지만 이제는 더 이상 무력하지 않았다. 나는 성체 부엉이의 깃털과 새끼의 깃털을 구별하는 법을 배운 적이 있기에, 새끼가 날카로운 부리를 내 손가락 끝에 박고 꽉 붙잡아 피가 흐르고 심한 상처가 나는 동안에도 캣코프에게 이 새의 얼굴 쪽에 어두운 빛깔의 깃털을 가리켰다. 나는 상처를 깨끗이 씻었지만 반창고가 없어서 거즈에 싼 채로 접착테이프로 고정시켰다. 그런 다음 우리는 부엉이 새끼의 몸 치수를 재고 다리끈을 묶은 다음 놓아주었다.

사이연 강에 사는 부엉이 세 마리 가운데 수컷과 새끼를 붙잡았기 때문에 우리가 암컷을 잡으려다 올가미에서 놓치면 이후에 이 둘 중 한 마리를 다시 잡을 가능성이 높았다. 이런 상황을 피하고자 우리는 부엉이가 먹이 울타리에서 자유롭게 사냥하게 두고 우리가 끈을 끌어당겨 수동으로 올가미를 작동시켜야만 잡히도록 두 개의 덫을 모두 수리했다. 슈릭과 세르게이는 위쪽 텐트에 머물렀고 나는 아래쪽에서 덫을 담당하는 캣코프의 거처로 다시 돌아갔다.

단조로운 실패의 나날들

    밤이 길어지면서 이따금 폭죽 터지는 소리가 깊은 겨울의 고요함을 깼다. 해가 지고 기온이 뚝 떨어지면 나무 틈새의 물이 얼어 팽창하면서 나는 소리였다. 우리는 매일 밤 암컷이 자기 짝과 내는 울음소리를 들었지만 모니터상에서는 암컷이 단 한 번만 등장했다. 당시 암컷은 올가미를 몸으로 쳤지만 우리가 붙잡으러 가기 전에 옭아맨 그물을 스스로 풀고 도망쳤다. 그렇게 탈출한 물고기잡이부엉이는 그 암컷이 유일했다. 이후로는 어떤 개체도 그렇게 하지 못했다. 암컷은 우리가 확인하지 못했던 사냥터를 찾아내 그곳에서 계속 사냥하는 게 틀림없었다. 쿠드야 강 부엉이들의 사례로 미루어보면 사냥터는 몇 킬로미터 떨어져 있을 수도 있었다.

    우리는 거의 한 달 동안 숲속에서 매일 똑같은 작업을 반복했지만 진척이 별로 없었다. 밤새 텐트에서 교대로 모니터링을 하느라 지친 캣코프와 나는 12볼트짜리 카메라와 비디오 모니터용 배터리를 배낭에 싣고 GAZ-66으로 옮겨서 충전했다. 오늘 하루도 아마 종일 덫을 수리하거나 부엉이의 흔적을 찾아 숲을 헤매다가 해 질 녘에 맞춰 배터리를 아래쪽 텐트로 가져가 덫의 상태를 확인한 다음, 다음 날 아침까지 텐트 안에 웅크리고 있을 것이다.

아래쪽 덫을 자주 찾아오던 다리끈을 두른 새끼는 주변의 단조로운 환경과 현장 탐사의 피로감 속에서 한줄기 위안이었다. 특히 이 새가 사냥하는 모습에 매료되어서 매일 밤 우리 텐트 바깥에 오기를 고대했다. 러시아에서 둥지에 머물고 있거나 사냥하는 부엉이 성체를 관찰한 사람은 몇몇 되지만, 어린 새끼가 스스로 사냥을 배우는 모습을 자세히 지켜본 사람은 내가 처음이었다. 새끼는 보통 해가 지고 어두워지면 곧 다가왔다. 우리는 새가 얕은 물을 건너는 모습을 보이지 않는 적외선이 비치는 카메라를 통해 지켜보곤 했다. 부엉이는 천천히 조심스레 몸을 흔들면서 움직였다. 그리고 강물에 뭐가 있는지 집중하기 위해 자주 멈칫거리다가 연습 삼아 공격에 뛰어들었다. 흥미로운 사실은 이 새가 먹이 울타리 근처로는 주기를 두고 가끔씩만 와서 물고기를 해치운다는 것이었다. 먹이 울타리가 일시적인 장치이며 자기는 먹이 잡는 법을 스스로 깨우쳐야 한다는 사실을 아는 듯했다. 가끔은 발톱으로 강바닥의 조약돌을 긁어모은 다음 그 결과 생긴 움푹한 구덩이를 뚫어져라 쳐다보았다. 처음에는 이런 행동이 당황스러웠지만 나중에 얕은 강의 자갈 바닥에 파묻혀 동면하는 개구리를 발견한 이후로는 부엉이 새끼가 개구리를 찾으려고 강바닥을 헤집었다는 사실을 알게 되었다.

캣코프와 함께하는 교대 근무는 진이 빠지는 일이었다. 우리는 한 번에 12시간씩 텐트 안에서 작업에 진전이 없는 상태로 서로 발이 묶여 있었다. 어느 날 밤에는 겨울 점퍼와 모자 차림에 침낭을 느슨하게 두른 채 모니터의 회색빛을 바라보고 있다가 캣코프가 자신의 소변 페티시에 대해 털어놓기도 했다. 그는 에로틱하고 신기한 소변기를 찍은 사진 모음에 대해 묘사했다. 그리고 질이나 벌어진 입, 심지어는 히틀러 모양의 변기에 대해, 그리고 경치 좋은 지형지물에 소변을 보는 것에 대한 자신의 취미에 대해서도 이야기했다. 나는 그때 우리가 해 질 무렵 차를 몰고 지나가다가 절벽 근처에서 잠시 멈추자던 캣코프의 모습을 떠올렸다. 그는 소변을 보고 싶다고 말했었다. 그 일상적인 대사는 캣코프라는 남자에 대한 큰 퍼즐을 맞추는 하나의 조각이기도 했다. 탐험가 아르세니예프는 20세기 초 연해주의 중국인 사냥꾼들이 신과 가까워지기 위해 산봉우리를 올랐다고 기록했지만 캣코프는 방광을 비우려고 봉우리를 올랐던 셈이다.[1] 나는 그에 대해 그만 알고 싶었다.

"이봐요, 캣코프." 내가 말했다. "이렇게 떠들고 있으면 암컷이 오지 않을 거예요. 당분간은 입을 닫고 있어야 할 것 같아요."

하지만 캣코프는 동의하지 않았다. "부엉이들은 우리 얘기를 못 들어요. 강물이 시끄럽게 흐르고 우리는 속삭이고 있으니 소리가 파묻힐 거예요."

"아무래도 좋아요." 내가 대꾸했다. "부엉이를 잡기 위해 최선을 다하고 싶을 뿐이에요."

캣코프는 가까스로 인정했다. 자기도 새를 잡고자 최선을 다하고 싶다고 했지만 그다지 달가워하지 않는 눈치였다. 5~10분이 흐

를 때마다 그는 불쑥 말을 꺼냈고 내가 우리의 합의 사항을 상기시
키자 입을 다물었다.

다음 날 저녁, 나는 텐트에 다가갔다가 캣코프가 강과 텐트 사
이에 눈으로 두터운 벽을 세운 것을 보고 깜짝 놀랐다. 그가 지루해
하는 게 틀림없어 보였지만 나는 그다지 신경 쓰지 않고 텐트로 들어
가 하룻밤 더 대기할 준비를 했다. 캣코프가 들어와 사소한 잡담으로
내 머릿속을 채우기 시작하자, 나는 얼른 부엉이 새끼가 나타나 그의
입을 막을 핑계를 댈 수 있기를 바랐다. 그리고 화면에서 새가 움직
이자 나는 쉬잇 하면서 새를 가리켰다.

하지만 캣코프는 모니터 불빛를 쳐다보며 말했다. "걱정할 것
없어요. 방음벽을 쌓았거든요."

갑자기 눈 벽의 존재가 무시무시하게 다가왔다.

"그래도 새들은 우리 말소리를 들을지도 몰라요." 내가 힘없
이 항의했다.

"아니에요!" 캣코프가 미소를 지은 채 말했다. "이걸 봐요."

그는 가능한 한 힘껏 손뼉을 쳤다. 화면에 비친 부엉이는 불과
30미터 떨어진 곳에 있었지만 움찔하지 않았다. 텐트의 불빛이 낮게
드리우는 가운데 캣코프는 내가 웃음 짓고 있다고 착각하며 승리감
에 도취해 주먹을 불끈 쥐었다. 이제 정말 큰일 났다.

내가 부엉이 새끼를 보고 기뻐했던 것과 상관없이 포획 작업
의 진도가 부진한 바람에 팀원 모두는 좌절감을 겪고 있었다. 우리
는 스트레스를 풀기 위해 사이연 강에서 북쪽으로 20킬로미터 떨어

진 막시모프카 강에서 하루 정도 쉬어가기로 했다. 낚시꾼들 사이에 바다산천어, 타이멘, 열목어가 잡히기로 유명하고 물고기잡이부엉이도 서식한다고 알려진 곳이었다. 몇 년 전 벌목 회사 때문에 세르게이와 내가 발이 묶일 뻔한 곳이기도 했다. 도착하니 한곳에서 두 쌍의 부엉이 이중창이 들려왔다. 세르게이, 슈릭, 캣코프, 나는 힐룩스로 달려갔고 우리 중 유일하게 무관심한 콜랴는 텐트를 지키겠다며 뒤에 남았다.

막시모프카 강으로 가는 도로는 일찍이 테르니의 대부분을 뒤덮은 폭설 탓에 겨울 내내 폐쇄된 채였다. 그 덕분에 강 유역의 야생동물들이 밀렵꾼들로부터 보호받고 있었다. 폭설이 이 지역 유제류 동물에게 상당한 어려움을 주었고 실제로 굶주린 사슴의 얼어붙은 사체를 여럿 보았지만, 한편 그 덕분에 이곳 동물들은 인간의 위협에 대해 걱정할 필요가 없었다. 하지만 지방 공무원이 낚시를 가고 싶다며 담당자에게 돈을 쥐여 주고 암구에서 막시모프카 강 다리까지 40킬로미터에 이르는 도로를 정비하면서 모든 게 바뀌었다. 그는 다리 근처에서 몇 시간 낚시를 한 뒤 집으로 돌아갔지만, 이때다 싶어 밀렵꾼들이 몰려들었고 눈 덮인 강둑은 사슴과 멧돼지의 피로 얼룩졌다. 우리는 그 광경을 보며 조용히 차를 몰고 지나갔다.

2006년 막시모프카 강에 마지막으로 갔을 때 울룬가 마을에는 애꾸눈 사냥꾼 진코프스키가 오두막으로 개조한 옛 학교 건물밖에 없었다. 강변에서 사냥하는 법적 권리를 관리하고 있던 진코프스키와 막시모프카 마을의 다른 사냥꾼들은 2008년 들어 암구 출신 밀렵꾼들이 북쪽으로 차를 몰고 와 사슴과 멧돼지를 죽이자 무척 화가 난 상태였다. 막시모프카 강 유역은 거의 1,500제곱킬로미터에 달하는 넓은 구역이라 고작 여섯 명의 사냥꾼들이 도움이 없이 밀렵꾼들로부터 강 유역을 지키는 것은 불가능했다. 그래서 이들은 하나뿐인 길에 보초를 세우고 타이어에 구멍을 내기 위해 못과 거칠게 납땜한 스파이크를 흙 속에 숨겼다. 막시모프카 강 유역의 사냥꾼들은 이 위험 요소를 피해 돌아다니는 경로를 알았지만 불청객들은 알지 못했다. 깔때기 같은 계곡 사이로 바람이 울부짖듯 부는 데다 곰이 사람보다 흔하고, 도움을 받으려면 산을 넘어가야 하는 막시모프카 강변에 발이 묶이는 것은 무척 취약해지는 기분이다. 일부 밀렵꾼들이 골탕을 먹긴 했지만 암구로부터 방문하는 순진한 낚시꾼들과 버섯이나 딸기를 따러 오는 방문객들은 이 거친 땅에서 타이어에 펑크가 나자 격분할 수밖에 없었다. 그들은 후퇴하기보다는 폭동을 일으켰고 감정이 격해진 사람들은 곳곳에 불을 질렀다.

　이 근처에서는 오두막이 귀했는데 때로는 한 번에 자재 하나씩을 실어 날라 지을 때도 있다. 창틀이나 난로, 문 경첩을 비롯한 여러 물품은 숲속으로 난 좁은 길을 따라 먼 거리에 걸쳐 사람들의 손으로 직접 운반된다. 그런 만큼 연해주 북부에서 적들을 공격하는 데 가장 타격이 큰 방식은 오두막에 불을 지르는 것이었다. 이렇게 막시모프카 강을 따라 자리했던 사냥용 오두막들은 울룬가의 오두막을 포함해 하나둘씩 휘발유가 뿌려지고 불에 타 없어졌다. 진코프스키가 한때 학교 건물이었던 곳에 훨씬 더 작은 건물을 다시 지었지만, 이제는 원래의 구교도 마을이 아예 사라지고 말았다.

　우리는 울룬가 공터에 힐룩스를 주차했다. 캣코프는 강가에 머물면서 얼음에 구멍을 뚫어 낚시를 했고, 나머지 팀원들은 로제프카 강 초입에서 흩어져 이곳에 서식하는 부엉이 쌍의 둥지 나무를 찾아다녔다. 슈릭과 세르게이는 스키를 타고 로제프카 강 계곡으로 북상했고 나는 길을 따라 몇 킬로미터 더 걸어가 숲을 가로질러 얼어붙은 막시모프카 강까지 갔다가 트럭 쪽으로 돌아왔다.

나는 길을 따라 걷다가 노루 몇 마리를 보고서 아직 살아 있는 동물들이 있다는 게 기뻤다. 테르니와 암구에서는 눈길 위에서도 동물의 흔적을 거의 볼 수 없었다. 강가에 이르자 숲 가장자리에서 송장까마귀 세 마리가 신이 나서 깍깍 울어댔다. 이들 가운데 두 마리가 내게 날아와 빙글빙글 돌더니 왔던 곳으로 되돌아갔다. 나는 날아가는 까마귀들의 경로를 눈으로 좇다가 소나무 아래에서 동물의 움직임을 포착했다. 멧돼지였다. 까마귀들이 일부러 멧돼지의 존재를 알려준 걸까? 아니면 사냥꾼들이 남겨두곤 하는 동물의 잔해를 맛있게 먹으려고 기다린 것일까? 멧돼지는 자기가 여기 있다는 것이 이미 들통난지도 모르고 왔다 갔다 하는 중이었다.

강 얼음이 도로처럼 단단하고 편평해서 나는 스키를 벗어 어깨에 걸치고 나아갔다. 하류 방향으로 200미터도 채 내려가지 않았는데 강둑에서보다 동물들의 움직임이 많이 보였다. 처음에는 옅은 색의 궁둥이만 보이더니 곧 뿔이 돋은 수컷 노루가 보였다. 노루는 바싹 말라 있었고 뾰족한 발굽을 눈 속으로 푹푹 넣으며 조심스럽게 걸었다. 그러다가 마침내 노루가 내 존재를 알아챘다. 자기를 위장한 혐오스러운 흰색 물체가 강 얼음을 따라 부스럭거리는 소리를 내는 것을 알게 된 것이다. 노루는 숲 쪽으로 도망치려다가 눈이 깊게 쌓인 터라 마음을 바꾸고 빠르게 도망치기 위해 단단한 얼음을 딛고 강으로 되돌아갔다. 나는 쌍안경으로 하류 쪽으로 천천히 도망치던 노루가 잠깐 멈춰 나뭇가지를 갉아먹는 모습을 보고 조금 놀랐다. 노루는 나와의 거리를 벌렸다고 판단한 이후 웬일인지 강 얼음 틈새에 빠지기도 했다. 아마 저 멀리 있는 나무로 향하던 중이었을 것이다. 하지만 노루는 다시 강물이 탁 트여 흐르는 곳으로 도망쳤다. 분명 강물은 보았을 테고 속도를 늦추지 않은 채 건너려는 듯 뛰어올랐지만 결국 실패하고 물속으로 곤두박질쳤다. 수컷 노루가 풍덩 소리를 내는 바람에 물까마귀가 푸드덕 날아올라 총알처럼 내 옆을 지나 날아갔다. 나는 잠시 멈춰 서서 쌍안경을 내리고 내가 목격하고 있는 장면에 깜짝 놀랐다가 쌍안경을 다시 눈앞으로 가져갔다. 노루는 알아서 빠져나올 수 있을 것이다. 그런데 강물에서 계속 허우적거렸다. 강바닥에 발을 딛기에는 너무 깊었던 듯했고, 다시 얼음처럼 차가운 강둑을 향해 헤엄치기 시작했다. 하지만 그곳에 도착하자 노루는 물이 얼음 정도의 깊이가 아니라 수위가 그 아래로 1미터 가까이 된다는 사실을 알게 되었다. 노루는 물가를 헤엄쳐 다니며 각 모퉁이에서 빠져나갈 방법을 찾았지만 성공하지 못했다. 이제 노루는 움직임을 멈추고 물살에 굴복했고, 자기 몸이 탁 트인 강물에 떠내려가도록 내버려두었다. 물살이 세서 노루는 익사하는 중이었다.

　노루가 스스로 빠져나올 수 없는 상황에 처해 있다는 사실을 깨닫고 나는 가슴이 철렁했다. 머뭇거리다가 스키를 타고 빠르게 나아가서는 노루가 겁을 먹고 힘을 내기를 바라며 소리를 질렀다. 하지만 노루는 강둑에서 불과 몇 미터 떨어진 곳에 있는데도 물에서 빠져나오지 못하고 수직의 얼음 강둑에 부딪칠 뿐이었다. 잔인한 겨울을 이기고 밀렵꾼을 피해 헤매던 이 노루는 봄이 한창일 때 막시모프카 강에서 익사하게 생겼다. 다 내가 노루를 놀라게 했기 때문이었다. 나는 스키 가운데 하나를 얼음 위에 떨어뜨리고 납작 엎드린 다음 나머지 스키 한 짝을 막대기처럼 강물로 뻗어 노루의 몸통에 가닿게 하고 내 쪽으로 끌어당겼다. 노루가 가까이 오자 나는 몸을 숙여 뿔을 양손으로 움켜쥐고 흠뻑 젖어 절룩거리는 노루를 들어 올린 다음 얼음 위에 안전하게 내려놓았다.

사슴류는 포식자에게 사로잡혔을 때 회복하기 힘들 만큼 신체적인 능력이 약화되는 '포획 근병증'을 겪곤 한다.[2] 그래서 스스로 탈출하더라도 자연스레 죽는다. 거의 익사할 뻔했던 이 노루는 커다란 정신적 충격을 받았고, 나는 이 동물이 나중에 포획 스트레스로 죽는 것을 원치 않았다. 그래서 노루를 얼음 위에 앉히자마자 사라지기로 마음먹었다. 스키를 추스른 다음 뒤도 돌아보지 않고 일정한 속도로 강 아래로 내려갔다. 일단 수백 미터 멀어진 다음 돌아서서 쌍안경을 들고 왔던 곳을 돌아보았다. 노루는 내가 올려놓은 곳에 그대로 머물며 숨을 깊이 내쉬고 있었다. 그리고 내가 왜 자기를 잡아먹지 않았는지 모르겠다는 듯 무거워진 머리를 흔들며 내 쪽을 바라보았고 나는 잠시 더 지켜보았다.

강 하류 쪽으로 내려가는데 아드레날린이 계속 도는 듯 흥분이 가라앉지 않았다. 나는 그 노루가 목숨을 건질 것이라고 큰 기대를 하지 않았다. 아마 건강했다면 물에 빠져 죽을 뻔한 스트레스와 차가운 강물, 그리고 알 수 없는 포식자와의 경험을 견뎌낼 수 있을 것이다. 하지만 지금 이 노루는 가죽과 뼈밖에 없었다. 지금까지 겪은 경험을 견디기에는 너무 힘이 들 테고 내가 떠나면 아마 목숨을 잃고 여우나 멧돼지, 까마귀에게 먹혀 눈이 녹으면 남은 잔해가 동해로 떠내려갈 것이다. 하지만 한 시간 뒤 슈릭이 강으로 걸어 들어갔다가 내 흔적을 따라 나를 만나러 왔을 때 숲에서 물에 흠뻑 젖은 노루를 보았다고 말했다. 그 동물이 내 동료로부터 도망칠 기운이 아직 남아 있었다는 것은 좋은 징조였다. 눈과 얼음이 전부 사라지고 숲이 다시 푸르러질 때까지 몇 주밖에 남지 않았다. 어쩌면 노루는 목숨을 건질지도 모른다.

　　　사이연 강으로 돌아왔다. 봄이 다가왔는데도 눈이 많이 내렸고 오래 이어졌다. 이틀간의 눈보라로 무릎까지 오는 폭설이 내리는 통에 내가 구했던 노루의 운명이 결정되었을 것이다. 폭풍이 지나가면서 한겨울 같은 추위도 같이 사라졌다. 강 얼음을 포함해 주변의 모든 얼음이 빠르게 녹기 시작했다. 탁한 물속에서는 우리의 덫이 더 이상 소용이 없었고 스위치를 누른 것처럼 우리의 포획 시즌도 끝자락으로 치달았다. 봄은 예상했던 것보다 조금 일찍 다시 찾아왔고 우리는 원하는 부엉이들을 전부 재포획할 시간이 없었다. 우리의 행색은 지저분해졌고 옷도 다 낡고 찢어졌다. 팔에는 오래되거나 생긴 지 얼마 되지 않는 상처가 덮였다. 장작을 패거나, 먹이 울타리를 수리하거나, 숲 아래의 풀과 관목을 정리하거나, 숲속의 삶을 헤쳐 나가면서 생긴 상처였다. 손에는 갈라진 부분이 깊이 파여 흙탕물이 스며들어 배어버렸다. 아무리 깨끗이 씻어도 얼룩이 계속 남았다. 우리는 짐을 싸서 남쪽으로 이동했고, 얼음이 녹아 진흙탕이 된 도로 위를 천천히 운전해 테르니까지 320킬로미터를 더 갔다.

물고기를 따라서

　　현장 시즌이 끝나면서 나는 우리가 수집했던 GPS 데이터에
완전히 집중할 수 있었고, 물고기잡이부엉이들이 주변 경관과 어떻
게 상호작용하는지에 대한 패턴을 빠르게 파악하기 시작했다. 부엉
이 서식지마다 둥지 나무를 중심으로 한 '핵심 영역'이 뚜렷하게 존
재했으며 부엉이가 그 핵심 영역을 떠나 이사 가는 모습은 계절에 따
라 달라졌다. 예컨대 겨울철에는 핵심 영역에 단단히 묶여 있었는데,
특히 번식기에는 암컷이 둥지를 지키고 앉아 있고 수컷은 망을 보거
나 자기 짝에게 먹이를 가져다주었다. 봄이 되면 부엉이들이 인접한
서식지 가장자리라든지 동해의 해안선 같은 경계를 따라 하류 방향
으로 관심을 옮기는 경향이 있었다. 그러다가 여름이 되면 대부분의
부엉이들이 주요 강의 상류와 작은 지류의 상류를 맴돌면서 관심 지
역이 또 바뀌었다. 일부 부엉이들은 가을에 가장 예상 밖의 움직임을
보였는데 핵심 영역을 아예 떠나 서식지에 포함된 강의 가장 상류에
이른 다음 겨울이 되어서야 둥지 주변으로 돌아왔다.[1] 세르게이에게

계절별 데이터를 정리한 지도를 보여주자 세르게이는 가을에 해당하는 데이터가 표시된 컴퓨터 화면을 손으로 두드렸다.

"송어가 알을 낳으러 가는 곳이 여기예요." 세르게이가 말했다. "부엉이들은 먹이인 물고기들을 따라가는 거예요."

부엉이들이 정말 물고기들의 이주 경로나 산란을 위해 이동하는 경로를 그림자처럼 따라다니고 있다면, 여름과 가을철에 나타나는 여러 물고기들의 움직임을 바탕으로 내가 관찰했던 부엉이들의 이동 패턴을 설명할 수 있을 것이다. 나는 연어과 물고기들의 생활사부터 찾아보기 시작했다. 일단 특별히 관심 가는 다섯 종을 골랐다. 여름에는 송어와 곱사연어가 알을 낳으러 왔고 가을에는 곤들매기, 바다산천어, 연어가 알을 낳았다. 특히 연어는 큰 강의 수로 옆쪽과 지류에서 산란했고 곤들매기와 바다산천어는 가을에 상류에서 산란했다.[2] 물고기들의 계절에 따른 움직임은 여름부터 가을까지 물고기잡이부엉이들이 서식지에서 보이는 움직임과 사실상 일치했다. 이것은 번식기를 지난 부엉이가 단백질이 풍부한 먹이를 따라가고 있다는 좋은 증거였다. 마치 둥지 나무를 중심으로 좌우 대칭의 경첩을 이루듯 부엉이들은 여름에는 하류에만 거의 머물면서 그곳에 이주하는 물고기들을 잡았고 가을에는 산란기를 맞아 취약해진 물고기들을 잡기 위해 상류 쪽으로 거슬러 올라갔다.

나는 미네소타의 집에서 몇 달 머물다가 2009년 8월에 러시아로 돌아갔다. 당시 북한이 대한민국 항공기에 위협을 가했고[3] 대한항공은 이미 외국의 군부에 의해 한 차례 격추된 적이 있었기 때문

에 그 위협을 심각하게 받아들이는 상황이었다.[4] 그래서 나는 북한
의 동쪽 해안선을 따라 남서쪽에서 블라디보스토크에 도착하는 통
상적인 경로 대신 동해를 지났다가 동쪽에서 부메랑처럼 돌아 블라
디보스토크로 향하는 경로를 택했다. 그 결과 비행시간이 1시간이
나 늘어났다.

이번 여름에 내게는 두 가지 목표가 있었다. 첫 번째는 물고
기잡이부엉이 둥지 나무 주변의 식생을 조사해서 부엉이들이 둥지
를 틀기에 매력적이라고 생각하는 조건이 거대한 크기 말고도 또 있
는지 알아내고 싶었다. 숲속에서 무작위로 구역을 정하고 그것들과
둥지 구역의 특성을 비교해 작업을 해나갈 예정이었다. 나는 2006
년 4월 사마르가 강 하구에서 식물의 표본 채취 방법을 연습했고 미
네소타에서 예행연습을 통해 실력을 더 가다듬었다. 현장 연구에서
이 탐사를 수행하려면 해당 지역에 자라는 나무 종에 대한 지식과 나
무까지의 거리와 높이를 측정하기 위한 측고계, 나무 위의 수관 밀도
측정기(울폐도 측정기) 같은 몇몇 특수 도구에 대한 지식이 필요했다.

나의 두 번째 목표는 첫 번째 목표와 비슷했지만 둥지보다는
먹이와 관련이 있었다. 나는 부엉이들이 사냥하는 강줄기와 해당 지
역에서 무작위로 고른 강줄기의 특성을 비교하곤 했다. 그렇게 하려
면 검은색 네오프렌 전신 잠수복을 입고 마스크와 스노클을 쓴 채로
얕은 강물을 수백 미터 기어 다니며 그 속의 물고기 종을 동정하고
수를 세야 했다. 식생과 물고기에 대한 정보를 수집하면 서식지 사이
의 중요한 차이점을 파악할 수 있고, 부엉이들을 보전하기 위해 우리
가 지켜야 할 것이 무엇인지 보다 잘 알 수 있을 테다.

공항에서 나를 기다리던 세르게이는 티셔츠와 청바지 차림에 머리가 흩날리는 내 모습을 보고 적잖이 놀랐다. 그가 가장 먼저 언급한 것은 깨끗이 면도한 내 얼굴이었다. 나는 보통 겨울에만 수염을 기르기 때문에 세르게이를 포함해 나와 최근에 함께 일했던 러시아 동료들은 수염이 없는 내 모습을 처음 보았다. 우리는 현지인들에게는 지극히 정상적인 극심한 교통체증 속에서 블라디보스토크를 향해 달리면서 그간 밀린 이야기를 나누었다. 그러던 중 세르게이는 자기를 도와 노란 알락해오라기 둥지를 모니터링하며 보라색 도믹 차량에서 생활하고 있는 캣코프가 어떻게 지내는지 확인하기 위해 길을 빙 돌아 우회했다.[5] 러시아에서 번식하는 이 종이 최초로 기록된 사례였다. 캣코프가 지난 몇 주 동안 자기 집처럼 지냈던 습지는 큰 고속도로와 인접했고 철로에 빙 둘러싸여 있었다. 우선순위가 높은 기차가 지나가는 동안 우선순위가 낮은 기차가 피해 있는 둥그런 철로였다.

"좀 있으면 익숙해질 거예요!" 또 다른 열차가 굴러들어와 천천히 정차하자 캣코프가 외쳤다. 담배를 피우던 기관사는 창문으로 몸을 내밀어 호기심 어린 눈초리를 보냈다. 캣코프가 일하는 습지대가 기차의 덜그럭거리는 리듬감 넘치는 소리에 둘러싸여 있다는 건 충분히 이해할 만했다. 카메라 배터리를 교환하고 습지에서 찍은 영상을 검토하는 캣코프의 작업은 거의 막바지였다. 며칠 동안 블라디보스토크에 머무르는 세르게이와 상의한 후 캣코프와 나는 데이터 수집을 위해 북쪽으로 도믹을 몰아 테르니에 가기로 했다.

캣코프는 지난겨울에 그랬던 것처럼 이번 여름에도 도로 밖

으로 나가 도믹을 운전했다는 점, 그리고 트럭 뒤쪽에 신문 더미와
메밀을 쌓아두었다는 점 말고는 내가 봤을 때 훌륭한 현장 보조원이
었다. 성실하게 데이터를 수집할 뿐 아니라 작업을 진지하게 받아
들였고 불평을 하지 않았기 때문이다. 실제로 캣코프는 좋은 의도
를 갖고 이 일에 임했기 때문에 나는 그가 지난겨울에 동료들에게
받은 대우에 대해 미안해졌다. 캣코프는 진심으로 이 작업에 관심
이 있고 부엉이들을 아끼며 동료들을 소중히 여겼다. 테르니에 도착
한 우리는 시호테알린연구센터를 근거지로 삼아 매일 차를 몰고 인
근 물고기잡이부엉이 서식지 다섯 곳의 식생과 하천 특성을 기록했
다. 세 곳은 우리가 부엉이를 포획했던 지역이고 두 곳은 그렇지 않
은 지역이었다.

　나는 명금류에 대한 석사 논문 작업 이후로는 여름철에 연해
주에 갔던 적이 없어서 아직까지 적응이 되지 않아 어지러울 지경이
었다. 그동안 얼어붙고 탁 트인 고요한 겨울철의 숲에만 익숙했지만
그곳은 이제 식물이 울창하게 자라고 새소리가 마치 교향곡처럼 귀
가 멍멍하게 울려 퍼지는 장소가 되었다. 몸집이 작은 노랑허리솔새
는 수관의 가장 높은 곳에 앉은 채 계곡 건너편까지 기관총으로 일
제 사격하듯 높은 소리로 지저귀었다. 숲의 어둡고 축축한 구석에서
는 푸른색과 하얀색이 섞인 딱새들이 내 기억 속 어딘가를 따라 흘
러가는 가볍고 여린 천상의 목소리로 노래했다. 강에 가까이 다가가
자 작고 유연한 포식자이며 녹이 슨 듯한 갈색 털이 난 시베리아족
제비 한 마리가 나타났다가 통나무 더미의 가지 사이로 사라지는 바
람에 깜짝 놀랐다. 다른 포유류들은 거의 보지 못했다. 동물들은 대

부분 숲에서 인간을 피하는 것으로 알려져 있었지만 강둑의 부드러운 진흙에는 큰곰, 수달, 너구리를 포함한 여러 동물들의 흔적이 발견되었다.

한 구역에서 데이터 수집을 완료하는 데는 보통 이틀이 걸렸다. 식생과 관련해 세 가지, 강 수로와 관련해 두 가지로 총 다섯 가지를 조사해야 했기 때문이었다. 식생의 경우는 처음에 둥지 나무 주변을 조사하고 다음에는 둥지 나무와 가까운 구역을 조사했으며, 마지막으로 부엉이 서식지 안의 한 구역을 무작위로 조사했다. 그리고 하천의 경우 부엉이들이 사냥했던 곳을 비롯해 서식지의 강에서 무작위로 한 구역을 선정해 정보를 수집했다. 부엉이들이 둥지를 틀거나 사냥할 때 어떤 특징을 보인다면 이런 정보를 비교해 그 특징을 명확하게 파악해야 했다.

캣코프는 식생을 조사할 때 주로 해당 구역의 한가운데에 머물며 관련 데이터를 기록했고, 나는 나무의 수를 세고 반경 25미터 이내의 나무 종과 크기를 비롯한 여러 데이터를 기록했다. 작업이 지루한 데다 날도 더웠고, 피부에는 여기저기 긁힌 상처와 오갈피속 식물의 가시에 찔려서 감염된 상처가 점점이 박혔다.

적어도 내게는 물고기 조사가 훨씬 더 재미있었다. 나는 통통한 내 몸보다 다소 날씬한 몸매에 맞을 잠수복을 입느라 고투한 끝에 물속으로 스르륵 들어갔다. 부엉이들이 사냥하는 강 대부분이 얕았기 때문에 물속에 살짝 몸을 담근 채 강을 기어올라 물고기의 종과 수를 머릿속으로 집계하곤 했다. 각각의 조사는 100미터씩을 기준으로 이뤄졌고 나는 20미터마다 멈춰 서서 강둑에 있는 캣코프에게 관찰 결과를 외쳤다. 그러면 캣코프가 결과를 종이에 기록했고 그가 다시 상류 쪽으로 20미터를 올라가서 서 있으면 나는 어디쯤 멈춰야 할지 알 수 있었다. 다른 곳과 차이가 나는 어종은 몇 가지뿐이었고 모든 종을 꽤 쉽게 동정할 수 있었다. 처음 몇 번의 조사가 끝나자 캣코프는 역할을 서로 바꾸자고 제안했지만 잠수복이 그의 몸에 맞지 않았다. 물이 너무 차가워서 잠수복 없이는 작업을 할 수 없었기 때문에 나는 강에 머물고 캣코프는 강둑에 있었다. 수중 조사의 분위기는 겨울철 현장 조사와는 사뭇 달랐다. 시간의 압박이나 겨울철 눈보라도 없었으며 포획을 못할지도 모른다는 걱정도 없었다. 캣코프와 둘이서 물고기를 세기만 하면 되었다.

　　그러다 나는 어느 지점에서 깊은 물웅덩이 속에 잠긴 통나무 밑에 숨은 물고기 두 마리를 발견했다. 그때까지만 해도 조사를 몇 번 끝내지 않았을 무렵이었는데 처음 보는 종이었다. 그때 한 낚시꾼이 위장용 재킷과 긴 장화 차림에 낚싯대를 들고 담배를 피우며 불쑥 옆을 지나갔다. 최대한 나를 못 본 척하려고 애쓰는 모습이었다.

　　"이봐요!" 내가 러시아어로 소리쳤다. "은빛에 몸이 크고 조그만 검은 반점이 있는 물고기는 이름이 뭔가요?"

　　"당연히 열목어죠." 낚시꾼은 잠수복을 입고 강바닥을 돌아다니는 외국인들로부터 물고기 종에 대한 깜짝 질문을 받는 게 흔한 일이라는 듯 무표정하게 거침없이 대답했다. 나는 강으로 돌아갔다.

　　예전에 부엉이 울음소리를 들었지만 볼 수는 없었던 테르니 남쪽의 한 구역에서 작업할 때는 엄청난 폭우가 쏟아졌다. 캣코프는 불쌍하게 빗물에 젖은 채 강둑에 서서 내가 강에서 외치는 내용들을 방수가 되는 종이 위에 의무적으로 기록했다. 물에 흠뻑 젖은 두건이 머리에 철썩 달라붙은 바람에 비를 막는 데 효과적이지 못했다. 그러는 동안 강물은 더 수위가 깊어졌고 나는 즐거운 물개처럼 그 안에서 몸을 굴렸다. 테르니로 돌아온 캣코프는 잠자코 침대로 기어들어가 몸을 떨며 담요로 몸을 감쌌고 다음 날 아침까지 나타나지 않았다.

특히 캣코프는 세레브랸카 강 현장에서 힘든 하루를 보냈는데 그날은 테르니 지역에서의 마지막 작업이었다. 어느 순간 내가 연어와 송어들의 마릿수로 가득 찬 머리를 들고 물 위를 올려다보자 캣코프가 머리를 찰싹 때리며 하류 쪽으로 비틀거리며 내려가는 게 보였다. 말벌의 둥지를 건드렸다가 자기를 위협해 화가 난 벌에게 쏘여 부어오른 것이다. 그날 조사가 끝나고 우리는 몇 개의 지류가 합쳐진 세레브랸카 강을 다시 건넜다. 그곳은 비교적 깊어서 수위가 4~5미터 정도였지만 대부분의 경로를 모래톱이 가로질러서 허리 정도 깊이의 강물을 건널 수 있게 되었다. 나는 앞쪽으로 먼저 이동하는 캣코프를 따라 잠수복을 입고 마스크를 쓴 채로 깊은 물웅덩이를 탐사하기 위해 뛰어들었다. 캣코프가 배낭을 머리 위로 올린 채 허리 정도 오는 물을 반쯤 건너고 있는데 그가 가는 경로가 바닥이 푹 꺼지는 곳으로 향하고 있었다. 나는 수면 위로 머리를 들고 스노클에서 물을 뺐다.

"캣코프, 왼쪽으로 더 가야 해요. 당신이 향하는 방향으로는 물이 갑자기 깊어져요."

하지만 그날의 탐사가 짜증스럽고 말벌에 쏘인 부위가 욱신

거렸던 캣코프는 내 말을 무시하고 가던 길로 쭉 가버렸다. 나는 물 아래를 다시 들여다봤다.

"정말이에요, 그러다가 깊은 물에 풍덩 빠지겠어요."

"내가 어디로 가는지 정도는 보여요." 캣코프가 퉁명스럽게 대꾸하는 바람에 나는 어깨를 으쓱하고 곧 다가올 소동을 더 잘 지켜보기 위해 물속으로 몸을 수그렸다. 캣코프가 갑자기 푹 꺼지는 가장자리에 닿아 온몸이 물에 풍덩 빠져서는 깜짝 놀란 채 입을 벌리고 조용한 비명을 지르는 모습이 물속에서 내 시야에 들어왔다. 그러다가 그는 다시 수면에 떠올랐고 배낭을 움켜잡은 채 나머지 길을 헤엄쳐갔다.

나는 아무 말도 할 필요가 없다고 느꼈고 캣코프도 마찬가지였다. 그래서 나는 잠수복을 벗고 캣코프가 몸을 닦을 것을 찾기 위해 배낭을 뒤적거리는 동안 강둑에 두고 온 옷으로 갈아입었다. 캣코프가 몸에 꼭 끼는 갈색 속옷을 벗자 말벌에 쏘여서 빨갛게 부은 팔과 그동안 조사 작업을 벌이느라 긁히고 가시에 찔린 상처를 덮는 운동선수용 테이프가 보였다. 물에 빠지는 바람에 배낭이 흠뻑 젖어 갈아입을 적당할 옷을 찾지 못한 캣코프는 강가에 쭈그리고 앉아 그래도 자기가 끌어모을 수 있는 최대한의 품위 있는 모습으로 심하게 찢어지고 얼룩진 셔츠에서 물을 짜냈다. 그리고는 다시 움츠러든 자세로 바지를 벗은 채 도믹 트럭으로 걸어갔다. 연료마저 부족해서 테르니로 돌아오는 길에 주유소에 들러 빙 돌아서 가야 했다. 그곳에서 오늘치 감정을 다 소모한 캣코프는 넝마같이 찢어진 푸른색 셔츠를 젖은 헝겊처럼 몸에 두른 채 아래는 속옷만 입고 차량에 기름을 넣었다. 며칠 뒤 캣코프와 나는 블라디보스토크로 차를 몰고 갔고, 그곳에서 캣코프는 현지 정유 공장에서 환경 규정을 지키는 사무소를 이끄는 새로운 업무를 시작했다. 그리고 아직까지 그곳에서 그 일을 하는 중이다. 연해주의 숲에서 고생하던 시절은 이제 아주 먼 옛날의 기억이 되었다.

동방의 샌프란시스코

     세르게이는 나를 블라디보스토크 공항까지 태워다 주었다. 그곳에서 암구의 현장 작업을 돕고자 그의 아내 KT와 함께 연해주로 오는 내 대학원 지도교수 로키 구티에레스(Rocky Gutierrez)를 만날 예정이었다. 두 사람이 세관에서 나오기를 기다리는 동안 세르게이는 내가 이들을 위해 작성한 여행 일정에 대해 우려의 목소리를 냈다. 우리의 계획은 블라디보스토크에서 북쪽으로 1,000킬로미터 떨어진 암구와 막시모프카 강 유역까지 운전해 가서 아직 남아 있는 식생과 하천 조사를 완료하는 것이었다. 세르게이는 로키를 처음 만나는 자리였지만 외국인들을 만났던 과거 경험에 비추어 보아 대부분이 창백하고 제멋대로이며 곤충 떼나 야외 화장실을 견디지 못할 것이라 생각했다. 그러니 테르니 북부에서 기다리는 곤충 떼와 야외 화장실 역시 질색할 것이 분명하다고 여겼다. 나는 세르게이에게 로키가 온갖 종류의 고통에 시달리는 데 비뚤어진 쾌감을 느끼며 불편함을 무엇보다 아무렇지도 않게 여기는 사람이라고 확신을 주었다. 하지만 세르게이는 계속 의구심을 품다가 로키의 거친 손과 KT의 엉망인 행색을 보고 두 사람이 야외 생활에 익숙한 한 쌍이라는 사실을 인정하며 안심했다. 60대의 로키는 대걸레 같은 백발 아래 눈이 크고 키가 작아서 흰올빼미를 닮았다. 그리고 KT는 로키와 비슷한 나이대에 가냘프고 조용했으며 관찰력이 뛰어났다.

힐룩스 차량의 예비 부품을 구입하기 위해 블라디보스토크에 갔던 세르게이가 합류하면서 우리는 암구를 향해 북쪽으로 이동했다. 그해 봄 테르니와 암구 사이에 있던 열 곳 이상의 다리가 홍수에 휩쓸려갔고 도로는 바퀴 자국이 파인 채 방치되었으며 암구 주민들은 한 달 넘게 바깥세상과 고립된 상황이었다. 사실 헬리콥터나 배를 통해 물자가 조금씩 들어오기는 했지만, 주민들 대부분 동요하지 않은 채 물자 공급망이 회복될 때까지 사냥을 해서 고기를 얻고 사마곤이라는 밀주를 증류해 제조하며 각자의 생활을 계속했다. 암구에는 1990년대 중반까지 도로가 없었기 때문에 이곳 사람들은 외부와 통하는 도로 없이도 살아가는 방법을 알고 있었다.

우리는 흙과 나무로 새로 만들어진 다리를 건너 번호가 갓 매겨진 도로를 달렸다. 최근 외관을 정돈하면서 날카로운 바위가 드러나 있었던지라, 우리는 뚱한 표정의 사람들이 담배를 피우며 타이어를 갈아 끼우는 모습을 두 번이나 지나쳤다. 하지만 우리 차도 곧 타이어에 구멍이 나고 말았다. 내가 해바라기 씨앗을 까먹는 동안 세르게이와 로키는 햇빛에 눈을 가늘게 뜬 채 타이어를 땜질했다. 그리고 다시 차로 돌아왔는데 로키가 하늘에 무언가 반점이 있다는 걸 알아차렸다. 우리는 쌍안경을 통해 따뜻한 공기 속에서 서두르지 않고 날아오르는 새가 뿔매라는 건 알 수 있을 만큼 훈련을 받았다. 덩치가 크고 꼬리에 두터운 띠가 둘려 있어 순식간에 알아볼 수 있는 맹금류였다. 연해주에서 어디에 분포하는지는 잘 알려지지 않았지만 케마 강이나 막시모프카 강 유역에서 흔해 보였다. 세르게이와 나는 2006년에 물고기잡이부엉이를 찾다가 이 새의 깃털을 비롯한 잔해를 발견하곤 했다.

우리는 늦은 시간 암구에 도착해서 곧장 보바 볼코프의 집으로 향했다. 아버지가 바다에서 조난당했던 적이 있는 그 볼코프였다. 볼코프와 아내 알라는 우리를 따뜻하게 반겼고 로키와 KT를 뒤쪽 방으로 안내했다. 다음 날 아침 우리는 볼코프네 집의 전형적인 식사를 대접받았지만 로키는 자기가 지금까지 먹었던 것 가운데 최고라고 칭송했다. 갓 구운 빵과 버터, 소시지, 토마토, 튀긴 생선과 커다란 그릇에 담긴 홍연어 알, 수북이 담긴 찐 킹크랩 다리, 그리고 각지게 잘라서 양념한 말코손바닥사슴 고기가 높이 쌓인 넓적한 접시가 차려졌다. 암구 근처의 바다, 강, 숲에 흔한 식재료였지만 우리 외부인들에게는 진미였다.

아침 식사 후 로키는 혼란스러운 표정으로 나를 옆으로 끌어당기고서 물었다.

"그 사람 이름이 정말로 벌바(여성의 외음부라는 뜻―옮긴이 주)인가요?" 로키가 조심하려고 주의했지만 그래도 큰 목소리로 말했다. 그는 군복무 중 청력이 손실되는 바람에 적절한 음량이나 발음의 미세한 차이를 구별하지 못하는 경우가 있었다.

"아뇨, 로키. 보바예요."

로키는 그 말을 듣고 안도하는 것 같았다.

로키와 KT는 중서부에 이주해 미네소타 대학교로 오기까지 수십 년을 캘리포니아 북부에서 살았고, 연해주를 방문하는 내내 이곳이 캘리포니아의 고향과 지리적으로 얼마나 유사한지 자주 이야기했다. 흥미롭게도 두 지역 모두 언덕이 많은 북태평양의 만에 자리했기 때문에 블라디보스토크가 '동방의 샌프란시스코'라는 속설이 연해주 주민들 사이에서 계속 돌았고, 호기심 많은 러시아인들은 그것이 사실인지 자주 묻곤 했다.[1] 그러면 나는 보통 샌프란시스코에 가본 적이 없다고 부드럽게 얼버무리며 거짓말을 했다. 20세기 초 러시아 제국의 범세계주의적인 총아였던 블라디보스토크는 소련 시절을 지나며 좋은 모습으로 변화하지 못했다. 일단 이 도시는 소련 태평양 함대의 비밀을 보호하기 위해 폐쇄되었다. 그리고 한때 국제적인 영향력을 끼쳤던 이곳에 외국인이 출입하지 못하도록 금지되었다. 동시에 차르에 대한 기억도 억압당했는데 때로는 거친 방식으로 이뤄졌다.[2] 양파 모양의 거대한 돔을 가진 교회는 1935년 부활절 일요일에 소련 당국에 의해 파괴되었다. 1990년대 중반 내가 블라디보스토크에 처음 갔을 때는 한때 새하얗던 건물의 정면 파사드가 방치되어 회색이 되어 허물어지고 있었으며 기차역 덤불 속에는 시체가 한 구 있었고, 사람들이 고철로 팔아치우려고 맨홀 뚜껑을 훔쳐가는 바람에 거리에는 움푹 파인 구덩이가 여기저기 보였다. 다행히 그 이후로 블라디보스토크의 상황은 눈에 띄게 좋아졌다. 건물들이 보수되었고 황실의 아름다운 랜드마크들이 많이 재건되었다. 지금은 산책로와 식당이 많고 문화가 숨 쉬는 꽤 아름다운 도시다.

볼코프 부부를 떠나 우리는 암구 강과 막시모프카 강 유역의 물고기잡이부엉이 구역 다섯 곳의 식생을 조사했고 중간에 캠프를 차렸다. 로키와 KT는 식물 조사를 위해 발품을 많이 팔았고, 세르게이와 나는 잠수복을 번갈아 갈아입으며 물고기 수를 셌다. 세르게이는 찔러 죽여야 할 만큼 큰 연어와 마주할 경우를 대비해 삼지창을 들고 강물에 들어갔다가 그런 행운을 만나지 못해 실망스러워했다. 어떤 구역에서는 강둑에서 수십 걸음 떨어진 곳에서 노루 한 마리가 나를 멍하니 쳐다보고 있어서 나는 물 밖으로 고개를 들었다. 매끈한 검은색 잠수복에 툭 튀어나온 마스크, 파란 스노클 차림의 나는 사슴이 지금껏 보았던 어떤 생물과도 달라 보였을 것이다. 그러다 마침내 그 아래에 인간이 있다는 사실을 알아차린 노루는 숲속으로 뛰어들었다.

우리는 세르바토프카 강에서 며칠을 보냈다. 암구 강의 다리는 이번에도 바다로 떠내려갔고, 그래서 우리는 얕은 물을 건너 2006년에 머무른 적이 있던 보바의 오두막에 들어가 밤을 보냈다. 오두막은 키가 큰 수풀 사이에 거의 숨겨져 보이지 않았다. 나는 오두막 처마 아래에서 낫을 발견하고서는 오두막 앞 넓은 공간을 낫으로 쳐서 정리했다. 우리는 쓸데없이 진드기를 불러들이고 싶지 않았고 텐트를 칠 장소도 필요했다. 세르게이와 나는 밖에서 자고 로키와 KT는 오두막 안의 수면용 단상을 차지했다. 그날 우리는 감자, 딜, 양파, 세르게이가 오후에 잡은 송어를 넣어 만든 생선 수프인 우카에 보드카를 곁들여 저녁을 먹었고 기분 좋은 대화를 나눴다.

다음 날 세르바토프카 강 부엉이 서식지의 식생과 하천 상태를 조사한 다음 우리는 새로운 벌목용 도로를 따라 상류로 계속 올라갔다. 그곳에 적당한 부엉이 서식지가 있는지 궁금했기 때문이었다. 이 도로는 상태가 괜찮았다. 세르게이는 도중에 보바의 두 번째 오두막을 바로 옆으로 지나치게 되어 깜짝 놀라하며 잠시 들르기 위해 멈췄다. 2006년 우리가 이 지역에 마지막으로 왔을 때는 도로가 끝나는 곳에서 5킬로미터 정도 걸어야 오두막에 도달할 수 있었다. 오두막에는 장식품이 얼마 되지 않았는데 보바는 얼마 안 되는 가구를 직접 실어 날랐을 것이다. 아래쪽 오두막은 비교적 휴양지 같아서 내부에는 흙바닥 위로 죔쇠에 못을 박아서 제작한 낮은 수면용 단상, 앉을 수 있는 그루터기, 작은 철제 장작 난로가 있었다. 그리고 창문 틈새를 통해 햇볕이 들어와 누추한 오두막 안을 비췄다. 나는 오두막만 봐도 한타바이러스에 감염될 것 같았고 로키와 KT는 이곳에서 잠을 자지 않겠다고 했다. 그래서 결국 우리는 세르바토프카 강둑 근처의 공터에 텐트를 쳤다.

텐트를 다 치고 나서 우리는 탐사에 나섰다. 바퀴가 미끄러진 자국이 있는 진흙 바닥에서 오랫동안 남아 있던 큰곰의 흔적을 지나니 세가락딱다구리가 전나무의 줄기를 이리저리 쪼며 살피고 있었다. 이 숲은 내가 그동안 흔히 보던 여러 저지대의 풍경과는 매우 달랐다. 이곳의 나무 종은 대체로 전나무 아니면 가문비나무로 압축되었다. 임분(삼림 안에 있는 나무의 종류, 나이, 생육 상태 따위가 비슷하여 주위의 다른 삼림과 구분되는 숲의 범위-옮긴이 주)은 수염이 무성한 지의류가 덮고 있었으며 베개처럼 폭신한 이끼가 난 경사면으로 여기저기 아무런 장애를 받지 않고 자랐다. 모든 것이 부드럽고 향긋했다. 이곳은 시베리아사향노루의 서식지로 잘 알려졌는데, 사향노루는 이 조용한 숲의 이끼 바닥에서 먹이를 찾아다니는 낯설고 수줍은 동물이었다. 귀가 크지만 덩치는 작고 사냥개 닥스훈트를 경계하는 이 노루는 뒷다리가 불균형적으로 길어 몸이 계속해서 앞으로 쏠리는 것처럼 보인다. 수컷 사향노루는 뿔이 두드러지기보다는 윗입술에서 구부러져 나오는 긴 송곳니가 돋아 있다. 이런 약간의 과장된 특징 때문에 이 노루의 외모는 동북아시아판 뿔 달린 토끼처럼 정교한 장난처럼 보인다. 이 동물을 마주할 때마다 나는 뱀파이어 캥거루를 보는 것 같다.[3]

텐트로 돌아오는 길에 로키는 강가 모래밭에서 희미하지만 확실한 물고기잡이부엉이의 흔적을 발견했다. 로키가 이번 탐사에서 가장 가까운 곳에서 관찰한 흔적이었다. 나는 둥지를 틀기에 적당한 나무 몇 그루를 찾았다. 세르바토프카 강 부엉이 쌍이 그들 서식지 가운데 이곳 주변을 일시적으로 사용했으리라는 게 내 추측이었다. 아마도 송어가 새끼를 낳을 때만 이곳에 머물렀을 것이다. 아직 졸리지 않아 약간의 유흥거리를 찾던 로키와 세르게이는 번갈아 긴점박이부엉이의 울음소리를 흉내 냈으며 세르게이의 붉은사슴 뿔피리가 얼마나 소리를 잘 내는지 시험했다. 이것은 러시아 사냥꾼들이 붉은사슴 수컷을 유인하기 위해 사용했던 도구로 하얀 자작나무 껍질을 길게 벗겨서 관 모양으로 말아 만들었다. 가을의 발정기 동안 테스토스테론 호르몬이 넘치는 수컷의 비현실적인 힘찬 울음소리와 비슷한 이 뿔피리 소리가 고요한 계곡 전체에 울려 퍼졌다.

세르게이는 로키를 좋아하게 되었고 그가 가진 사냥 윤리와 어떤 허튼짓도 참지 않는 완강한 태도에 깊은 감명을 받았다. 로키와 세르게이는 사냥에 대한 애정과 지식을 공유했을 뿐 아니라 군대 복무 경험을 나누며 유대감을 쌓았다.

"저는 일본에서 복무하면서 러시아의 전파를 모니터링했죠." 세르게이가 군대 경험이 있는지 묻자 로키는 이렇게 대답했다. 나는 세르게이가 알아듣도록 그 답변을 통역했다.

"아, 정말요?" 세르게이는 꽤 흥미롭게 여겼다. 알고 보니 세르게이는 일본과 가까운 캄차카에서 복무하며 미국의 전파를 감시했다고 한다. 두 사람은 서로 고개를 끄덕이며 과거 냉전 시대의 적수를 향해 미소 지었다.

우리가 부엉이의 둥지 근처와 사냥터에서 수집한 정보는 흥미로웠다.[4] 예컨대 우리의 데이터에 따르면 실제로 큰 나무가 부엉이 둥지의 가장 큰 특징이었다. 근처에 무엇이 있는지는 크게 중요하지 않았다. 우리는 숲속 깊은 곳과 마을 근처에서 둥지 나무를 발견했다. 부엉이들에게는 나무에 안전하게 알을 낳아 품을 수 있을 만큼 큰 구멍이 있는지가 가장 중요한 듯 보였다.

하천의 데이터는 우리에게 예상치 못한 결과를 더 많이 안겨주었다. 데이터에 따르면 부엉이들은 오래된 나무가 있는 강 근처에서 사냥하는 경향이 있었다. 하지만 이 부엉이들이 둥지를 틀 크고 오래된 나무들이 필요하다는 건 이해가 가는데 어째서 그런 오래된 나무가 강을 따라 분포해야 했을까? 깊이 생각하고 여러 문헌을 읽어본 뒤 나는 가능한 답변 하나를 생각해냈다. 그런 큰 나무는 부엉이들뿐만이 아니라 연어에게도 필요했다.

　폭풍우가 오거나 다른 사정으로 조그만 나무들이 큰 강에 떨어지면 보통 대대적인 팡파르 없이 물살과 함께 조용히 떠내려간다. 하지만 반대로 큰 나무가 작거나 폭이 좁은 강에 빠지면 강물의 흐름에 영향을 미친다. 그 결과 때때로 강의 물살을 완전히 막아 물이 다른 경로로 흐르기도 한다. 물은 장애물 뒤에 막혀서 고여 있다가 폭포처럼 쏟아질 수도 있고 숲 범람원을 가로질러 저항이 가장 적은 경로를 따라 완전히 다른 길로 흐를 수도 있다. 오래된 나무가 물에 떨어지기 전에는 하나의 균일한 수로가 있었을지도 모르는 곳에 큰 나무가 빠지고 나면, 그 영향력은 깊은 물웅덩이나 잔잔한 후미, 얕고 빠르게 흐르는 물살 등 강물에 태피스트리 같은 다양한 풍경이 생겨나도록 촉진할 수 있다. 연어는 바로 이렇게 다양한 환경의 강 서식지를 찾는다. 겨울철 부엉이의 가장 중요한 먹이인 아주 어린 치어이거나 2년생인 송어들이 자라려면 안전하고 조용한 강의 후미나 가장자리의 수로가 필요하다. 물고기잡이부엉이에게는 움직이는 포식할 먹을거리인 다 자란 송어는 여름에 동해에서 이주해 오는데, 이 물고기가 알을 낳으려면 자갈이 깔린 바닥의 큰 수로에서 강물이 흐르는 환경이 필요하다. 부엉이들이 오래된 나무로 둘러싸인 강의 가장자리를 따라 사냥하면 그 나무들 가운데 일부가 결국 쓰러져 물에 빠지고 물고기들이 많이 모이는 낚시터를 찾을 수 있다.

　암구 강 유역에서 작업을 마친 뒤 우리는 남쪽 테르니로 향했다. 몇 시간 동안 숲과 흙길만 구경하던 중이었는데 갑자기 낯선 사람이 팔을 마구 흔드는 모습이 시야에 들어왔다. 세르게이가 브레이크를 세게 밟았다. 우리는 도움을 청하는 그런 분명한 요청을 무시하자는 공통된 합의에 이르지 못했다. 내가 창문을 내리자 남자가 헐떡이며 다가왔다.

"이봐요!" 남자가 패닉에 빠져 소리쳤다. "당신들 담배 있나요?"

남자의 입에서 보드카 냄새가 났다. 세르게이는 가방에서 담배 몇 대를 꺼내 내 몸 위에 기대어 건넸다.

"당신의 건강을 기원합니다." 세르게이는 이런 상황에서 독특한 부탁을 들어주면서 할 법한 러시아인들의 인사를 건넸다.

그러자 남자는 얼굴을 찌푸리며 세르게이를 쳐다보았다. "당신이 줄 수 있는 게 그게 다예요?"

세르게이는 담뱃갑에 남은 나머지 담배를 전부 건넸다.

담배에 불을 붙이고 깊게 들이마신 남자는 침착해졌다. "흠, 보드카나 마시러 갈래요?"

세르게이와 나는 계속해서 이 남자와의 대화에 동요하지 않았고 로키와 KT는 지금 무슨 일이 벌어지고 있는지 이해하려고 애썼다.

테르니로 돌아온 날 아침 로키와 KT, 나를 작은 모터보트에 태워 테르니의 동해 북부 해안 관광을 시켜주겠다며 친구 한 명이 찾아왔다. 정상적인 상황에서는 해안이 국경 지역인 만큼 허가가 필요했지만 보트를 조종하는 사람이 퇴역한 연방 보안국(FSB) 소속 요원이었기 때문에 필요한 허가증을 갖고 있었다. 세레브랸카 강어귀까지 차를 몰고 나와 해안으로 올라가자 바다는 잔잔했다. 우리는 점점이 흩어졌고 나는 바다가마우지와 항구로 돌아오지 못한 녹슨 난파선 두 척을 지나쳤다. 이곳은 내가 2006년 겨울 아그주로 가던 길에 헬리콥터에서 보았던 것과 같은 인상적인 해안이었다. 여름이라 물가에 자리한 바위들 사이로 폭포수가 떨어지는 모습을 볼 수 있었다. 지구상에서 가장 큰 독수리인 참수리가 절벽 위의 고요한 공중으로 치솟았다가 날개를 집어넣고 자취를 감췄다. 성체 새는 전체적으로 검은색이었지만 어깨와 꼬리, 다리는 흰색이었으며 오호츠크 해안을 따라 서식했다. 남쪽으로는 연해주, 일본, 한반도에 이르기까지 관찰할 수 있는 새였다.

테르니에서 약 6킬로미터 떨어진 곳에서 우리의 연한 파란색 보트는 해안 절벽을 따라 사는 기이하고 희귀한 염소 모양의 동물인 산양의 서식지를 보호하는 시호테알린 생물권 보호구역의 일부인 아브레크를 지나갔다. 우리가 옆으로 지나자 일곱 마리로 이뤄진 산양 가족이 흩어졌다. 은퇴한 연방 보안국 가이드가 한 번에 본 산양 가운데 가장 많은 수였다. 보트가 해안을 따라 계속 가는 동안 가이드는 담배를 피우며 유난히 맑은 오후에 볼 수 있는 곳들을 가리켰다. 루스카야 곶, 나데즈디 곶, 마야흐나야 곶이었다. 가이드는 마지막 곶을 특별히 강조해서 설명했고 그러면서 나와 시선을 더 오래 마주쳤다. "마야흐나야 곶이군요." 나는 고개를 끄덕였다.

"마야흐나야 곶을 기억하나요?" 가이드가 시끄러운 엔진음을 뚫고 소리를 지르며 강렬한 시선을 보냈다.

"아뇨." 나는 인정했다. 좀 이상한 대화였지만 이유는 알 수 없었다.

"당신은 2000년에 갈리나 드미트리에프나와 함께 마야흐나야 곳에 있었죠. 우라구스 여름 캠프에서요."

나는 고개를 끄덕이며 잊었던 기억을 되살려주어 감사하다는 듯이 미소를 지었지만 사실 그의 말은 내 속을 차갑게 얼어붙게 했다. 만약 바람만 불지 않았다면 내 팔에 곤두선 털을 볼 수 있었을 것이다. 10년 전 평화봉사단에 있을 때 나는 그 곳에서 2주를 보낸 적이 있었다. 나는 잊고 있었지만 전직 연방 보안국 요원은 친절한 대화를 통해 보안국에서는 나를 결코 잊지 않았다는 사실을 상기시켜 주었다. 우리는 얼마 지나지 않아 뭍으로 올라와 휴식을 취했다. 그러는 동안 나는 연방 보안국에서 나에 대해 또 무엇을 더 알고 있는지 궁금해졌다.

테르니를 떠나며

2010년 현장 탐사 시즌을 맞아 러시아에 도착하기 일주일 전 세레브랸카 강 부엉이 서식지에서 호랑이 한 마리가 얼음낚시 낚시꾼을 죽이고 사체의 일부를 먹었다.[1] 이 가난한 낚시꾼의 딸은 아버지가 집에 오지 않자 걱정이 된 나머지 평소에 그가 가장 즐겨 찾던 낚시터에 가보았다. 그곳에서 딸은 머리가 없는 아버지의 시체와 함께 수풀 속에서 두개골을 갉아먹고 있는 호랑이를 발견했다. 이후로 호랑이는 벌목용 트럭을 공격하다가 근처에 있던 소방관이 쏜 총에 맞아 죽었다. 테르니의 야생동물 조사관인 로만 코지체프가 내가 테르니로 돌아온 첫날 아침 커피를 마시며 그 소식을 들려주었다.

"그 낚시꾼의 치아는 아직 얼음 위에 있습니다." 코지체프는 침착하지만 두려움에 휩싸인 눈빛을 하고 말했다. "물고기가 잘 잡히는 훌륭한 낚시터라서 사람들이 여전히 찾죠."

호랑이의 뇌 조직을 분석한 결과, 사람을 잡아먹은 이 동물은 전염성이 강한 질병인 개홍역 바이러스에 감염되어 사람에 대한 공포심을 잃게 된 것으로 밝혀졌다. 이 호랑이는 2009년에서 2010년 사이 러시아 남부 극동 지역에서 돌았던 끔찍한 바이러스 감염증으로 인근 시호테알린 생물권 보호구역에서 거의 멸종되다시피 한 호랑이 가운데 한 마리였다.[2] 하지만 호랑이가 왜 낚시꾼을 죽였는지 그 이유는 밝혀지지 않았다. 러시아에서 호랑이의 공격은 매우 드물고 대부분 이처럼 이유 없는 공격이기 때문에 낚시꾼의 불행한 죽음은 테르니 사람들에게 편집증과 호랑이에 대한 반발심을 불러일으켰다.[3] 그 결과 호랑이에 대한 가짜 목격담이 흘러넘쳤고 일부 주민들은 호랑이를 전부 추적해서 쏴 죽여야 한다고 믿었다. 어떤 여성은 만약을 대비해 외투에 칼을 갖고 다니기도 했다.

나는 오랜 친구와 악수를 나누듯 마지막 현장 탐사에 돌입했다. 2007년 이후 수십 번 부엉이 포획에 성공한 세르게이와 나는 이제 베테랑이었고, 대부분의 경우 약간의 노력만 기울여도 부엉이를 잡을 수 있었다. 우리의 포획법은 물고기잡이부엉이라는 하나의 종을 넘어서서도 적용 가능했다.[4] 현장 탐사 시즌이 아닐 때 우리는 먹이 울타리를 비롯한 전통적인 방법이 실패했을 때 물고기를 잡아먹는 맹금류를 잡으려는 사람들에게 유용한 포획법에 대한 논문을 쓰고 학술지에 발표했다.

우리는 세 명으로 구성된 몇 명 안 되는 팀원으로 8주에 걸쳐 테르니와 암구 지역에서 목표한 부엉이 일곱 마리를 전부 재포획했다. 부엉이들은 힘들게 살아가고 있었으며 이 프로젝트에 어쩔 수 없이 참가한 새들이 우리 때문에 스트레스와 불편을 겪었던 것은 분명했다. 그래서 마지막으로 부엉이들의 몸을 묶은 띠를 잘라낼 수 있어서 나는 만족스러웠다. 새들에게는 이제 다리끈과 나쁜 기억만 남았다. 하지만 사이연 강 서식지에서 포획한 부엉이의 경우엔 커넥터 포트에서 실리콘 밀폐제를 긁어내고 데이터 기록 장치를 컴퓨터에 연결하자 화면이 텅 비어 있었다. 그 장치가 전혀 작동하지 않았다는 사실에 나는 배를 한 대 얻어맞은 기분이었다. 우리는 작년에 이 구역에 너무도 많은 시간과 에너지를 쏟아부었다. 캣코프는 힘들어서 거의 미칠 지경이었다. 그런데도 이 구역에서 아무런 결과도 얻지 못한 것이다. 사이연 강 수컷이 아무 성과 없이 줄곧 장치를 차고 있었다는 사실 또한 괴로웠다. 이 수컷은 1년 동안 자기의 희생이 종 전체를 보호하는 데 도움이 될 것이라는 잘못된 희망으로 날쌔게 움직이지도 못했고 편안하게 지내지도 못했다. 데이터 기록 장치가 오작동한 이유는 분명하지 않았다. 사고 기록을 보면 인공위성과 연결을 거의 백 번이나 시도했지만 성공한 적은 한 번도 없었다. 이러한 유형의 기술은 여전히 상대적으로 새로웠기 때문에 때로는 제대로 작동하지 않는 경우도 있었다.

쿠드야 강에서 다리끈이 달린 수컷은 일 년 중 어느 시점에서 몸에 매인 띠를 부리로 잘랐고 자기 몸통 앞으로 데이터 기록 장치를 끌어당겼다. 그래서 장치는 목걸이처럼 새에게 매달리게 되었고, 부리가 장치에 닿자 플러그를 보호하던 밀폐제를 쪼아 없애고 내부 부품을 밖에 노출시켰다. 우리가 장치를 회수하자 데이터 기록 장치가 녹슨 채 물이 흥건히 흘렀다. 켜지지도 않았다. 우리는 제조사에 이 장치를 보내 기적적으로 GPS의 기록을 되살릴 수 있기를 바랐지만 배선이 너무 심하게 부식된 나머지 아무것도 건질 수 없었다. 다행히도 우리가 그 탐사 시즌에 되찾은 나머지 5개의 데이터 기록 장치들에는 평균적으로 각각 수백 개의 GPS 기록이 남아 있었다. 이 정도면 내가 박사 과정을 끝마치고 물고기잡이부엉이의 보전 계획을 세우는 데 필요한 자료로 충분했다.

나에게 특별히 인상이 남은 부엉이와의 상호작용은 세 번 정도였다. 첫 번째는 샤미 강 암컷과의 마지막 만남이다. 나는 다른 어떤 부엉이들보다도 샤미 강 암컷과 오랜 시간을 보냈다. 5년에 걸쳐 매년 보았기 때문이다. 2008년에 얼어 죽을까 봐 밤새 상자에 넣어 두었던 부엉이가 이 암컷이었다. 다음 날 아침 풀어주기 전에 나는 포즈를 취하고 이 새와 사진을 찍었다. 암컷이 강을 무표정하게 바라보는 동안 부리에는 송어 한 마리가 붙잡혀 있었다. 2010년에는 이 암컷과 암컷이 사는 둥지가 있는 거대한 포플러를 올려다보았던 기억이 있다. 암컷은 주변 나무껍질의 갈색과 회색 반점 사이에 가려진 채 잠시 아래를 내려다보다가 자기가 내 손아귀에서 벗어났다는 사실을 깨닫고 다시 구멍 속으로 들어갔다.

이듬해 벌목 회사는 목재를 수확하기 위해 샤미 강 상류로 이어지는 바퀴 자국이 가득한 진흙투성이 도로를 확장했다. 도로를 정비하면서 사람들은 차량으로 더 빨리 이곳을 지나갈 수 있었고, 그 결과 2012년에는 암구 지역 주민이 도로 옆에서 물고기잡이부엉이 사체를 발견했다. 그때 찍힌 사진에서 새의 다리끈을 보니 샤미 강 암컷이었다. 빠르게 달리던 차량과 부딪쳐 결국 목숨을 잃은 것이다.

이 암컷은 나에게서는 안전했지만 결국 내가 그 손아귀로부터 막아
주려던 인류 진보의 영향을 피할 수는 없었다.

두 번째로 기억에 남는 만남은 그해 겨울 일찍 호랑이의 치
명적인 공격이 있었던 세레브랸카 강 서식지에서였다. 남성이 호랑
이의 공격으로 사망했던 얼음 구멍이 우리 캠프 바로 앞에 있었다.
그 후로 몇 차례 눈이 내려 공격의 직접적인 증거는 사라졌지만 우
리의 탐사는 호랑이가 언제 덮칠지 모른다는 두려움으로 얼룩졌다.
세레브랸카 강 수컷을 마지막으로 포획하면서 수컷에게서 수백 개
의 데이터를 얻어 기뻤어야 했지만 그곳의 공기는 공포에 중독된 듯
했다. 마침내 다른 구역으로 옮길 때가 되자 세르게이와 나는 그제
야 기뻤다.

세 번째로 기억에 남는 순간은 부엉이를 마지막으로 포획했
던 파타 강이었다. 이곳 수컷은 최소한 2007년 말부터 혼자 지냈다.
이때쯤 수컷의 짝이 그를 버리고 인근 지역으로 떠났기 때문이었다.
매년, 매일 밤 들려오는 수컷의 울음소리는 원래 짝이 돌아오거나 새
로운 짝이 생겨 공허함을 채워주기를 바라는 우울한 간청이었다. 그
래서 우리는 그곳에서 활발하게 울음소리를 내는 부엉이 한 쌍을 발
견하고는 놀랐고 흥분했다. 파타 강 수컷과의 작업도 전반적으로 마
무리되었기에 현장 탐사 시즌을 마무리하기에 적절한 시점이었다.
파타 강 수컷은 세르게이와 내가 몇 주간 스스로 아는 지식이 맞는지
의심하고 기회를 몇 번이나 놓치고 난 뒤 잡은 첫 번째 부엉이였다.
이 부엉이를 야생으로 돌려보냈을 때 나는 이 프로젝트를 위해 마지
막으로 포획한 새가 강 너머 어둠 속으로 사라지는 장면을 지켜보았

다. 한 시절이 끝났다는 생각이 들었다. 우리는 지난 2006년부터 총 20개월을 숲속에서 보냈는데 대부분 겨울에 부엉이를 추적하고 포획했다. 이 모든 게 마지막이라고 생각하니 슬프기도 했지만 동시에 기운이 나기도 했다. 이 종을 보전하고 살리는 데 도움이 될 자료와 정보를 손에 넣었기 때문이었다.

짐을 싸서 테르니를 떠나 남쪽으로 향하면서, 우리는 고래의 갈비뼈 고개의 북쪽을 달리는 중이었고 내 기분과는 반대로 4월 초의 날씨는 맑고 햇볕이 쨍쨍했다. 10년 만에 처음으로 내가 사랑해온 이곳으로 돌아올 계획이 더는 없었다. 육중한 트럭이 봄철의 진흙을 흩날렸고 노랑할미새가 우리를 향해 날아올랐다. 테르니와 옆 지역의 경계인 언덕 위에 다다랐을 때, 나는 선글라스를 벗고 어깨 너머로 테르니를 마지막으로 바라보았다. 테르니와 나 사이에는 아무것도 없었다. 나무 사이로 해안선과 절벽이 마지막으로 반짝 모습을 드러냈다가 다시 도로 옆에 늘어선 숲 뒤로 사라지는 지점이었다. 나는 이 광경을 조용히 눈에 담고는 깊은 상념에 잠겨 다시 자리에 앉았다. 미네소타로 돌아가면 이후 1년 동안 자료를 분석해 논문을 쓸 것이다. 이후로는 계획이 없었다. 외국인 생물학자들은 연해주에서 쉽게 고용될 수 없다. 내가 이곳에 돌아와 직업을 찾기는 쉽지 않을 것이다. 나는 세르게이에게 이런 이야기를 했다. 갓 면도를 한 세르게이는 지금 현장 탐사가 끝나기라도 한 듯 기분이 좋아 보였다. 세르게이는 내 말을 끊고 나에게 멜로드라마 좀 그만 찍으라고 말하며 담배를 피워 물었다.

"이곳은 이미 제2의 고향이 되었잖아요. 언젠가 돌아올 거예요."

물고기잡이부엉이 보호 시설

나는 이후로 자료를 정리하고 논문을 완성하는 데 약 1년이 걸렸는데 대부분의 시간을 분석에 전념했다. 사실 내가 네 번의 현장 탐사를 통해 수집한 정보가 컴퓨터 프로그램에 적합한 포맷이 된 건 불과 몇 달 전이었다. 부엉이에게 어떤 자원이 중요한지 정의하기 위해, 나는 우선 각각의 부엉이 개체와 관련해 서식지 등의 행동권의 범위를 추정했다. 해당 부엉이 개체의 GPS 데이터를 지도에 표시한 다음 그 지점에서 새의 분포를 정리해 그 개체의 이동 방향에 관한 통계적인 확률을 결정했다. GPS 데이터가 모인 지점에서 멀리 떨어져 이러한 확률이 0으로 줄어드는 곳에 행동권의 경계를 설정했다. 그다음 나는 부엉이가 서식지의 여러 지점에서(또는 물이나 마을까지의 거리 등 잠재적으로 중요한 요인에 따라) 시간을 보내는 비율을 비교해서 행동권 안에서 새에게 가장 중요한 자원을 알아내려고 했다. 초기 데이터에 따르면 부엉이의 등에 멘 장치에서 수집한 약 2,000개의 GPS 위치 데이터 가운데 0.7퍼센트인 불과 14개만이 계곡 바깥임이 드러

나 계곡이 물고기잡이부엉이에게 얼마나 중요한지 잘 알 수 있었다.[1]

나는 처음에 이런 분석에 익숙하지 않았고 프로그래밍 언어에도 서툴렀다. 그래서 자주 장애물에 부딪혔고 몇 주에 걸쳐 겨우 문제 하나를 해결해도 즉시 그다음 문제에 맞닥뜨렸다. 그러다가 갑자기 모든 것이 딱 맞아떨어졌다. 결과물은 아름다웠다. 물고기잡이 부엉이의 행동권은 주어진 강 수로를 따라 계곡 사이에 존재하는 것으로 깔끔하게 들어맞았다. 자원 선정 분석 결과 부엉이는 단일한 수로가 아닌 여러 수로가 합류하는 강의 계곡에 가까운 숲에서 발견될 가능성이 가장 높았고, 일 년 내내 강이 얼지 않는 구역 인근에 머물렀다. 비록 탐사 시즌별로 차이가 많이 났지만 행동권의 넓이는 평균 15제곱킬로미터였다.[2] 부엉이들은 둥지를 틀 때 가장 적게 움직였고(겨울철의 평균적인 범위가 7제곱킬로미터에 불과함), 하천 상류로 이동할 때 가장 많이 움직였다(가을철의 평균적인 범위가 25제곱킬로미터에 달함).

나는 꼬리표가 붙은 부엉이들의 데이터를 전부 수합해 추론한 결과 연해주 동부 지역에서의 물고기잡이부엉이 분포에 대한 예측 지도를 만들었다.[3] 이 지도를 통해 부엉이가 발견될 가능성이 가장 높은 위치를 파악할 수 있었다. 그 위치는 다시 말하면 부엉이를 보호하기 위해 가장 중요한 구역이었다. 수 제곱킬로미터 넓이의 특정 서식지 각각에서 전체 연구 범위에 해당하는 2만 제곱킬로미터로 자료가 늘어나면서 컴퓨터 계산이 훨씬 복잡해졌고, 일부 분석을 실행하는 데는 꼬박 하루가 걸리거나 더 걸리기도 했다. 나는 여름철에 대부분 이 분석 작업을 수행했는데 더운 아파트에서 컴퓨터가 과열되어 계속 멈춰버리는 바람에 처음부터 다시 시작해야 했다. 결국 나는 에어컨이 있는 유일한 방으로 노트북을 가져가서 열기가 잘 빠지도록 책 위에 올려놓고 계속 선풍기 바람을 쐬게 했다.

결과는 아주 흥미로웠다. 연해주에 있는 우리 연구 대상 구역의 약 1퍼센트만이 계곡 근처였기 때문에 물고기잡이부엉이는 인간의 위협을 계산에 넣지 않고도 이미 서식 범위가 극도로 좁았다. 나는 어떤 구역이 이미 보호되는 곳이고 어떤 구역이 가장 취약한 환경인지 알아보기 위해 가장 잘 제작된 부엉이 서식지 예측 지도를 지역의 토지 이용 지도에 덧씌웠다. 부엉이가 가장 많이 서식하는 구역의 19퍼센트만이 법률에 의해 보호되었는데 그 대부분은 4,000제곱킬로미터에 달하는 시호테알린 생물권 보호구역 안에 있었다. 이제 나는 부엉이에게 어떤 경관적 특성이 중요한지 정확히 알게 되었다. 지도를 통해 부엉이가 가장 필요로 하는 특정한 숲과 강 지대를 콕 집어 알 수 있게 됐기 때문이다.

박사 학위를 받은 뒤 나는 야생동물보호협회의 러시아 지국에서 지원금을 관리하는 상근직 일자리를 얻었다. 이 직책의 기본적인 요구 사항이 사실 내 연구나 전문 지식과 정확하게 맞아떨어지지는 않았지만, 어쨌든 연해주에서 계속 일하고 현장 업무에도 관여할 수 있었다. 그동안 나는 물고기잡이부엉이로 연구를 계속해왔지만 러시아에서 우리 조직의 주된 관심사는 오래전부터 시베리아호랑이와 아무르표범이었다. 그래서 오랫동안 조류라는 내 관심사는 거대 포유류 육식동물에 가려졌다. 나는 호랑이부터 사슴에 이르는 다양한 종에 대한 연구 지원금 제안서와 보고서를 작성하고 자료 분

석을 도왔다.[4]

　　나는 물고기잡이부엉이와의 연결고리를 만들기 위해 창의적인 방법을 찾아내야 했다. 예컨대 나는 막시모프카 강 유역에서 호랑이의 사냥감에 대한 현장 연구를 두 번이나 이끌었다. 세르게이를 현장 보조원으로 고용했고 낮에는 사슴과 멧돼지를 추적했다. 그런 다음 다른 현장 요원들이 저녁 식사를 하고 캠프에서 휴식을 취하는 동안 세르게이와 나는 헤드램프를 장착하고 따뜻한 차가 든 보온병을 든 채 부엉이를 찾으러 숲으로 향했다. 우리는 막시모프카 강을 따라 새로운 부엉이 쌍을 발견했고 사이연 강의 부엉이들을 확인하기 위해 그곳으로 당일치기 여행을 가기도 했다.

　　최근에 우리 조직은 조류 보전 업무를 러시아의 북극 지역에서 중국, 캄보디아, 미얀마에 이르는 아시아 전역으로 확대했다. 이러한 변화 결과 러시아의 넓적부리도요와 청다리도요사촌 같은 북부에서 번식하는 새들의 둥지를 보호하기 위해 가능한 최선의 작업을 펼칠 수 있었지만, 우리가 아시아의 다른 연구자들과 함께 보전 활동에 발맞추지 않는다면 이런 노력도 별 의미가 없다는 사실을 알고 있었다. 러시아와 알래스카에서 번식하는 많은 종들이 겨울을 나기 위해 동남아시아로 날아갔다가 그곳에서 서식지 파괴, 사냥을 비롯한 여러 위협에 직면하기 때문이었다.[5] 환경 보호 활동가들이 이 조류의 급격한 개체수 감소를 막으려면 일 년 중 조류들이 겪는 여러 순환적 단계에서 각각 어떤 압력을 겪는지 전반적으로 접근할 필요가 있다.

시간이 되는 대로, 나는 세르게이와 함께 내 박사 연구에서 발전시킨 보전 관련 권고 사항들을 더 다듬었고 이것을 바탕으로 물고기잡이부엉이 보전 계획을 수립할 수 있도록 했다. 우리는 부엉이의 사망률을 낮추고 번식지와 사냥터를 보호해 각 구역의 개체수를 안정시키거나 증가시키는 것에 초점을 맞췄다.

그리고 시호테알린 생물권 보호구역이 물고기잡이부엉이를 위한 유일한 보호 지역이라는 의미에서 잠재적으로 중요하기 때문에 세르게이와 나는 2015년에 이곳 부엉이들을 광범위하게 조사했다. 하지만 이 구역에서 겨우 두 쌍을 발견했고 추가로 서식할 가능성이 있는 부엉이도 겨우 두세 쌍 정도였다. 부엉이들이 둥지를 틀만한 오래되고 잘 자란 나무들이 많았고 인간의 위협이 없긴 했지만 겨울철에는 거의 모든 강이 꽁꽁 얼어붙어 사냥할 곳이 없었다. 하지만 우리는 그곳으로 한 번 현장 작업에 나섰다가 한 가지 놀라운 발견을 했다. 두 쌍의 부엉이 모두 한 번에 새끼를 두 마리씩 낳은 것이다. 이것은 러시아에서 흔히 볼 수 있는 생식률의 두 배였다. 이러한 패턴은 그동안 많은 물고기잡이부엉이들에게 인공적으로 먹이를 제공하는 일본에서만 널리 볼 수 있었다.

또 낚시가 금지된 보호구역에서 부엉이 두 쌍 모두 새끼 두 마리를 낳았다는 사실이 눈에 띄었다. 나는 그동안 우리가 둥지에서 알 두 개를 발견하지만 나중에 다시 가보면 새끼 한 마리만 살아남곤 했던 기억을 떠올렸다. 1970년대 비킨 강에서 연구했던 유리 푸킨스키의 기록도 떠올렸다. 푸킨스키가 발견한 둥지 가운데 절반은 새끼가 두 마리였는데 그는 이전에도 새 한 마리당 새끼 두세 마리가 있었다는 관찰 기록을 남긴 바 있었다. 푸킨스키는 1960년대 한 마리당 두세 마리였던 새끼가 1970년대 접어들어 한두 마리로 줄어든 것은 비킨 강에서 인간의 어획이라는 압력이 높아진 결과라고 추측했다. 똑같은 패턴이 이번에도 다시 적용될 수 있을까? 아마도 오늘날 연해주의 물고기잡이부엉이들은 알을 두 개 낳는 것이 생물학적으로 익숙해 그렇게 했을 테지만, 실제로 대부분의 부엉이 쌍은 새끼 한 마리를 키우기에 충분할 정도로만 먹이를 구할 수 있었다. 최근 수십 년간 연어와 송어의 남획이 부엉이의 번식력을 떨어뜨린 것일까? 만약 그것이 사실이라면 물고기 관리와 부엉이 보전 계획에 엄청난 영향을 미칠 것이다. 나는 이런 방향의 연구가 앞으로 면밀하게 더 지속되기를 바란다.

우리가 서식지를 분석한 결과 연구 지역에서 물고기잡이부엉이가 가장 많이 사는 서식지의 절반가량(43퍼센트)이 벌목 회사에 임대되어 있어, 부엉이의 보전을 위해서는 산업계의 직접적인 참여가 꼭 필요하다는 사실이 드러났다. 이것은 미국 태평양 연안 북서부에서 점박이올빼미를 둘러싼 야생동물과 상업적 이해관계의 대결과 비슷해 보일 수 있지만 사실은 중요한 차이점이 있다. 물고기잡이부엉이가 필요로 하는 나무인 썩어가는 포플러와 느릅나무는 상업적으로 거의 가치가 없다. 반대로 캘리포니아에서 점박이올빼미가 둥지를 트는 세쿼이아 나무는 한 그루에 최대 10만 달러나 나가기도 한다.[6] 연해주의 벌목꾼들은 이 정도의 경제적 이윤을 얻기 위해 물고기잡이부엉이의 둥지 나무를 목표로 삼는 것이 아니다. 주로 단순한 우연이나(둥지 나무가 벌목 회사에서 길을 놓으려는 자리에서 자라고 있을 때)

편리함 때문에(임시변통의 다리를 놓을 나무가 필요할 때) 그렇게 한다. 어느 쪽이든 이제 부엉이에 대한 위협을 덜고 회사 수익에 조금이나마 더 도움이 되는 벌목 방식을 채택할 수 있다.

우리는 슐리킨을 비롯해 암구 강과 막시모프카 강 유역에서 작업하는 벌목 회사와 이 연구 결과를 공유했고 이들은 다리를 놓기 위해 큰 나무를 베지 않기로 합의했다. 적은 비용으로 회사를 홍보할 수 있으니 벌목 회사 측에도 좋은 일이었다. 슐리킨에게 다리를 무엇으로 만들었는지는 중요하지 않았다. 그는 예전에 사슴과 멧돼지 밀렵꾼을 막기 위해 도로를 가로질러 흙벽을 쌓은 전력도 있었다. 다리 건설 방식을 변경하는 것은 수많은 부엉이 둥지 나무를 파괴되지 않도록 지키는 또 다른 야생동물 보호 조치일 뿐이었다.

그뿐 아니라 우리는 훌륭한 부엉이 서식지이자 상업적으로 가치가 없는 오래된 숲 지대를 벌목이나 기타 교란 요인으로부터 보호하기 위한 대규모의 작업을 진행하는 중이다. 이 프로젝트를 처음 구상할 때부터 우리는 이미 부엉이와 그 서식지가 법에 의해 보호받는다는 사실을 알고 있었다. 문제는 사람들이 부엉이들의 서식지를 모른다는 점이었다. 이것은 벌목 회사들의 핑곗거리기도 했다. 우리의 연구는 벌목 회사 한곳이 임대한 땅에서 부엉이에게 중요한 숲 60곳을 확인했고, 회사에 공식적으로 그 정보를 전달했다. 더 이상 몰랐다는 핑계로 부엉이 서식지에서 벌목하지 못하게 될 것이다.

이 프로젝트를 통해 나는 연해주의 물고기잡이부엉이에 대한 위협이 하나의 공통분모로 연결될 수 있다는 사실을 여러 번에 걸쳐 발견했다. 바로 도로였다. 시호테알린 산맥의 거의 모든 도로가 계곡을 관통하고 있기 때문에 부엉이들은 도로라는 교란 요인에 특별히 더 취약하다.

도로가 만들어지면 연어 낚시꾼들이 서식지에 쉽게 접근해 부엉이가 잡아먹을 물고기의 수를 줄이고 부엉이들이 걸려들 수 있는 그물을 설치하기도 한다. 샤미 강 암컷의 사례에서 보았듯이 목숨을 빼앗을 수도 있는 차량 충돌의 위험이 커지기도 한다. 실제로 2010년에는 우리의 연구 대상이 아닌 다른 부엉이가 암구 강으로 가는 차에 치여 죽었다. 그래서 우리는 2012년부터 벌목 회사와 협력해 업체들이 한 지역에서 벌목 작업을 마친 뒤에는 차량이 다닐 수 있는 숲길의 수를 제한하기 시작했다. 도로는 2006년 세르게이와 내가 막시모프카 강에서, 2008년 세르바토프카 강에서 마주했던 경우처럼 흙더미로 막히거나 계획적으로 특정 구역의 다리를 철거하는 방식으로 봉쇄되었다. 2018년 한 해에만 벌목용 도로 다섯 곳이 폐쇄되어 차량 통행이 불가능한 구역이 100킬로미터 늘었고 414제곱킬로미터 면적의 숲에 사람의 접근이 제한되었다. 이런 조치는 불법 벌목을 금지해 벌목 회사의 수익성을 높일 뿐 아니라 부엉이와 호랑이, 곰을 비롯해 연해주의 생물다양성을 보호했다.

2015년 마지막 둥지 나무가 폭풍에 쓰러져 사이언 강 서식지에서 적당한 둥지 나무를 찾지 못한 이후로, 세르게이와 나는 일본 연구자들의 전략을 빌려 둥지 상자를 만들었다.[7] 우리는 한때 콩기름이 들어 있던 200리터짜리 플라스틱 통 옆구리에 구멍을 낸 뒤 사이언 강변의 나무 위 8미터 높이에 고정시켰다. 그러자 2주도 채 되지 않아 부엉이 두 쌍이 상자를 발견에 2016년에 한 마리, 2018년에 한 마리로 총 두 마리의 새끼를 낳았다. 그 후 우리는 이 프로젝트를 십여 군데의 숲으로 확장했다. 대부분 물고기가 잘 잡혀 부엉이의 서식지가 될 가능성이 있었지만 둥지 나무가 없어서 곤란했던 구역이었다.

부엉이에게 어떤 서식지가 필요한지에 대해 더 잘 이해하게 되면서, 우리는 이 부엉이의 전 세계적 개체수를 다시 추정할 수 있었다. 1980년대의 연구 결과에 따르면 300쌍에서 400쌍이 있는 것으로 추정되었지만 우리의 분석에 따르면 실제로는 그 두 배가(735쌍으로 개체 800~1,600마리) 살고 상당수가 연해주에 서식했다(186쌍). 일본의 부엉이들과 중국의 다싱안링 산맥에 숨어 있는 몇 쌍까지 합친다면 물고기잡이부엉이의 전 세계 개체수는 2,000마리에 조금 못 미칠 것이다(또는 총 500~850쌍).[8]

그동안 물고기잡이부엉이는 시베리아호랑이에 비하면 인지도와 인기가 떨어졌다. 우리의 작업 덕분에 보다 많은 사람들이 부엉이에 대해 알게 되었고 우리가 부엉이의 개체수를 늘리기 위해 노력하고 있지만, 시베리아호랑이에 대한 관심 역시 높아졌다. 러시아의 블라디미르 푸틴 대통령은 호랑이의 보전 계획을 감독하기 위해 연해주를 여러 차례 방문했으며 모스크바에서 국제 호랑이 회의를 열어 레오나르도 디카프리오나 나오미 캠벨 같은 유명인들을 초대했다.[9] 또 자연보호 단체들은 매년 시베리아호랑이를 위해 모금을 위한 노력을 집중적으로 기울여 금액이 매년 수백만 달러는 된다. 물고기잡이부엉이의 경우에는 세르게이와 내가 아무리 함께 일할 수 있는 시간을 보장 받는다고 해도 무엇보다 지원금 액수가 제한적이었다.

비록 시베리아호랑이를 보호하기 위한 노력에 비하면 보잘것 없지만, 물고기잡이부엉이를 선전하고 연구 결과를 홍보하려는 우리의 작업은 어느 정도 효과가 있었다. 특히 전 세계 다른 지역의 물고기잡이부엉이 연구에 꽤 영향을 주었다. 일본의 과학자들은 그동안 야생에 부엉이 개체가 200마리도 되지 않는다는 점 때문에 멸종 위기에 처한 아종에 발신기를 부착하지 않으려 했다.[10] 하지만 우리의 프로젝트는 발신 장치나 다리끈이 새의 생존이나 번식에 뚜렷한 영향을 미치지 않는다는 것을 보여주었다. 테르니와 암구 지역의 우리 연구 대상인 부엉이들은 전부 살아남았고, 모든 서식지에서 짝을 이룬 채 새끼를 낳는 데도 문제가 없었다. 우리의 성공을 바탕으로[11] 부엉이를 연구하는 일본의 생물학자들은 현재 물고기잡이부엉이의 이동에 대한 자체적인 GPS 모니터링 연구를 실시하고 있으며, 이 작업은 부엉이에 대한 우리의 이해를 한층 높일 것이다. 또 우리는 동쪽으로는 쿠릴 열도에서 서쪽으로는 아무르 강 중류에 이르기까지 러시아 부엉이 서식지의 연구원이나 야생동물 관리자들과 상의해서 부엉이의 개체수를 늘리는 방법에 대해 도움말을 제공한다. 마지막으로 대만의 황갈색 물고기잡이부엉이 연구자들도 먹이 울타리를 활용해 새를 포획하는 방법이 담긴 우리의 논문을 읽고 그 방식을 채택했다.[12]

연해주는 대부분의 다른 온대 지역에 비해 여전히 인간과 야생동물이 같은 자원을 공유하는 곳이다. 낚시꾼과 연어, 벌목꾼과 물고기잡이부엉이, 사냥꾼과 호랑이가 그렇다. 전 세계의 다른 지역들은 이런 자연 시스템이 존재하기에는 지나치게 도시화가 진행되었 거나 인구가 많다. 연해주에서는 자연이 서로 연결된 부분들의 흐름 속에서 움직인다. 이 지역 덕분에 세계는 더 풍요로워진다. 연해주 의 나무는 북아메리카에서 바닥재로 쓰이고, 연해주의 해산물은 아 시아 전역에 팔린다. 이렇듯 훌륭하게 기능하는 생태계의 상징이 바 로 물고기잡이부엉이다. 이 부엉이는 아직 우리가 발견하지 못한 야 생이 남아 있다는 증거다. 비록 부엉이 서식지 깊숙한 곳까지 벌목 용 도로가 늘어나고 그에 따라 이 새가 위협을 받고 있음에도, 우리 는 부엉이들에 대해 더 많은 것을 배우고 우리가 발견한 바를 공유하 며, 새들과 경관을 보호하기 위해 계속해서 적극적으로 정보를 수집 하고 있다. 제대로 관리한다면 이 지역의 강에는 항상 물고기가 있을 테고, 우리는 먹잇감을 찾아 소나무와 그늘 틈새를 지나는 호랑이의 흔적을 계속해서 뒤쫓을 것이다. 그리고 숲이 적당한 조건을 유지한 다면, 우리는 숲속에서 연어 사냥꾼인 물고기잡이부엉이들의 울음 소리도 들을 수 있다. 부엉이들의 울음소리는 연해주에는 여전히 야 생이 살아 숨 쉬며, 모든 것이 문제없다는 신호와도 같다.

2016년 늦여름, 태풍 라이온록이 동북아시아 상공에 상륙해 북한과 일본에 비바람으로 수백 명의 사망자를 발생시켰다.[1] 당시 연해주에서는 돌풍을 동반한 허리케인에 가까운 폭풍이 물고기잡이부엉이 서식지의 중심부에 자리한 중부 시호테알린 산맥을 직격했다. 연해주에서는 수십 년 만에 겪는 최악의 폭풍이었다. 나무들은 밑동까지 부러지거나 완전히 뿌리째 뽑혀 어수선한 더미 속에 던져졌다. 하룻밤 사이에 참나무, 자작나무, 소나무가 늘어선 강가 계곡 전체에 부러진 나무들이 널렸고 겨우 살아남은 나무줄기들은 버려진 공동묘지의 묘비처럼 하나씩 남아 눈에 띄었다. 시호테알린 생물권 보호구역에서는 전체 면적의 40퍼센트인 1,600제곱킬로미터의 구역에서 숲이 유실되었다.

나는 태풍 라이언록이 물고기잡이부엉이에 미친 영향을 조사하러 나갔고, 세레브럔카 강 서식지였던 포플러 숲에서 통나무 더미와 부러진 나뭇가지들을 발견했다. 툰샤 강의 둥지는 땅바닥에 산산 조각이 나 있었고 홍수로 인한 잔해에 거의 파묻힐 뻔했다. 세르게이와 내가 2015년에야 찾았던 서식지인 드지깃이 태풍으로 가장 큰 피해를 받았다. 그곳에서는 둥지 나무가 있던 숲 전체가 사라졌다. 태풍이 부는 동안 드지기토프카 강의 강둑이 무너졌고 동해 방향의 미친 듯한 폭풍 때문에 숲과 도로가 끊어졌다. 물이 원래의 수로까지 빠지면서 계곡에 상흔이 드러났고 포플러와 소나무가 있던 자리에는 회색 자갈과 돌이 깔린 넓은 터만 남았다.

파타 강의 부엉이들은 태풍 라이온록이 지나간 이후 한동안 침묵을 지켰다. 내가 세레브랸카 강과 툰샤 강으로 몇 번 차를 몰고 갔을 때 서식지 두 곳에서 부엉이들의 울음소리를 듣기는 했다. 하지만 숲이 너무 난장판이 되어서 새로운 둥지를 찾으려면 결코 주말 오후에 한 번으로 끝나지 않을 것이다. 나는 아내와 어린아이 둘이 있어서 현장에서 보낼 수 있는 시간이 적었다. 2018년 3월에 나는 일주일 동안 현장을 조사하기로 마음먹고 툰샤 강 서식지에서 둥지를 새로 찾는 데 집중했다. 나는 어린 시절부터 알고 지냈던 세르게이 수르마흐의 딸인 라다와 동행했다. 라다는 부엉이를 연구하고 아버지의 작업을 이어가기 위해 막 대학원에 입학한 상태였다. 도착해 보니 모든 통로가 잔해로 막혀 숲은 복잡한 미로가 얽힌 폐허 같았다. 거의 모든 단계가 해결해야 할 도전이었다. 우리는 쓰러진 나무줄기에 서서 균형을 잡으며 잔해 너머로 방해받지 않고 한 번에 열 걸음 정도 나아가기도 했지만 그런 기회는 드물었다. 장애물을 통과하거나, 위아래로 오르내리거나, 우회하느라 매번 멈췄다가 나아갈 길을 다시 정하곤 했다. 그 주의 GPS 데이터를 보면 우리는 목표물을 발견하고자 범람원을 수색하는 동안 술에 취한 듯이 툰샤 강 계곡을 구불구불하게 나아갔고 끊임없이 장애물을 만나 경로를 우회했다.

나는 라다에게 좋은 둥지 나무가 갖는 특성을 설명하려 했지만 숲이 심하게 파괴되어 적절한 예시가 거의 없었다. 그러다 툰샤 강이 여러 지류로 나뉘는 건널목에서 잠시 멈췄다. 이곳에서 나는 강의 폭이 너무 좁고 초목이 빽빽하게 자라서 부엉이가 사냥하기 힘든 장소와 물이 얕고 자갈 바닥이 넓게 깔려 새가 물고기를 잡기에 완벽한 장소를 각각 보여줄 수 있었다.

사흘째 되던 날, 이마는 땀과 흙이 뒤섞이고 옷은 송진이 묻어 엉망이 된 채로 나는 커다란 포플러를 한 그루 살피다가 곧 둥지 나무를 발견했다는 사실을 깨달았다. 그 나무는 둥지 나무가 되기 위한 모든 조건을 갖추고 있었다. 줄기가 두터우며 회색을 띠고 높이가 12미터는 되며, 위쪽에 구멍이 나서 툭 트여 있었고 강가에서 돌 던지면 닿을 정도로 가까운 거리에 자리했다. 나무를 발견한 뒤 곧장 나는 라다에게 이곳을 잘 지켜보라고 속삭였고, 얼마 되지 않아 물고기잡이부엉이가 근처의 소나무에서 푸드덕 날아올랐다. 수컷 부엉이 한 마리가 꾸준하게 날개를 퍼덕이며 날았다. 그러자 근처 나무에서 까마귀 몇 마리가 흥분해서 까악까악 울며 부엉이를 쫓아갔다.

둥지 나무가 무방비 상태일까 봐 걱정된 나는 이 소동으로 암컷이 당황하는 동안 GPS 데이터를 재빨리 수정하기 위해 나무로 서둘러 나아갔다. 그러자 또 다른 부엉이가 둥지 나무에서 나타났고 내 머리 위 공중에서는 까마귀들이 흐릿한 갈색 원을 이루며 맴돌았다. 암컷이 나뭇가지에 내려앉아 나를 더 잘 보려고 몸을 움츠리자 까마

귀들이 여름철 곤충 떼처럼 암컷의 주위를 활기차게 에워쌌다. 그러
다 내가 라다와 눈을 마주친 순간 암컷은 날아갔고 황폐해진 툰샤 강
계곡의 이른 봄 나뭇가지들 사이로 사라졌다.

　　　　몇 년 전에 사이연 강에서 배운 바에 따르면, 이 암컷은 나를
자기 시야 안에 두겠지만 내가 사라질 때까지는 결코 돌아오지 않을
것이다. 그래서 나는 일단 그 자리를 벗어났다. 암컷의 새끼들이 걱
정되기도 했지만 동시에 기쁘기도 했다. 툰샤 강 부엉이들은 무사했
다. 이 새들은 내가 박사 과정 프로젝트를 진행하는 동안에도 그랬지
만 최근의 태풍으로부터도 살아남았고, 옛 둥지 나무에서 몇 킬로미
터 떨어진 곳에 적당한 둥지 나무를 발견했다. 이 새들은 하천 범람
원의 역동적인 변화에 적응했으며 당장은 우리가 종의 보전을 위해
개입하지 않아도 되었다. 이 부엉이들은 결코 호락호락한 종이 아니
었다. 재앙에 가까운 폭풍을 이겨내고 혹한을 견디며 까마귀 무리를
따돌렸다. 나는 부엉이들의 회복력이 자랑스러웠다. 세르게이와 나
는 계속해서 이 새들을 지켜보면서 점점 진화하는 인간의 위협을 모
니터링하고, 필요할 때는 도움의 손길을 뻗을 것이다. 우리도 부엉이
들처럼 주변을 바짝 경계해야 한다.

후주

서문

1 그 동료는 제이컵 매카시(Jacob McCarthy)로, 평화봉사단에서 함께 일했고 지금은 메인 주에서 교사로 일하고 있다.

2 나의 아버지(Dale Vernon Slaght)는 미국 상무부 산하 공사참사관으로서 1992~1995년 모스크바 주재 미국 대사관에서 일했다.

3 Aleksansdr Cherskiy, "Ornithological Collection of the Museum for Study of the Amurskiy Kray in Vladivostok," *Zapisi O-va Izucheniya Amurskogo Kraya 14* (1915):143-276.

들어가며

1 Jonathan Slaght, "Influence of Selective Logging on Avian Density, Abundance, and Diversity in Korean Pine Forests of the Russian Far East," M.S. thesis (University of Minnesota, 2005).

2 유리 푸킨스키가 연해주의 비킨 강에서 발견했다.

3 V. I. Pererva, "Blakiston's Fish Owl," *in Red Book of the USSR : Rare and Endangered Species of Animals and Plants,* eds. A. M. Borodin, A. G. Bannikov, and V. Y. Sokolov (Moscow: Lesnaya Promyshlenost, 1984), 159-60.

4 Mark Brazil and Sumio Yamamoto, "The Status and Distribution of Owls in Japan," in *Raptors in the Modern World: Proceedings of the III World Conference on Birds of Prey and Owls,* eds. B. Meyburg and R. Chancellor (Berlin: WWGBP, 1989), 389-401.

5 아무르 호랑이와 관련해서는 다음을 참고하라. Dale Miquelle, Troy Merrill, Yuri Dunishenko, Evgeniy Smirnov, Howard Quigley, Dmitriy Pikunov, and Maurice Hornocker, "A Habitat Protection Plan for the Amur Tiger: Developing Political and Ecological Criteria for a Viable Land-Use Plan," in *Riding the Tiger: Tiger Conservation in Human-Dominated Landscapes,* eds. John Seidensticker, Sarah Christie, and Peter Jackson (New York: Cambridge University Press, 1999), 273-89.

6 Morgan Erickson-Davis, "Timber Company Says It Will Destroy Logging Roads to Protect Tigers," *Mongabay,* July 29, 2015, https://news.mongabay.com/2015/07/mrn-gfrn-morgan-timber-company-says-it-will-destroy-logging-roads-to-protect-tigers/

7 V. R. Chepelyev, "Traditional Means of Water Transportation Among Aboriginal Peoples of the Lower Amur Region and Sakhalin," *Izucheniye Pamyatnikov Morskoi Arkheologiy 5*(2004): 141-61.

8 대부분 1940년대 예브게니 스판겐베르크와 1970년대 유리 푸킨스키

의 연구에 근거했다.

9 다음을 참고하라. Michael Soulé, "Conservation: Tactics for a Constant Crisis," *Science* 253 (1991): 744-50.

10 사마르가 강 유역의 벌목 사업 갈등과 관련해서는 다음을 참고하라. JoshNewell, *The Russian Far East: A Reference Guide for Conservation and Development* (McKinleyville, Calif.: Daniel and Daniel Publishers, 2004).

11 Anatoliy Semenchenko, "Samarga River Watershed Rapid Assessment Report," Wild SalmonCenter (2003). sakhtaimen .ru/userfiles/Library/ Reports/semenchenko._2004._samarga_rapid_assessment.compressed. pdf.

지옥이라는 이름의 마을

1 Elena Sushko, "The Village of Agzu in Udege Country," *Slovesnitsa Iskusstv* 12 (2003): 74-75.

2 Sergey Surmach, "Short Report on the Research of the Blakiston's Fish Owl in the Samarga River Valley in 2005," *Peratniye Khishchniki i ikh Okhrana 5* (2006): 66-67.

3 Yevgeniy Spangenberg, "Observations of Distribution and Biology of Birds in the Lower Reaches of the Iman River," *Moscow Zoo 1* (1940): 77-136.

4 Yuriy Pukinskiy, "Ecology of Blakiston's Fish Owl in the Bikin River Basin," *Byull Mosk O-valspyt Prir Otd Biol 78* (1973): 40-47.

5 Sergey Surmach, "Present Status of Blakiston's Fish Owl (*Ketupa*

blakistoni Seebohm) in Ussuriland and Some Recommendations for Protection of the Species," Report Pro Natura Found 7 (1998): 109–23.

첫 번째 탐사

1 Frank Gill, *Ornithology* (New York: W. H. Freeman, 1995), 195.

2 Jemima Parry-Jones, *Understanding Owls: Biology, Management, Breeding, Training* (Exeter, U.K.: David and Charles, 2001), 20.

3 Yevgeniy Spangenberg, "Birds of the Iman River," in *Investigations of Avifauna of the Soviet Union* (Moscow: Moscow State University, 1965), 98–202.

아그주에서 겨울나기

1 Ennes Sarradj, Christoph Fritzsche, and Thomas Geyer, "Silent Owl Flight: Bird Flyover Noise Measurements," *AIAA Journal 49* (2011): 769–79.

2 Yuriy Pukinskiy, "Blakiston's Fish Owl Vocal Reactions," *Vestnik Leningradskogo Universiteta 3* (1974): 35–39.

3 Jonathan Slaght, Sergey Surmach, and Aleksandr Kisleiko, "Ecology and Conservation of Blakiston's Fish Owl in Russia," in *Biodiversity Conservation Using Umbrella Species: Blakiston's Fish Owl and the Red-Crowned Crane,* ed. F. Nakamura (Singapore: Springer, 2018), 47–70.

4 Lauryn Benedict, "Occurrence and Life History Correlates of Vocal

Duetting in North American Passerines," *Journal of Avian Biology 39* (2008): 57-65.

고요한 폭력성

1 연해주에서는 사냥용 스키를 손수 만들곤 하는데, 다음의 우데게 스타일을 참고하라. V. V. Antropova, "Skis," in *Istoriko-etnograficheskiyatlas Sibirii* [Ethno-historical Atlas of Siberia], eds. M. G. Levin and L. P. Potapov (Moscow: Izdalelstvo Akademii Nauk, 1961).

2 Karan Odom, Jonathan Slaght, and Ralph Gutiérrez, "Distinctiveness in the Territorial Calls of Great Horned Owls Within and Among Years," *Journal of Raptor Research 47* (2013): 21-30.

3 Takeshi Takenaka, "Distribution, Habitat Environments, and Reasons for Reduction of the Endangered Blakiston's Fish Owl in Hokkaido, Japan," Ph.D. dissertation (Hokkaido University, 1998).

4 수리부엉이의 울음소리 음역은 한 연구에서 317.2헤르츠로 기록되었고, 우리가 녹음한 물고기잡이부엉이보다 88헤르츠 높았다. 다음을 참고하라. Thierry Lengagne, "Temporal Stability in the Individual Features in the Calls of Eagle Owls *(Bubo bubo)*," *Behaviour* 138 (2001): 1407-19.

5 Jonathan Slaght and Sergey Surmach, "Biology and Conservation of Blakiston's Fish Owls in Russia: A Review of the Primary Literature and an Assessment of the Secondary Literature," *Journal of Raptor Research 42* (2008): 29-37.

6 Takeshi Takenaka, "Ecology and Conservation of Blakiston's Fish Owl in Japan," in *Biodiversity Conservation Using Umbrella Species: Blakiston's Fish Owl and the Red-Crowned Crane,* ed. F. Nakamura (Singapore: Springer, 2018), 19–48.

강의 하류로

1 Slaght, Surmach, and Kisleiko, "Ecology and Conservation of Blakiston's Fish Owl in Russia," in *Biodiversity Conservation Using Umbrella Species,* 47–70.

2 Takenaka, "Distribution, Habitat Environments, and Reasons for Reduction of the Endangered Blakiston's Fish Owl in Hokkaido, Japan."

3 Pukinskiy, *Byull Mosk O-va Ispyt Prir Otd Biol 78: 40–47*; and Yuko Hayashi, "Home Range, Habitat Use, and Natal Dispersal of Blakiston's Fish Owl," *Journal of Raptor Research 31* (1997): 283–85.

4 Christoph Rohner, "Non-territorial Floaters in Great Horned Owls *(Bubo virginianus),*" in *Biology and Conservation of Owls of the Northern Hemisphere: 2nd International Symposium,* Gen. Tech. Rep. NC-190, eds. James Duncan, David Johnson, and Thomas Nicholls (St. Paul: U.S. Department of Agriculture Forest Service, 1997), 347–62.

5 M. Seelye, "Frazil Ice in Rivers and Oceans," *Annual Review of Fluid Mechanics 13* (1981): 379–97.

오두막의 수상한 주인 체펠레프

1 Colin McMahon, " 'Pyramid Power' Is Russians' Hope for Good Fortune," *Chicago Tribune,* July 23, 2000, chicagotribune.com/news/ct-xpm-2000-07-23-0007230533-story.html.

2 Ernest Filippovskiy, "Last Flight Without a Black Box," *Kommersant,* January 13, 2009, kommersant.ru/doc/1102155.

차오르는 강물

1 Alan Poole, *Ospreys: Their Natural and Unnatural History* (Cambridge: Cambridge University Press, 1989).

2 1970~2010년 40년 동안 호랑이가 인간을 공격한 58건의 사건을 조사한 연구가 있는데, 71퍼센트가 인간이 먼저 싸움을 건 경우였다. 다음을 참고하라. Igor Nikolaev, "Tiger Attacks on Humans in Primorsky (Ussuri) Krai in XIX-XXI Centuries," *Vestnik DVO RAN 3* (2014): 39-49.

3 Clayton Miller, Mark Hebblewhite, Yuri Petrunenko, Ivan Serëdkin, Nicholas DeCesare, John Goodrich, and Dale Miquelle, "Estimating Amur Tiger *(Panthera tigris altaica)* Kill Rates and Potential Consumption Rates Using Global Positioning System Collars," *Journal of Mammalogy 94* (2013): 845-55.

4 John Goodrich, Dale Miquelle, Evgeny Smirnov, Linda Kerley, Howard Quigley, and Maurice Hornocker, "Spatial Structure of Amur (Siberian) Tigers *(Panthera tigris altaica)* on Sikhote-Alin Biosphere Zapovednik,

Russia," *Journal of Mammalogy 91* (2010): 737–48.

5 Dmitriy Pikunov, "Population and Habitat of the Amur Tiger in the Russian Far East," *Achievements in the Life Sciences 8* (2014): 145–49.

6 V. I. Zhivotchenko, "Role of Protected Areas in the Protection of Rare Mammal Species in Southern Primorye," 1976 Annual Report (Kievka: Lazovskiy State Reserve, 1977).

7 Robert O. Evans, "Nadsat: The Argot and Its Implications in Anthony Burgess' 'A Clockwork Orange,'" *Journal of Modern Literature 1* (1971): 406–10.

8 Wah-Yun Low and Hui-Meng Tan, "Asian Traditional Medicine for Erectile Dysfunction," *European Urology 4* (2007): 245–50.

9 Semenchenko, "Samarga River Watershed Rapid Assessment Report."

최후의 얼음을 타고 해안에 도착하다

1 Vladimir Arsenyev, *In the Sikhote-Alin Mountains* (Moscow: Molodaya Gvardiya, 1937).

2 Vladimir Arsenyev, *A Brief Military Geographical and Statistical Description of the Ussuri Kray* (Khabarovsk, Russia: Izd. Shtaba Priamurskogo Voyennogo, 1911).

3 1999~2000년 테르니에서 평화봉사단 단원으로 함께 지낸 채드 마스칭(Chad Masching)이다.

사마르가에서 만난 부엉이들

1 Sergey Yelsukov, *Birds of Northeastern Primorye: Non-Passerines* (Vladivostok: Dalnauka, 2016).

2 다음을 참조하라. ship-photo-roster.com/ship/vladimir-goluzenko

3 Jonathan Slaght, "Management and Conservation Implications of Blakiston's Fish Owl *(Ketupa blakistoni)* Resource Selection in Primorye, Russia," Ph.D. dissertation (University of Minnesota, 2011).

4 Jeremy Rockweit, Alan Franklin, George Bakken, and Ralph Gutiérrez, "Potential Influences of Climate and Nest Structure on Spotted Owl Reproductive Success: A Biophysical Approach," *PLoS One 7* (2012): e41498.

5 Irina Utekhina, Eugene Potapov, and Michael Mc-Grady, "Nesting of the Blakiston's Fish-Owl in the Nest of the Steller's Sea Eagle, Magadan Region, Russia," *Peratniye Khishchnikii ikh Okhrana 32* (2016): 126–29.

6 Takenaka, "Ecology and Conservation of Blakiston's Fish Owl in Japan," 19–48.

사마르가에서의 마지막 여정

1 Newell, *The Russian Far East.*

2 Shou Morita, "History of the Herring Fishery and Review of Artificial Propagation Techniques for Herring in Japan," *Canadian Journal of Fisheries and Aquatic Sciences 42* (1985): s222–29.

고대에서 온 소리

1 시호테알린 생물권 보호구역에서 일한 세르게이 옐스코프(Sergey Yelsukov)를 말한다.

2 존 굿리치는 2019년부터 살쾡이 보존을 위해 연구하는 비정부기구인 판테라(Panthera)를 수석 과학자로서 이끌고 있다.

3 Gary White and Robert Garrott, *Analysis of Wildlife Radio-Tracking Data* (Cambridge, Mass.: Academic Press, 1990).

부엉이 둥지를 발견하다

1 Rock Brynner, *Empire and Odyssey: The Brynners in Far East Russia and Beyond* (Westminster, Md.: Steerforth Press Publishing, 2006).

2 John Stephan, *The Russian Far East: A History* (Stanford, Calif.: Stanford University Press, 1994).

3 Arsenyev, *Across the Ussuri Kray*.

4 worstpolluted.org/projects_reports/display/74. 다음을 또한 참고하라. Margrit von Braun, Ian von Lindern, Nadezhda Khristoforova, Anatoli Kachur, Pavel Yelpatyevsky, Vera Elpatyevskaya, and Susan M. Spalingera, "Environmental Lead Contamination in the Rudnaya Pristan—Dalnegorsk Mining and Smelter District, Russian Far East," *Environmental Research 88* (2002): 164-73.

5 Arsenyev, *Across the Ussuri Kray*.

6 Stefania Korontzi, Jessica McCarty, Tatiana Loboda, Suresh Kumar, and Chris Justice, "Global Distribution of Agricultural Fires in Croplands

from 3 Years of Moderate Imaging Spectroradiometer (MODIS) Data," *Global Biogeochemical Cycles 1029* (2006): 1–15.

7 Conor Phelan, "Predictive Spatial Modeling of Wildfire Occurrence and Poaching Events Related to Siberian Tiger Conservation in Southwest Primorye, Russian Far East," M.S. thesis (University of Montana, 2018), scholarworks.umt.edu/etd/11172.

표지가 끝나는 곳

1 Anatoliy Astafiev, Yelena Pimenova, and Mikhail Gromyko, "Changes in Natural and Anthropogenic Causes of Forest Fires in Relation to the History of Colonization, Development, and Economic Activity in the Region," in *Fires and Their Influence on the Natural Ecosystems of the Central Sikhote-Alin* (Vladivostok: Dalnauka, 2010), 31–50.

2 Erickson-Davis, "Timber Company Says It Will Destroy Logging Roads to Protect Tigers," news.mongabay.com/2015/07/mrn-gfrn-morgan-timber-company-says-it-will-destroy-logging-roads-to-protect-tigers.

3 Tex Sordahl, "The Risks of Avian Mobbing and Distraction Behavior: An Anecdotal Review," *Wilson Bulletin 102* (1990): 349–52.

4 Hiroaki Kariwa, K. Lokugamage, N. Lokugamage, H. Miyamoto, K. Yoshii, M. Nakauchi, K. Yoshimatsu, J. Arikawa, L. Ivanov, T. Iwasaki, and I. Takashima, "A Comparative Epidemiological Study of Hantavirus Infection in Japan and Far East Russia," *Japanese Journal of Veterinary*

Research 54 (2007): 145-61.

기나긴 도로 여행

1 K. Becker, "One Century of Radon Therapy" *International Journal of Low Radiation 1* (2004): 333-57.

2 Aleksandr Panichev, *Bikin: The Forest and the People* (Vladivostok: DVGTU Publishers, 2005).

3 I. V. Karyakin, "New Record of the Mountain Hawk Eagle Nesting in Primorye, Russia," *Raptors Conservation 9* (2007): 63-64.

4 John Mayer, "Wild Pig Attacks on Humans," *Wildlife Damage Management Conferences—Proceedings 151* (2013): 17-35.

홍수

1 이 종에 대한 더 많은 정보는 다음을 참고하라. Michio Fukushima, Hiroto Shimazaki, Peter S. Rand, and Masahide Kaeriyama, "Reconstructing Sakhalin Taimen Parahucho perryi Historical Distribution and Identifying Causes for Local Extinctions," *Transactions of the American Fisheries Society 140* (2011): 1-13.

2 wildsalmoncenter.org/2010/10/20/koppi-river-preserve.

3 David Anderson, Will Koomjian, Brian French, Scott Altenhoff, and James Luce, "Review of Rope-Based Access Methods for the Forest Canopy: Safe and Unsafe Practices in Published Information Sources and a Summary of Current Methods," *Methods in Ecology and Evolution 6*

(2015): 865-72.

4 다른 맹금류는 사슴을 먹는 것으로 보인다. 다음을 참조하라. Linda Kerley and Jonathan Slaght, "First Documented Predation of Sika Deer (*Cervus nippon*) by Golden Eagle (*Aquila chrysaetos*) in Russian Far East," *Journal of Raptor Research 47* (2013): 328-30.

5 일본 홋카이도와 러시아 사할린 사이에 흐르는 폭 40킬로미터의 해협.

덫을 준비하다

1 다음을 참조하라. H. Bub, *Bird Trapping and Bird Banding* (Ithaca: Cornell University Press, 1991).

2 Peter Bloom, William Clark, and Jeff Kidd, "Capture Techniques," in *Raptor Research and Management Techniques,* eds. David Bird and Keith Bildstein (Blaine, Wash.: Hancock House, 2007), 193-219.

3 Ibid.

4 V. A. Nechaev, *Birds of the Southern Kuril Islands* (Leningrad: Nauka, 1969).

5 Jonathan Slaght, Sergey Avdeyuk, and Sergey Surmach, "Using Prey Enclosures to Lure Fish-Eating Raptors to Traps," *Journal of Raptor Research 43* (2009): 237-40.

6 Takenaka, "Ecology and Conservation of Blakiston's Fish Owl in Japan," 19-48.

7 Ibid.

8 Josh Millspaugh and John Marzluff, *Radio Tracking and Animal*

Populations (New York: Academic Press, 2001).

9 Bryan Manly, Lyman McDonald, Dana Thomas, Trent McDonald, and Wallace Erickson, *Resource Selection by Animals: Statistical Design and Analysis for Field Studies* (New York: Springer, 2002).

10 Bub, *Bird Trapping and Bird Banding.*

11 Takenaka, "Distribution, Habitat Environments, and Reasons for Reduction of the Endangered Blakiston's Fish Owl in Hokkaido, Japan."

찰나에 놓치다

1 다음을 참조하라. telonics.com/products/trapsite.

2 익명의 연구자, *California Department of Fish & Wildlife Trapping License Examination Reference Guide* (2015), nrm.dfg.ca.gov/FileHandler. ashx?DocumentID=84665&inline.

3 Arsenyev, *Across the Ussuri Kray.*

오두막의 은둔자

1 "Boha"라고도 쓰인다. 다음을 참조하라. Stephan, *The Russian Far East.*

2 Bub, Bird *Trapping and Bird Banding.*

툰샤 강에 발이 묶이다

1 Slaght, Avdeyuk, and Surmach, *Journal of Raptor Research 43*: 237–40.

2 Xan Augerot, *Atlas of Pacific Salmon: The First Map-Based Status Assessment of Salmon in the North Pacific* (Berkeley: University of California Press, 2005).

붙잡힌 부엉이

1 Lori Arent, personal communication, June 24, 2019.

2 구속 조끼는 맹금류 센터에서 30년 이상 자원봉사를 하고 있는 마샤 워커스토퍼(Marcia Wolkerstorfer)가 제작했다.

3 Malte Andersson and R. Åke Norberg, "Evolution of Reversed Sexual Size Dimorphism and Role Partitioning Among Predatory Birds, with a Size Scaling of Flight Performance," *Biological Journal of the Linnean Society 15* (1981): 105-30.

4 Sumio Yamamoto, *The Blakiston's Fish Owl* (Sapporo, Japan: Hokkaido Shinbun Press, 1999); and Nechaev, *Birds of the Southern Kuril Islands.*

5 Kenward, *A Manual for Wildlife Radio Tagging.*

6 Linda Kerley, John Goodrich, Igor Nikolaev, Dale Miquelle, Bart Schleyer, Evgeniy Smirnov, Howard Quigley, and Maurice Hornocker, "Reproductive Parameters of Wild Female Amur Tigers," in *Tigers in Sikhote-Alin Zapovednik: Ecology and Conservation,* eds. Dale Miquelle, Evgeniy Smirnov, and John Goodrich (Vladivostok: PSP, 2010): 61-69.

7 Slaght, Surmach, and Kisleiko, "Ecology and Conservation of Blakiston's Fish Owl in Russia," 47-70.

침묵을 지키는 수신기

1 세르게이가 측정한 알의 평균 크기는 길이는 6.3센티미터, 너비는 5.2 센티미터였다.

2 Jenny Isaacs, "Asian Bear Farming: Breaking the Cycle of Exploitation," *Mongabay,* January 31, 2013, news.mongabay.com/2013/01/asian-bear-farming-breaking-the-cycle-of-exploitation-warning-graphic-images/#QvvvZWi4roC1RUhw.99.

3 러시아 동북극에 속한 지역.

4 Pukinskiy, *Byull Mosk O-va Ispyt Prir Otd Biol 78*: 40–47.

5 Takenaka, "Ecology and Conservation of Blakiston's Fish Owl in Japan," 19–48.

6 Dale Miquelle, personal communication, June 26, 2019.

부엉이와 비둘기

1 Bub, *Bird Trapping and Bird Banding.*

2 Peter Bloom, Judith Henckel, Edmund Henckel, Josef Schmutz, Brian Woodbridge, James Bryan, Richard Anderson, Phillip Detrich, Thomas Maechtle, James Mckinley, Michael Mccrary, Kimberly Titus, and Philip Schempf, "The Dho-Gaza with Great Horned Owl Lure: An analysis of Its Effectiveness in Capturing Raptors," *Journal of Raptor Research 26* (1992): 167–78.

3 Bloom, Clark, and Kidd, in *Raptor Research and Management Techniques,* 193–219.

4 Fabrizio Sergio, Giacomo Tavecchia, Alessandro Tanferna, Lidia López Jiménez, Julio Blas, Renaud De Stephanis, Tracy Marchant, Nishant Kumar, and Fernando Hiraldo, "No Effect of Satellite Tagging on Survival, Recruitment, Longevity, Productivity and Social Dominance of a Raptor, and the Provisioning and Condition of Its Offspring," *Journal of Applied Ecology 52* (2015): 1665-75.

5 Stanley M. Tomkiewicz, Mark R. Fuller, John G. Kie, and Kirk K. Bates, "Global Positioning System and Associated Technologies in Animal Behaviour and Ecological Research," *Philosophical Transactions of the Royal Society B 365* (2010): 2163-76.

6 Jay Bhattacharya, Christina Gathmann, and Grant Miller, "The Gorbachev Anti-Alcohol Campaign and Russia's Mortality Crisis," *American Economic Journal: Applied Economics 5* (2013): 232-60.

7 Arsenyev, *Across the Ussuri Kray.*

믿고 또 믿으며 기다리기

1 Bub, *Bird Trapping and Bird Banding.*

2 F. Hamerstrom and J. L. Skinner, "Cloacal Sexing of Raptors," *Auk 88* (1971): 173-74.

3 슬래트와 수르마흐, 키슬레이코(Kisleiko)는 *(Biodiversity Conservation Using Umbrella Species,* 47-70에서) 물고기잡이부엉이가 둥지 나무를 3.5 ± 1.4(mean ± standard deviation)년 동안 사용하는 것을 발견했다.

4 Diana Solovyeva, Peiqi Liu, Alexey Antonov, Andrey Averin, Vladimir

Pronkevich, Valery Shokhrin, Sergey Vartanyan, and Peter Cranswick, "The Population Size and Breeding Range of the Scaly-Sided Merganser Mergus squamatus," *Bird Conservation International 24* (2014): 393–405.

5 Sergey Surmach, 개인적인 소통, June 10, 2008.

6 시브네프(1918-2007)는 비킨 강 근처 작은 마을에서 교사로 일하며 아마추어 동식물 연구가로 활동했고 비킨 강에 서식하는 조류를 연구하면서 그곳에 자연사박물관을 설립하기도 했다. 그는 유리 푸킨스키 같은 연구가가 지역을 방문할 때 가이드 역할도 했다. 보리스의 아들 유리 시브네프(Yuriy Shibnev, 1951-2017)는 러시아에서 유명한 조류학자이자 야생 동물 사진가였다.

7 Boris Shibnev, "Observations of Blakiston's Fish Owls in Ussuriysky Region," *Ornitologiya 6* (1963): 468.

물고기 전문가

1 Nadezhda Labetskaya, "Who Are You, Fish Owl?," *Vestnik Terneya*, May 1, 2008, 54–55.

2 Felicity Barringer, "When the Call of the Wild Is Nothing but the Phone in Your Pocket," *The New York Times*, January 1, 2009, A11.

새로운 동행인

1 globalsecurity.org/intell/world/russia/kgb-su0515.htm.

세레브랸카 강에서의 포획 작전

1 예컨대 다음을 참조하라. blogs.scientificamerican.com/observations/east-of-siberia-heeding-the-sign.

2 몇몇 민물고기는 단거리를 이주해 특정 계절에 등장한다고 한다. 2019년 7월 3일, 브렛 네이글(Brett Nagle)로부터 개인적으로 들은 이 야기이다.

3 Temma Kaplan, "On the Socialist Origins of International Women's Day," *Feminist Studies 11* (1985): 163–71.

암구 지역의 부엉이 세 마리

1 Judy Mills and Christopher Servheen, *Bears: Their Biology and Management*, vol. 9 (1994), part 1: *A Selection of Papers from the Ninth International Conference on Bear Research and Management* (Missoula, Mont.: International Association for Bear Research and Management, February 23–28, 1992), 161–67.

추방당한 캣코프

1 암구 남쪽에 있는 온천의 온도는 훨씬 따뜻한데, 36~37도 정도라고 한다. 다음을 참조하라. ws-amgu.ru.

단조로운 실패의 나날들

1 Arsenyev, *Across the Ussuri Kray.*

2 Jeff Beringer, Lonnie Hansen, William Wilding, John Fischer, and

Steven Sheriff, "Factors Affecting Capture Myopathy in White-Tailed Deer," *Journal of Wildlife Management 60* (1996): 373-80.

물고기를 따라서

1 Slaght, "Management and Conservation Implications of Blakiston's Fish Owl *(Ketupa blakistoni)* Resource Selection in Primorye, Russia."

2 Anatoliy Semenchenko, "Fish of the Samarga River (Primorye)," in *V. Y. Levanidov's Biennial Memorial Readings,* vol. 2, ed. V. V. Bogatov (Vladivostok: Dalnauka, 2003), 337-54. 또한 다음을 참고하라. Augerot, *Atlas of Pacific Salmon.*

3 "N. Korea Threats Force Change in Flight Paths," *NBC News,* March 6, 2009, nbcnews.com/id/29544823/ns/travel-news/t/n-korea-threats-force-change-flight-paths/#.XaJ_VUZKg2w.

4 Alexander Dallin, *Black Box: KAL 007 and the Superpowers* (Berkeley: University of California Press, 1985).

5 Tatiana Gamova, Sergey Surmach, and Oleg Burkovskiy, "The First Evidence of Breeding of the Yellow Bittern Ixobrychus sinensis in Russian Far East," *Russkiy Ornitologicheskiy Zhurnal 20* (2011): 1487-96.

동방의 샌프란시스코

1 Courtney Weaver, "Vladivostok: San Francisco (but Better)," *Financial Times,* July 2, 2012.

2 B. I. Rivkin, *Old Vladivostok* (Vladivostok: Utro Rossiy, 1992).

3 토끼(jackrabbit)와 영양(antelope)을 합친 단어인 'jackalope'는 미국 서부의 무시무시한 신화적 생물이다. 토끼의 몸통에 사슴뿔이 달렸다. 보다 과학적인 묘사는 다음을 참고하라. Micaela Jemison, "The World's Scariest Rabbit Lurks Within the Smithsonian's Collection," *Smithsonian Insider,* October 31, 2014, insider.si.edu/2014/10/worlds-scariest-rabbit-lurks-within-smithsonians-collection.

4 Jonathan Slaght, Sergey Surmach, and Ralph Gutiérrez, "Riparian Old-Growth Forests Provide Critical Nesting and Foraging Habitat for Blakiston's Fish Owl Bubo blakistoni in Russia," Oryx 47 (2013): 553-60.

테르니를 떠나며

1 Nikolaev, *Vestnik DVO RAN* 3: 39-49.

2 Martin Gilbert, Dale Miquelle, John Goodrich, Richard Reeve, Sarah Cleaveland, Louise Matthews, and Damien Joly, "Estimating the Potential Impact of Canine Distemper Virus on the Amur Tiger Population *(Panthera tigris altaica)* in Russia," *PLoS ONE 9* (2014): e110811.

3 연해주에서 발생한 눈에 띄는 호랑이의 치명적인 공격 사례는 다음을 참조하라. John Vaillant, *The Tiger* (New York: Knopf, 2010).

4 Slaght, Avdeyuk, and Surmach, *Journal of Raptor Research* 43: 237-40.

물고기잡이부엉이 보호 시설

1 Jonathan Slaght, Jon Horne, Sergey Surmach, and Ralph Gutiérrez, "Home Range and Resource Selection by Animals Constrained by Linear Habitat Features: An Example of Blakiston's Fish Owl," *Journal of Applied Ecology 50* (2013): 1350-57.

2 Slaght, "Management and Conservation Implications of Blakiston's Fish Owl *(Ketupa blakistoni)* Resource Selection in Primorye, Russia."

3 Jonathan Slaght and Sergey Surmach, "Blakiston's Fish Owls and Logging: Applying Resource Selection Information to Endangered Species Conservation in Russia," B*ird Conservation International 26* (2016): 214-24.

4 예컨대 다음을 참고하라. Michiel Hötte, Igor Kolodin, Sergey Bereznuk, Jonathan Slaght, Linda Kerley, Svetlana Soutyrina, Galina Salkina, Olga Zaumyslova, Emma Stokes, and Dale Miquelle, "Indicators of Success for Smart Law Enforcement in Protected Areas: A Case Study for Russian Amur Tiger *(Panthera tigris altaica)* Reserves," *Integrative Zoology 11* (2016): 2-15.

5 예컨대 다음을 참고하라. Mike Bamford, Doug Watkins, Wes Bancroft, Genevieve Tischler, and Johannes Wahl, Migratory Shorebirds of the East Asian-Australasian *Flyway: Population Estimates and Internationally Important Sites* (Canberra: Wetlands International—Oceania, 2008).

6 Howard Hobbs, "Economic Standing of Sequoia Trees," *Daily Republican,* November 1, 1995, dailyrepublican.com/ecosequoia.html.

7 Takenaka, "Ecology and Conservation of Blakiston's Fish Owl in Japan," 19–48.

8 Jonathan Slaght, Takeshi Takenaka, Sergey Surmach, Yuzo Fujimaki, Irina Utekhina, and Eugene Potapov, "Global Distribution and Population Estimates of Blakiston's Fish Owl," in *Biodiversity Conservation Using Umbrella Species: Blakiston's Fish Owl and the Red-Crowned Crane,* ed. F. Nakamura (Singapore: Springer, 2018), 9–18.

9 Anna Malpas, "In the Spotlight: Leonardo DiCaprio," *Moscow Times,* November 25, 2010, themoscowtimes.com/2010/11/25/in-the-spotlight-leonardo-dicaprio-a3275.

10 Slaght et al., "Global Distribution and Population Estimates of Blakiston's Fish Owl," 9–18.

11 Ibid., 19–48.

12 Yuan-Hsun Sun, *Tawny Fish Owl: A Mysterious Bird in the Dark* (Taipei: Shei-Pa National Park, 2014).

에필로그

1 Aon Benfield, "Global Catastrophe Recap" (2016), thoughtleadership.aonbenfield.com/Documents/20161006-ab-analytics-if-september-global-recap.pdf.

감사의 말

먼저 FSG 출판사의 훌륭한 편집자인 제나 존슨, 리디아 조엘스, 도미니크 리어, 어맨더 문의 노력에 감사의 말을 전한다. 내 원고는 부엉이의 귀깃처럼 너덜너덜 엉망인 상태로 전달되었지만 이들의 지적과 제안 덕분에 얼어붙은 강의 표면처럼 매끄럽게 다듬어졌다(비록 이들이 내 유머에 담긴 비유를 하나하나 전부 알아듣지는 못했지만). 또 내 저작권 에이전트인 다이애나 핀치는 이 책의 초고에서 가능성을 보고 상당한 시간을 다듬어 FSG 출판사와 연결해주었다.

그리고 나를 조금 더 훌륭한 과학자, 환경 보호 운동가, 작가로 만들어 준 나의 멘토 데일 미켈과 로키 구티에레스에게 고마움을 전한다. 콜럼버스 동물원과 수족관에서 근무하다 지금은 은퇴한 레베카 로즈는 나에게 물고기잡이부엉이와의 경험을 책으로 엮으라고 권했던 사람이다. 그리고 15년 가까이 함께 해온 동료 세르게이 수르마흐의 우정과 전문 지식, 지도가 없었다면 이 책을 완성하지 못했을 것이다. 프로젝트를 성공적으로 마치기 위해 불편함을 감수하고 수고해주었던, 이 책에서 언급되었거나 해당 부분이 편집되어 잘리는 바람에 이름이 빠진 현장 보조원들에게도(미샤 포기바 씨, 미안해요) 감사하다.

또 이 작업을 위해 다음의 여러 단체에서 지원해주었다. 아무르-우수리 조류 다양성 센터, 벨 자연사 박물관, 콜럼버스 동물원과 수족관, 덴버 동물원, 디즈니 보전 기금, 국제 부엉이 협회, 미네소타 동물원 율리시스 S. 바다표범 보전 기금 프로그램, 국립 조류관, 국립 맹금류 기금, 미네소타 대학교, 미국 산림청의 국제 프로그램, 야생동물보존협회. 이들 단체는 나와 나의 목표, 그리고 부엉이들을 믿고 지원했다.

틈만 나면 연해주의 숲과 강으로 떠나도록 허락하는 아내 캐런에게 감사한다. 쉽지 않은 결정이었을 것이다. 나의 두 아이 헨드릭과 앤윈은 한 번에 몇 주나 몇 달 동안 사라지는 아버지에게 익숙해졌을 게 분명하다. 아이들이 나이가 더 들면 이 책을 읽고 내가 그동안 아빠 자리를 비웠던 보람이 있었다고 판단하길 바란다. 마지막으로 어머니 조앤, 그리고 특히 아버지 데일에게 감사 인사를 전한다. 아버지는 생전에 나와 내 작업, 내 글을 자랑스럽게 여기셨다. 아버지가 이 책을 손에 쥘 수 있을 만큼 오래 사셨다면 좋았을 것이다.

옮긴이　김아림

서울대학교 생물교육과를 졸업했고 같은 학교 대학원 과학사 및 과학철학 협동과정에서 석사 학위를 받았다. 번역 에이전시 엔터스코리아에서 번역가로 활동 중이다. 옮긴 책으로는『세상 의 모든 딱정벌레』『세포』『고래』『동물과 함께하는 삶』『자연 다큐 백과: 육식 동물』『쓸모없 는 지식의 쓸모』『사피엔스가 장악한 행성』『지상 최고의 사운드』『문제적 문제』『구멍투성이 과학』『뷰티풀 사이언스』『이과형 두뇌 활용법』『지금은 당연한 것들의 흑역사』『괴물의 탄 생』『꽃은 알고 있다』『팬데믹 시대를 살아갈 10대, 어떻게 할까?』등 다수가 있다.

동쪽 빙하의 부엉이

초판 1쇄 인쇄 ｜ 2022년 3월 22일
초판 1쇄 발행 ｜ 2022년 3월 31일

지은이 ｜ 조너선 C. 슬래트
옮긴이 ｜ 김아림
발행인 ｜ 고석현

편집 ｜ 박혜미
디자인 ｜ 김애리
마케팅 ｜ 정완교, 소재범, 고보미

발행처 ｜ ㈜한올엠앤씨
등록 ｜ 2011년 5월 14일

주소 ｜ 경기도 파주시 심학산로 12, 4층
전화 ｜ 031-839-6804(마케팅), 031-839-6812(편집)
팩스 ｜ 031-839-6828
이메일 ｜ booksonwed@gmail.com

* 책읽는수요일, 라이프맵, 비즈니스맵, 생각연구소, 지식갤러리, 스타일북스는
  ㈜한올엠앤씨의 브랜드입니다.